煤炭高等教育“十四五”规划教材

绿色制造与再制造基础

程延海　梁秀兵　任怀伟 等　编著

科 学 出 版 社
北 京

内 容 简 介

本书是根据高等工科院校智能制造工程专业的教学需求编著的教材，也是煤炭高等教育“十四五”规划教材。绿色与智造的相互融合是赋能先进制造业高质量发展，建设制造强国的必然选择。本书总结了作者近些年的研究成果：第 1 章介绍循环经济和生态文明建设；第 2 章介绍绿色制造的研究内容，以及绿色产品及其认证；第 3 章解析了再制造工程基础，介绍了再制造的定义及其特征，并介绍了再制造的过程；第 4 章解析了再制造表面镀层技术，介绍了电刷镀和化学镀的基本原理、工艺方法、技术特点、镀层性能、分类和应用；第 5 章解析了再制造表面覆层技术，介绍了喷涂堆焊以及激光熔覆技术；第 6 章解析了再制造 3D 打印技术，介绍了 3D 打印以及 3D 金属打印的原理、分类；第 7 章解析了再制造典型产品工艺与技术，介绍了典型工程机械与矿山机械再制造的特点及应用。

本书既可作为相关专业本科生、研究生的教材，又可供从事机械工程方面的科研、教学和工程技术人员阅读。

图书在版编目(CIP)数据

绿色制造与再制造基础 / 程延海等编著. -- 北京 : 科学出版社, 2025. 8. -- ISBN 978-7-03-082512-4

Ⅰ. T

中国国家版本馆 CIP 数据核字第 20255A7K79 号

责任编辑：冯晓利 / 责任校对：王萌萌
责任印制：师艳茹 / 封面设计：无极书装

科学出版社 出版
北京东黄城根北街 16 号
邮政编码：100717
http://www.sciencep.com
北京市金木堂数码科技有限公司印刷
科学出版社发行　各地新华书店经销
*
2025 年 8 月第　一　版　开本：787×1092 1/16
2025 年 8 月第一次印刷　印张：14
字数：332 000

定价：90.00 元

(如有印装质量问题，我社负责调换)

前　言

全球工业化进程的加速致使资源短缺、环境污染和生态退化等问题日益严峻，人类社会正面临着可持续发展的重大挑战。传统“资源—产品—废弃物”的线性经济模式已难以适应绿色发展的需求，而循环经济作为一种以资源高效利用和循环再生为核心的新型发展范式，成为破解这一困局的关键路径。绿色制造与再制造作为循环经济的重要实践载体，通过技术创新和产业升级，推动生产方式向“低消耗、低排放、高效率”转型，为生态文明建设和全球气候治理提供了切实可行的解决方案。

本书立足绿色制造与再制造领域的前沿理论与实践，系统梳理循环经济、绿色制造技术、再制造工程及其关键技术的核心内涵与发展脉络，旨在为读者构建从理论到应用的完整知识体系。力求以科学性与实用性相结合的方式，为相关领域的研究者、从业者及学生提供参考。

全书共分为七章，内容涵盖基础理论、关键技术及典型应用案例。第 1 章从循环经济的定义与内涵出发，深入剖析其基本特征、实施原则及与生态文明建设的关联，阐明发展循环经济对破解资源环境约束、实现可持续发展的战略意义。第 2 章聚焦绿色制造的目的、意义及实施中的关键问题，系统介绍绿色制造的理论体系、专题技术与支撑技术，并展望其未来趋势。同时，针对绿色产品的定义、认证制度及发展路径进行了探讨，为制造业绿色转型提供方法指导。第 3 章构建再制造工程的完整知识框架，从再制造的定义、地位、关键技术到过程管理，全面阐述再制造的核心要素。本章还提出可再制造性分析模型，为装备再制造的可行性评估提供科学依据。第 4～6 章分别针对再制造领域的三大技术方向展开深度解析：表面镀层技术(电刷镀、化学镀)重点探讨工艺优化与纳米材料创新对性能提升的作用；表面覆层技术(喷涂、堆焊、激光熔覆)聚焦高精度、高可靠性修复工艺的开发与应用；3D 打印技术系统梳理金属增材制造的技术分类、原理及其在再制造领域的突破性应用，展现数字化制造与传统再制造的深度融合。第 7 章通过工程机械、矿山机械等领域的实际案例，具体呈现再制造技术的工业应用场景，并结合逆向物流管理、部件损伤修复及再装配工艺，凸显再制造在延长装备寿命、降低资源消耗中的显著效益。

本书在编写中注重以下特色：理论性与实践性并重，既强调循环经济与绿色制造的理论体系，又突出再制造技术的工程实践；技术前沿与经典工艺结合，既涵盖 3D 打印、纳米复合镀层等新兴技术，又详解喷涂、堆焊等成熟工艺的创新应用；多学科交叉融合，整合机械工程、材料科学、环境管理等多领域知识，体现绿色再制造的系统性与复杂性。

全书由中国矿业大学程延海、中国人民解放军军事科学院国防科技创新研究院梁秀兵、中煤科工开采研究院有限公司任怀伟等编著。参加编写的还有徐工集团工程机械股份有限公司单增海、陆智俊，中国机械总院集团郑州机械研究所有限公司黄智泉，中国矿业大学刘洪涛，中国人民解放军军事科学院国防科技创新研究院张志彬。

本书的部分研究成果得到了国家重点研发计划项目(2023YFE0201600)、江苏省产教融合型品牌专业等的资助，同时得到了国内多家企业和科研院所合作单位的大力支持，在此深表感谢。另外，我们也向书中参考文献的作者致以敬意。

本书可作为高等院校智能制造工程、机械工程、环境工程、材料科学等专业的教学用书，也可为制造业企业技术人员、政策制定者及科研工作者提供实践参考。期待本书能助力读者深入理解绿色制造与再制造的核心价值，共同推动“双碳”目标下的产业变革与生态转型。

绿色制造和再制造技术属于战略性新兴产业，该领域的相关理论和技术不断快速涌现，限于编著者学术水平，书中难免存在不妥之处，恳请读者不吝指正并提出宝贵意见。

作　者

2025 年 1 月 10 日

目　录

第 1 章　绪　　论

制造业作为基础产业，在国民经济发展中起着重要作用，工业化水平直接影响国家的国际竞争力。两个多世纪前，蒸汽机的发明，带来了第一次工业革命，开启了农业社会向工业社会的转变；20 世纪初，电力的应用拉开了第二次工业革命的大幕；70 年代，以计算机为代表的信息技术的出现，开创了第三次工业革命；智能制造将成为第四次工业革命的核心技术。

《中国制造 2025》作为我国实施制造强国战略第一个十年的行动纲领，将“绿色”贯穿其间，明确提出了“创新驱动、质量为先、绿色发展、结构优化、人才为本”的基本方针，强调坚持把可持续发展作为建设制造强国的重要着力点，走生态文明的发展道路，同时把“绿色制造工程”作为重点实施的五大工程之一，部署全面推行绿色制造，努力构建高效、清洁、低碳、循环的绿色制造体系。

本章将阐述循环经济和生态文明建设的内涵，分析制造业从传统生产到清洁生产、生态文明和循环经济的发展历程，给出生态文明建设与循环经济之间的关系，概括面向绿色制造循环经济的发展模式。在产能普遍过剩的情况下，中国制造业要生存和发展，首先要将生态文明建设放在首位，确保产品的生产周期中对环境的影响（消极作用）最小、资源利用率最高，并使企业经济效益和社会效益协调优化。

1.1　循环经济的定义及其内涵

1.1.1　循环经济的定义

循环经济（cyclic economy，CE），即物质循环流动型经济，是指在人、自然资源和科学技术的大系统内，在资源投入、企业生产、产品消费及其废弃的全过程中，把传统的依赖资源消耗的线性增长的经济，转变为依靠生态型资源循环发展的经济[1]。

本质上讲，循环经济是一种生态经济，已经成为国际社会推进可持续发展战略的一种全新的经济运行模式，表现为“资源—产品—再生资源—再生产品”的持续循环增长方式，做到生产和消费“资源能源消耗减量化、污染排放最小化、废弃物再生资源化和无害化”，以最小发展成本获得最大经济效益、社会效益和生态效益，尤其强调最有效利用资源和保护环境。循环经济从追求产品利润最大化，向遵循生态可持续发展能力永续建设的根本转变，是一种系统性的产业变革。

1.1.2　循环经济的内涵

循环经济是一种旨在通过持续循环利用资源来实现可持续发展的经济模式。与传统的线性经济模型（即“获取—制造—废弃”模式）不同，循环经济强调最小化浪费和不断再利用资源，从而减少对原材料的需求，并降低对环境的影响。循环经济是一种具有前瞻性的经济模式，它通过优化资源利用和减少环境负担来促进可持续发展。随着全球对可持续解决方案需求的增长，循环经济正成为企业和政策制定者日益关注的重点领域。循环经济的内涵主要有以下几个方面。

1. 以资源循环利用为客观基础

循环经济是一种经济模式，其核心在于通过资源的有效利用和循环利用来实现可持续发展。这种模式以资源循环利用为客观基础，意味着在经济活动中，资源不再是被一次性使用然后废弃，而是被设计成可以在多个生命周期中重复使用和循环。

循环经济不仅有助于保护自然资源和环境，还能促进经济增长并带来更多社会福祉。通过减少对有限资源的依赖，循环经济有助于构建一个更加绿色、高效且具有韧性的经济体系。循环经济旨在通过一系列的策略和实践，最大限度地减少资源消耗和废物产生，同时确保经济活动与环境保护相协调，为子孙后代留下一个可持续发展的世界。

2. 以法人与政府机构为主要行为主体

企业在循环经济中发挥着核心作用。它们负责开发和生产符合循环经济原则的产品和服务，通过优化设计、采用更环保的生产技术、实施资源回收计划等方式来减少资源消耗和环境污染。非营利组织和行业协会通过倡导、教育和支持成员采取可持续行动来促进循环经济的发展。它们可以提供行业标准、最佳实践指南和认证机制，帮助企业更好地融入循环经济体系。政府机构在区域经济合作中发挥中介和服务作用。在市场经济条件下，循环经济系统的主体主要是企业和政府机构，在市场机制引导下，企业和政府机构进行经济合作活动。

3. 以资源、环境、生态与经济和谐发展为发展方向

资源循环利用是循环经济存在的基础，资源、环境、生态与经济的和谐发展则是循环经济为之努力的目标。循环经济发展的目的就是寻求资源可持续利用、环境保护、生态恢复与经济发展的平衡点，人类经济的增长既不能建立在对资源的肆意浪费与对环境的破坏的基础上，也不能为了资源、环境、生态的保护而不发展经济，如何在它们之间寻求平衡点是循环经济实现的发展方向[2]。

由循环经济的内涵可以归纳出三点基本评价原则：减量化、再利用、再循环，即3R(reduction，reproduction，recirculation)原则。减量化、再利用、再循环在循环经济中的重要性并不是平行的。循环经济并不是简单地通过循环利用实现废弃物再生资源化，而是强调在优先减少资源能源消耗和减少废物产生的基础上，综合运用3R原则。

3R原则的优先顺序是：减量化—再利用—再循环[1]。因此，循环经济是以“减量化、再利用、再循环”为原则，运用制度和技术手段，实现一定资源环境约束条件下，以经济增长为目的的新的经济增长方式。其本体是生产生活系统。落实循环经济需经由主体的行为调整，提高资源使用率，降低废物直接排放量，逐步实现生产、生活与生态共赢的和谐发展[3]。

1.2　循环经济的特征与原则

1.2.1　循环经济的特征

1. 循环经济的基本特征[4]

传统经济系统是一个不考虑自然生态系统的开环系统，线性经济的高速增长依靠高强度地开采和消耗资源，又把大量分子更简单的废弃物抛向自然界来维持。传统经济的基本特征具体体现在：其物质流动方式是单向、线性的。循环经济与线性经济的比较如表 1.1 所示，具体体现在：循环经济的理念是创造性地适应自然；传统经济的物质流动方式是资源—产品—废弃物，循环经济遵循资源—产品—再生资源的物质流动方式；传统经济的基本特征是高开采、低利用和高排放，循环经济的基本特征是低开采、高利用和低排放；传统经济通过末端治理来解决环境问题，而循环经济采取全程控制来治理环境污染；传统经济的技术范式是线性式的，循环经济是反馈式的，它同时考虑物质流和价值链。发展循环经济涉及资源节约、清洁生产、生态工业园、循环型社会等方面，必须彻底改变传统的经济增长方式。

表 1.1　循环经济与线性经济比较

项目	循环经济(现代经济)	线性经济(传统经济)
资源投入	最小投入	大量投入
产品制造	最优生产	大量生产
商品消费	最佳消费	大量消费
废弃物处理	最少废弃	大量废弃
生产模式	产品在经济体系内循环流动	线性生产模式
经济增长	依赖于资源效率和循环利用的增长	基于资源消耗和规模扩张的增长
社会影响	促进资源节约、环境保护和社会福祉	可能导致资源枯竭和环境退化
商业模式	强调产品即服务和共享经济	销售产品为主

2. 循环经济的独立特征

循环经济作为一种全新的经济发展模式，具有自身的独立特征，具体表现在以下几个方面[5]。

1) 新的道德观

循环经济的道德观是生态道德观，由“以人类为中心”转向“以生态为中心”，人类不再是征服自然的主宰，而是自然的享用者、维护者和管理者。人与自然是一个密不可分的利益共同体。维护和管理好自然是人类的神圣使命。强调同代人之间的公平和代际之间的公平是人的基本道德。

2) 新的系统观

循环是指在一定系统内的运动过程，循环经济的系统是由人、自然、资源和技术等要素构成的大系统。系统内部要以互联的方式进行物质交换，最大限度地利用进入系统的物质和能量，从而形成“低开采、高利用、低排放”的结果。循环经济的系统观认为，人在考虑生产和消费时不再置身于这一大系统之外，而是将自己作为这个大系统的一部分来研究符合客观规律的经济原则，保护生态系统，维持大系统持续发展。

3) 新的经济观

经济发展超过资源承受能力的循环是恶性循环，会造成生态系统退化，只有在资源承载能力之内的良性循环，才能使经济与生态系统平衡地发展。在传统工业经济的各要素中，自然资源并没有形成循环，循环经济规则要求经济发展不仅要考虑工程承载能力，还要考虑资源承载能力。

4) 新的价值观

循环经济价值观认为，自然不仅是可利用的资源，更是人类赖以生存的基础，而不像传统工业经济那样将其作为“取料场”和“垃圾场”。循环经济价值观包含两层含义：一是环境具有价值，人类通过劳动既可以提高其价值，又可以降低其价值；二是发展活动所创造的经济价值必须与其所造成的社会价值和环境价值相统一，追求社会经济与人文协调发展“效益”和“效率”的最大化，不以无节制地耗用资源、能源、污染环境、破坏自然生态为代价。

5) 新的生产观

传统的生产观是最大限度地开发利用自然资源，最大限度地创造社会财富，最大限度地获取利润。而循环经济的生产理念是要充分考虑自然生态系统的承载能力，尽可能地节约自然资源，不断提高自然资源的利用效率，循环使用资源，创造良性的社会财富。

6) 新的消费观

循环经济的消费观提倡物质的适度消费、层次消费，在消费的同时就考虑到废弃物的资源化，建立循环生产和消费的理念，从而走出传统工业经济“拼命生产、拼命消费”的误区。同时，循环经济观要求通过税收和行政等手段，限制以不可再生资源为原料的一次性产品的生产与消费，如宾馆的一次性用品、餐馆的一次性餐具和豪华包装等。

7) 新的发展观

循环经济的发展观是可持续的发展观，在考虑经济发展水平时，不仅仅用 GDP 来衡量，更要考虑自然、经济、社会的协调发展，强调改善环境就是发展生产力。

1.2.2 循环经济的原则

循环经济与传统经济模式对比如表 1.2 所示。因此，循环经济主要具有三个基本原则，即减量化原则、再利用原则和再循环原则。

表 1.2　循环经济模式与传统经济模式的对比

经济增长模式	特征	物质流动
循环经济模式	对资源的低开采、高利用、污染物的低排放	“资源—产品—再生资源”的物质反复循环流动
传统经济模式	对资源的高开采、低利用、污染物的高排放	“资源—产品—污染物”的单向流动

1. 减量化原则

减量化原则是指在生产经营和消费过程中，用较少的环境和资源投入，达到预期的生产或消费目的，也称为减物质化原则。它所针对的是输入端，即通过减少进入生产和消费过程的物质和流量的总量来达到节约资源的目的，其主要方法是综合考虑生产源头、生产过程和消费过程资源的使用和废物的排放，具体方法如下。

(1) 在生产源头的输入端，充分考虑节省资源，提高单位生产产品对资源的利用率，预防废物的产生。

(2) 在生产过程中，通过技术改造，采用先进的生产工艺，实施清洁生产，减少单位产品生产的原料使用量和污染物的排放量。例如，汽车制造企业采用轻量化材料，降低车身重量，从而减少钢材等原材料的消耗。

(3) 在产品包装方面，推行简约包装，减少过度包装带来的资源浪费。如一些电子产品采用环保简约的包装设计，减少包装材料的使用。

(4) 在消费过程中，鼓励消费者选择包装物较少的物品、耐用的可循环使用的物品，以减少废弃物的产生，由过度消费向适度消费和“绿色消费”转变。例如，选择节能型家电，减少能源消耗。

2. 再利用原则

再利用原则是指能够以初始的形式尽可能多次以及尽可能多种方式地使用产品及其包装。它是属于过程性方法，目的是增强产品和服务的时间强度，尽可能地以多种方式或者多次地使用物品来实现资源的最大化利用，减少垃圾的产生，降低资源的损耗，具体包括：

(1) 对同类产品及其零配件、包装物实行兼容性，配套化生产，以便于同类产品相互利用，延长使用期限。

(2) 建立规范的废旧物品回收利用机制。由生产经营者主导回收利用，可以鼓励、引导消费者将自己不再需要的物品返回市场体系，再安全地参与到新的经济循环中。再利用原则要求抵制当今世界一次性用品的泛滥，还要求制造商应该尽量延长产品的使用期，而不是非常快地更新换代。

(3) 产品设计时考虑其耐用性和可修复性，延长产品的使用寿命。例如，一些高品质的家具设计成可拆解、可维修的结构，当部分部件损坏时，可以进行更换和维修，而不是整体丢弃。

(4) 发展租赁业务，提高物品的使用频率。如建筑设备租赁、图书租赁等，使同一物品可以为多个用户提供服务。

(5)鼓励二手交易市场的发展，让闲置物品得到再利用。例如线上二手交易平台，人们可以将自己不再使用的物品出售或交换给有需要的人。

3. 再循环原则

再循环原则又称资源化原则，是指废弃物的资源化，将废弃物转化为再生原材料，重新生产出原产品或次级产品。它主要针对的是输出端，主要方法是利用技术将废弃物资源转变成资源以减少资源的使用和废弃物的排放。它主要通过以下两种方式实现。

(1)原级资源化，即将消费者遗弃的废弃物资源化后形成与原来相同的新产品。

(2)次级资源化，即将废弃物转化为其他产品的原材料，再生产出不同类型的产品。

因此，循环经济原则反映出循环经济的基本要求和运行方式。每一条原则对于整个循环经济的实施都是不可或缺的。但是，从经济性角度考虑，任何单个企业都难以做到对自己产生的所有废弃物进行全部回收利用和无害化处理。只有产生的废弃物达到一定数量规模，才具有回收利用的经济性，才能实现安全处理的成本最小化。这就提出了区域循环经济联合体建设的需求，它要求进行企业的重新配置和资源的重新配置，要求从源头上减少产生污染的资源和能源的利用，并对最终废弃物进行无害化储藏。因此，循环经济实践需要落实到生产过程的具体事项中，解决如何通过有限的资源和能源的高效利用，减少废弃物来获得更多的人类福利，而在这个过程中，人们得到的更优化的方法就是循环经济的基本原则[6,7]。

在近几年的循环经济发展实践中，出现了一个引人注目的新现象：一些地区以循环经济的名义对废弃物进行回收和循环利用，但采取的是分散的、小规模的落后技术体系。其结果是，虽然一些废弃物得到了再生循环利用，但却产生了严重的二次污染。在废旧塑料和废旧电子产品的再生利用领域就出现过很多案例。显然，以重污染为代价的废弃物循环利用，违背了发展循环经济的初衷。

1.2.3　发展循环经济的相关举措

2004 年，“大力发展循环经济”被写入了《关于 2003 年国民经济和社会发展计划执行情况与 2004 年国民经济和社会发展计划草案的报告》。

2017 年，为贯彻落实党中央、国务院关于建设生态文明、推动绿色循环低碳发展的重大决策部署，根据党的十八届五中全会精神和“十三五”规划纲要要求，国家发展改革委员会同有关部门制定了《循环发展引领行动》。

2021 年，国家发展改革委印发了《“十四五”循环经济发展规划》，围绕工业、社会生活、农业三大领域，部署了“十四五”时期循环经济领域的重点任务。

2024 年 2 月，国务院办公厅印发《关于加快构建废弃物循环利用体系的意见》发布，这是在 2022 年 1 月发布的《关于加快废旧物资循环利用体系建设的指导意见》基础上的加强版，进一步从顶层设计维度划定了循环经济所涉及的产业范围。该文件提到，到 2025 年，资源循环利用产业年产值将达到 5 万亿元。聚焦 C 端消费市场，循环经济的影响力主要体现在二手交易、以旧换新以及可回收物循环利用等产业。

1.3 生态文明建设

生态文明，是指人类遵循人、自然、社会和谐发展这一客观规律而取得的物质与精神成果的总和，是指以人与自然、人与人、人与社会和谐共生、良性循环、全面发展、持续繁荣为基本宗旨的文化伦理形态，是工业文明之后的更高阶段。

生态文明建设旨在解决环境问题，保护生态系统是根本，而绿色生产则通过技术创新和生产方式的转型，以更少耗能耗排和更多保护自然的方式达到生产与环保的双赢。生态文明与绿色生产的结合，即可有效地实现生产和保护的双重目标。

生态文明与绿色生产的协同发展，践行了一种全新的生产和生活方式，也是一种全新的经济增长方式：一方面通过提高生产效率为企业带来收益；另一方面可以约束企业的污染，维护生态环境，保证新经济得到健康的发展。这样的发展不仅能提高人民的生活质量和幸福感，还能助推环境保护和可持续发展的目标的实现。

1.3.1 生态文明体系

2018 年 5 月，习近平总书记在全国生态环境大会上强调①，要加快构建生态文明体系，加快建立健全以生态价值观念为准则的生态文化体系，以产业生态化和生态产业化为主体的生态经济体系，以改善生态环境质量为核心的目标责任体系，以治理体系和治理能力现代化为保障的生态文明制度体系，以生态系统良性循环和环境风险有效防控为重点的生态安全体系。主要包括五个方面。

1) 生态文化体系

以生态价值观念为准则。坚持绿色发展，尊重自然、顺应自然、保护自然，促进人与自然和谐发展、人类社会可持续发展。

2) 生态经济体系

以产业生态化和生态产业化为主体。生态经济是环保经济、低碳经济、绿色经济、循环经济，要促进经济发展与生态环境的和谐。绿色发展是构建高质量现代化经济体系的必然要求，是解决污染问题的根本之策。

3) 生态目标责任体系

以改善生态环境质量为核心。明确目标责任，坚决打赢蓝天保卫战是重中之重，要以空气质量明显改善为刚性要求，强化联防联控，基本消除重污染天气。

4) 生态文明制度体系

以治理体系和治理能力现代化为保障。用最严格制度最严密法治保护生态环境，加快制度创新，强化制度执行，让制度成为刚性的约束和不可触碰的高压线。构建自然环境影响评价机制、环境治理修复机制和监督机制等。

---

① 中华人民共和国生态环境部. 全国生态环境保护大会. (2018-05-19) [2024-12-20]. https://www.mee.gov.cn/zjhb/lsj/lsj_zyhy/202302/t20230224_1017465.shtml.

5) 生态安全体系

以生态系统良性循环和环境风险有效防控为重点。生态环境安全是国家安全的重要组成部分，是经济社会持续健康发展的重要保障。要有效防范生态环境风险，把生态环境风险纳入常态化管理，系统构建全过程、多层级生态环境风险防范体系。

要建设“生态经济、生态环境、生态人居、生态文化与生态制度”五大体系是推进生态文明建设的重点，五大体系旨在为全面建成人与自然和谐的美丽中国提供技术指导。

生态文明五大体系是习近平生态文明思想指导实践的具体成果，是美丽中国重要组成部分，更是实现伟大复兴中国梦的主要路径。五大体系相辅相成，共同构成新时代生态环境保护和生态文明建设的全局性、根本性对策体系。生态文化体系是基础，生态经济体系是关键，目标责任体系是抓手，生态文明制度体系是保障，生态安全体系是底线“资源约束趋紧、环境污染严重、生态系统退化”的形势日益严峻，目前已成为考验人类与自然协调共处的主战场。生态文明，重在践行。要突破环境资源制约的瓶颈，加快推进生态文明建设的进程，必须充分认识生态文明建设的重要性、必要性、紧迫性，把生态文明建设放在突出地位。

1.3.2　生态文明的内涵

生态文明不仅是对长期统治人类社会的物质文明的反思，更是对人与自然关系史的总结与升华。它的内涵包括以下几个方面。

1) 天人合一的文化价值观

确立一种符合自然生态规律的文化价值观至关重要。我们需要认识到，自然是人类生命的依托，自然的消亡将不可避免地导致人类生命系统的消亡。因此，尊重和关爱生命并不是人类对其他生物的施舍，而是人类进步的必然要求。对自然的热爱和保护应当提升为一种超越人类中心主义的普世情怀和内在精神信仰。只有这样，我们才能真正实现人与自然的和谐共处，推动社会的可持续发展。

2) 可持续生态系统下的生产理念

在生产活动中，我们必须遵循生态系统是有限的、弹性的、不可预测的原则。人类的生产劳动应该注重节约和综合利用自然资源，形成一个以生态产业为核心的经济体系，使生态产业成为经济增长的主要源泉。在原材料的开采、制造、使用和废弃的整个生命周期中，材料的生产应当消耗最少的资源和能源，减少对环境的影响，且回收利用率最高。通过这种方式，我们不仅能实现经济的可持续发展，还能保护生态环境，维护自然的平衡。

3) 不伤害自然的消费观

在消费方面，提倡一种“有限幸福”的生活方式。这种生活方式强调人们不再追求对物质财富的过度享受，而是寻求一种既能满足自身需求又不损害自然环境的生活方式。这种生活方式不仅要满足当代人的需求，还要考虑不损害后代人的利益。公平共享的道德观念应成为人与自然、人与人之间和谐发展的规范，促使人类社会走向更加健康、可持续的未来。

1.3.3 循环经济与生态文明的关系

循环经济与生态文明建设密切相关，它们相互依存、相互促进，共同推动经济社会的可持续发展。

(1)循环经济对生态文明建设的促进作用。

循环经济强调在生产、流通和消费等过程中，减少资源的投入量、注重资源的再利用，这有助于缓解资源的紧张局面，是生态文明建设中资源节约理念的具体实践。

循环经济有助于减少废弃物的排放、降低能源消耗和减少温室气体排放，这对应对气候变化、改善大气环境质量等生态文明建设的关键环节具有重要的意义。

循环经济能够创造新的经济增长点，有利于提高企业的竞争力，同时，企业采用循环经济模式，能够降低生产成本。

(2)生态文明建设对循环经济的推动作用。

生态文明建设理念的普及，促使人们从思想观念上更加重视资源的循环利用和生态环境保护；生态文明建设强调人与自然的和谐共生，这一理念引导企业在发展过程中不仅关注经济效益，还要考虑生态效益。政府在生态文明建设过程中会出台一系列支持循环经济发展的政策，并通过财政、税收等政策手段激励循环经济的发展。

生态文明建设对环境质量改善和资源高效利用的要求，推动了循环经济相关技术的创新。在再制造技术方面，随着生态文明建设的推进，对产品再制造的质量和性能要求不断提高，促使企业加大对再制造技术的研发投入，推动了循环经济的发展。

1.3.4 生态文明体系建设的必要性

党的十八届三中全会首次将生态文明建设提升到国家战略高度，以“推动形成人与自然和谐发展的现代化建设新格局”。这充分揭示了生态文明建设的现实紧迫性。当前，我国现代化建设正处于中期阶段，随着城市化和工业化的加速推进，经济发展与环境保护的矛盾日渐凸显。西方国家几百年工业化过程中分期出现的生态问题在我国几十年内集中爆发，致使我国环境形势日益严峻，甚至成为阻碍实现现代化战略目标的“拦路虎”。为顺利推进国家治理现代化，必须大力推进生态文明建设。

党的十九大以来，“人与自然和谐共生”理念在统筹生态文明建设中的地位和作用更加突出。习近平总书记指出：“人与自然是生命共同体，人类必须尊重自然、顺应自然、保护自然……要坚持战略定力，站在人与自然和谐共生的高度来谋划经济社会发展……”[①]在党的二十大报告中，习近平总书记提出了中国式现代化的五个方面，中国式现代化的第四个方面内容是“人与自然和谐共生的现代化”[②]。这也要求我们在推进生态文明建设过程中必须处理好人与自然之间的关系，守住人类活动的边界和底线，防

---

① 求是网. 习近平同志《论坚持人与自然和谐共生》主要篇目介绍. (2022-01-28) [2024-12-20]. http://www.qstheory.cn/yaowen/2022-01/28/c_1128311284.htm.

② 中国江苏网. 习近平代表第十九届中央委员会向党的二十大作报告. (2024-02-27) [2024-12-20]. https://jsnews.jschina.com.cn/zt2024/lddyxxpt/leyx/dzs/202402/t20240227_3367575.shtml.

止对自然的过度破坏与开发，真正实现人与自然的和谐共生。面对我国资源约束趋紧、环境污染严重、生态系统退化的严峻形势，必须站在中国特色社会主义全面发展和中华民族永续发展的高度，增强生态危机意识，充分认识生态文明建设的重要性、必要性、紧迫性。

参 考 文 献

[1] 席俊杰, 吴中, 马淑萍. 从传统生产到绿色制造及循环经济[J]. 中国科技论坛, 2005, (5): 95-99.
[2] 刘旌. 循环经济发展研究[D]. 天津: 天津大学, 2012.
[3] 叶文虎, 甘晖. 循环经济研究与展望[J]. 中国人口资源与环境, 2009, 19(3): 102-106.
[4] 宋德勇, 欧阳强. 循环经济的特征及其发展战略[J]. 江汉论坛, 2005, (7): 36-39.
[5] 梁樑, 朱明峰. 循环经济特征及其与可持续发展的关系[J]. 华东经济管理, 2005, 19(12): 61-64.
[6] 李兆前, 齐建国, 吴贵生. 从 3R 到 5R: 现代循环经济基本原则的重构[J]. 数量经济技术经济研究, 2008, (1): 53-59.
[7] 黄贤金. 循环经济学[M]. 南京: 东南大学出版社, 2009.

第 2 章　绿色制造技术基础

绿色制造是制造业发展的必由之路。英国《卫报》曾刊登一篇评论认为："19 世纪英国教会世界如何生产，20 世纪美国教会世界如何消费。如果中国要引领 21 世纪，它必须教会世界如何可持续发展。"可以说，英国人把人类带进了工业文明，美国人把世界引入了信息文明，中国人将把地球推向生态文明。

《中国制造 2025》中，"绿色"贯穿其间，成为全文的主色调。绿色制造是制造业的主要方向之一，是制造业可持续发展的必然选择。当前，全球绿色转型进程面临波折，环境和气候议题政治化趋势增强，绿色贸易壁垒升级。我国制造业仍然面临能源结构偏煤、关键技术不强、资源循环利用机制不畅、中小企业绿色转型压力较大等困难和问题。做强绿色制造业，就要牢固树立和践行绿水青山就是金山银山的理念，从产业、产品、技术等层面入手，让制造业向"绿"而行。

党的二十届三中全会就加快经济社会发展全面绿色转型作出部署，明确了总体要求、主要目标、实施路径，对于推动发展方式绿色转型、全面推进美丽中国建设、实现高质量发展具有重要意义。本章将详细阐述绿色制造的目的和意义，分析绿色制造的发展趋势。

2.1　绿色制造及其目的和意义

绿色制造(green manufacturing，GM)，又称环境意识制造(environmentally conscious manufacturing，ECM)或面向环境的制造(manufacturing for environment)。它是一个综合考虑环境影响和资源效益的现代化制造模式，其目标是使产品从设计、制造、包装、运输、使用到报废处理的整个产品生命周期中，对环境的影响(副作用)最小，资源利用率最高，并使企业经济效益和社会效益协调优化。新发展阶段下的绿色制造是一种低消耗、低排放、高效率、高效益的现代化制造模式。其本质是制造业发展过程中统筹考虑产业结构、能源资源、生态环境、健康安全、气候变化等因素，将绿色发展理念和管理要求贯穿于产品设计、制造、物流、使用、回收利用等全生命周期，以制造模式的深度变革推动传统产业绿色转型升级，引领新兴产业高起点绿色发展，协同推进降碳、减污、扩绿、增长。绿色制造这种现代化制造模式，是人类可持续发展战略在现代制造业中的体现。绿色制造有关内容的研究可追溯到 20 世纪 80 年代，但比较系统地提出绿色制造的概念、内涵和主要内容的文献是美国机械工程师学会(American Society of Mechanical Engineers，ASME)于 1996 年发表的关于绿色制造的专门蓝皮书 *Green Manufacturing*。1998 年，ASME 又在国际互联网上发布了关于绿色制造的发展趋势的主题报告，对绿色制造研究的重要性和有关问题做了进一步的介绍。1998 年联合国环境规划署主持召开了第 5 届国际清洁生产高级会议，通过了《国际清洁生产宣言》，随后提出了一系列关于清洁生产的指南和技术手册，以帮助企业实施绿色制造。

中国工程院“绿色制造发展战略研究”课题组将工业绿色制造定义为：在整个产品生产制造周期中，通过提高能源原材料的利用效率和降低对自然环境的影响，实现节约能源和环境保护的过程。此外，《工业和信息化部办公厅关于开展绿色制造体系建设的通知》（工信厅节函〔2016〕586 号）中指出，绿色制造体系的主要内容包括绿色工厂、绿色产品、绿色园区和绿色供应链。

2.1.1 绿色制造的目的

随着工业的快速发展，生态环境的变化，日益稀缺的资源与制造业快速发展的需求之间的矛盾日益加大。石油、煤、天然气、铁、有色金属等不可再生资源的消耗，森林、水资源的浪费，环境污染加剧，这些都威胁着人们的生活。为了使环境、资源、机械工业和谐地发展，绿色制造已被工业发达国家列为重点研发项目。在我国，能源、环境问题尤为凸显，李强总理在中国发展高层论坛 2024 年年会开幕式上特别指出，“持续推动绿色转型，坚定不移走生态优先、绿色发展的道路”。标本兼治稳妥做好各类风险隐患防范化解工作，推动中国经济长期持续健康发展。要实施《中国制造 2025》，坚持创新驱动、智能转型、强化基础、绿色发展，加快从制造大国转向制造强国。因此，绿色制造将成为经济可持续发展，传统产业升级改造，提升资源利用效率，改善生态环境的重要抓手。

机电产品在生产和使用的同时，产生大量的工业废液、废气、固体废弃物（即“三废”）等污染。目前，我国的机械制造业仍采用高投入的粗放型发展模式，资源和能源消耗大，效益低。“三废”排放量大，环境污染严重。同时，我国加入世界贸易组织（World Trade Organization，WTO）后，在机械制造业中，除了面临着产品质量和成本等方面的竞争外，还存在着如何突破“绿色壁垒”这个更加严峻的挑战。在国际贸易中，世界上掀起一股“绿色浪潮”，环境问题已经成为世界各国关注的热点，并列入世界议事日程，不符合环境标准的商品被禁止出口已成为一项国际准则。制造业将改变传统制造模式，推行绿色制造技术，发展相关的绿色材料、绿色能源和绿色设计数据库、知识库等基础技术，生产出保护环境、提高资源效率的绿色产品，如绿色汽车、绿色冰箱等，并用法律、法规规范企业行为。随着人们环保意识的增强，那些不推行绿色制造技术和不生产绿色产品的企业，将会在市场竞争中被淘汰，使发展绿色制造技术势在必行。国际标准化组织（International Organization for Standardization，ISO）提出了关于环境管理的 14000 系列标准后，推动了绿色制造研究的发展。绿色制造研究的浪潮正在全球兴起。我们国内企业的设计、制造也应该紧跟步伐，革新传统设计、制造技术和生产方式，多方面、全流程实现“绿色化”，合理利用资源、能源，进行洁净化生产，减少环境的污染，走可持续发展道路，从而构建起以绿色为特征的制造体系。运用绿色设计的思想所制造出的产品可以更好地适应国际标准，使我国的绿色产品能进入更广泛的国际市场，增强产品在国际市场上的竞争力。因此，绿色制造是“清洁化生产”出“绿色产品”的重要手段[1]。

2.1.2　绿色制造的意义

1. 绿色制造是实施制造业环境污染源头控制的关键途径，是21世纪制造业实现可持续发展的必由之路

制造业生产过程中必然存在环境污染问题，解决制造业的环境污染问题有两大途径：末端治理和源头控制。但是通过十多年的实践发现，仅着眼于控制排污口（末端），使排放的污染物通过治理达标排放的办法，虽在一定时期内或在局部地区起到一定的作用，但是，工业污染并未从绿色制造的理论与技术方面得到解决。其原因在于以下几点。

(1) 随着时代的不断前行，生产领域持续蓬勃发展，各类产品的品种如雨后春笋般不断增加。与此同时，人们的环境意识也在逐步提高，对工业生产所排放污染物的种类检测变得愈发广泛和深入。如今，对于工业生产过程中产生的各类污染物，无论是常见的大气污染物、水污染物，还是那些容易被忽视的固体废弃物等，都纳入了检测的范畴。另外，随着人们对环境质量要求的不断提升，规定控制污染物排放，尤其是那些具有极大危害的有毒有害污染物的排放标准也变得越来越严格。从污染物的排放浓度到排放总量，每一个指标都经过了严格的考量和规范。

这一系列变化导致污染治理与控制要求逐渐提高。企业为了达到严苛的排放要求，需要投入大量的资金。从引进设备、聘请人员到开展监测治理工作等，企业承担的环境治理费用大增，这给企业带来了沉重负担。巨大的挑战促使社会进一步思考如何有效推进污染治理与控制，达成经济与环境双赢。

(2) 由于当前的污染治理技术存在一定的局限性，在实际的操作过程中，治理污染实质上很难真正达到彻底消除污染的目的。一般而言，末端治污需要先通过必要的预处理，对污染物进行分离和净化，然后再进行生化处理，降低污染物浓度后排放。但部分不可生物降解污染物仅能稀释后排放，未能从根本上解决污染，甚至会引发更严重的二次污染。此外，有的污染治理是对污染物进行转移，如废气转废水再成废渣，废渣堆放填埋污染土壤与地下水，致使土壤贫瘠、水质下降，形成恶性循环，污染在介质间转移扩散，破坏生态平衡，威胁生物多样性，给人类的生存发展留下隐患。

(3) 只着眼于末端处理的办法，不但需要企业投入大量的资金进行设备购置、技术研发以及日常运行维护等，而且在处理过程中，一些原本可以回收再利用的资源（其中包含未反应的原料等），由于缺乏有效的回收机制和技术手段，得不到有效的回收利用而白白流失。这一情况导致企业原材料消耗上升，为维持正常的生产规模和产品质量，不得不采购更多的原材料，因此采购成本增加。产品成本也因末端处理能耗增加而提高，产品市场竞争力下降，企业利润被压缩，经营压力增大。如此一来，企业治理污染的积极性和主动性受到影响，可能视污染治理为负担而非发展举措。这进一步加剧了环境治理的难度，形成了一种不良循环。

(4) 预防优于治理。根据日本环境厅1991年的报告："从经济角度计算，在污染前采取防治对策比在污染后采取治理措施更为节省。"例如，就整个日本的硫氧化物造成的大气污染而言，排放后不采取对策所产生的受害损失是现在预防这种危害所需费用的10倍。

综上所述，发达国家通过治理污染的实践，逐步认识到防治工业污染不能只依靠治理排污口（末端）的污染。要从根本上解决工业污染问题，必须以“预防为主”，实施源头控制，将污染物消除在生产过程之初（产品设计阶段），实行工业生产全生命周期控制。

2. 绿色制造是 21 世纪国际制造业的重要发展趋势

绿色制造是可持续发展战略思想在制造业中的体现，致力于改善人类技术革新和生产力发展与自然环境的协调关系，符合时代可持续发展的主题。美国政府已经意识到绿色制造将成为下一轮技术创新高潮，并可能引起新的产业革命。1999～2001 年，在美国国家科学基金会（United States National Science Foundation，NSF）和美国能源部（United States Department of Energy，DOE）的资助下，美国世界技术评估中心（World Technology Evaluation Center，WTEC）成立了专门的环境友好制造（即绿色制造）技术评估委员会，对欧洲及日本有关企业、研究机构、高校在绿色制造方面的技术研发、企业实施和政策法规等的现状进行了实地调查和分析，并与美国的情况进行对比分析，指出美国在多方面已经落后的事实，提出了绿色制造发展的战略措施和亟待攻关的关键技术。

我国在工业化进程中一直高度重视资源节约和生态环境保护工作，坚持节约资源和保护环境的基本国策。党的十五大报告明确提出实施可持续发展战略。党的十六大以来，在科学发展观指导下，党中央相继提出走新型工业化发展道路，发展低碳经济、循环经济，建立资源节约型、环境友好型社会，建设生态文明等新的发展理念和战略举措。十七大报告强调，到 2020 年要基本形成节约能源资源和保护生态环境的产业结构、增长方式和消费模式。党的十七届五中全会明确要求树立绿色、低碳发展理念，发展绿色经济。“十二五”规划中，“绿色发展”独立成篇，进一步彰显我国推进绿色发展的决心。党的十八大报告中首次单篇论述了“生态文明建设”，把可持续发展提升到绿色发展高度，全国党代会报告第一次提出“推进绿色发展、循环发展、低碳发展”和“建设美丽中国”，这是对当今世界和当代中国发展大势的深刻把握和自觉认知，是执政理念的新发展。

3. 绿色制造是实现碳达峰、碳中和，应对气候变化趋势的必要手段

中国将提高国家自主贡献力度，采取更加有力的政策和措施，二氧化碳排放力争于 2030 年前达到峰值，努力争取 2060 年前实现碳中和①。“十四五”时期，是我国应对气候变化、实现碳达峰目标的关键期和窗口期，也是工业实现绿色低碳转型的关键五年。

当前，我国仍处于工业化、城镇化深入发展的历史阶段，传统行业所占比重依然较高，战略性新兴产业、高技术产业尚未成为经济增长的主导力量，重点区域、重点行业污染问题没有得到根本解决，资源环境约束加剧，碳达峰碳中和时间窗口偏紧，技术储备不足，推动工业绿色低碳转型任务艰巨。同时，绿色低碳发展是当今时代科技革命和产业变革的方向，绿色经济已成为全球产业竞争重点。一些发达经济体正在谋划或推行碳边境调节机制等绿色贸易制度，提高技术要求，实施优惠贷款、补贴关税等鼓励政策，对经贸合作和产业竞争提出新的挑战，增加了我国绿色低碳转型的成本和难度。

① 新华网. 习近平在第七十五届联合国大会一般性辩论上的讲话（全文）.（2020-09-23）[2024-12-20]. https://world.huanqiu.com/article/3zzx6TNlCFN.

面对新形势、新任务、新要求，要提高政治站位，迎难而上，攻坚克难，坚定不移走生态优先、绿色低碳的高质量发展道路。

4. 绿色制造是实现国民经济可持续发展战略目标的重要技术途径之一

从国家的层面来说，要建设小康社会，必须不断增强可持续发展的能力。根据 WTEC 的《环境友好制造最终报告》显示，衡量一个国家国民经济发展所造成的环境负荷总量时，可以参考式(1-1)进行分析：

$$环境负荷=人口\times(GDP/人口)\times(环境负荷/GDP) \tag{1-1}$$

国内生产总值(gross domestic product，GDP)是指一个国家或地区范围内的所有常住单位，在一定时期内生产最终产品和提供劳务价值的总和。式(1-1)中，“人口”为国民数量；“GDP/人口”为人均 GDP，反映人民生活水平；“环境负荷/GDP”反映了创造单位 GDP 价值给环境带来的负荷。根据“三步走”战略的远景发展目标和战略规划，从 20 世纪末进入小康社会后，国民经济将分 2010 年、2020 年、2050 年三个发展阶段，逐步达到现代化的目标。国内生产总值将继续保持 7%左右的增长速度，到 2010 年翻一番；人口总量到 2000 年、2010 年、2020 年和 2050 年分别控制在 13 亿、14 亿、15 亿和 16 亿。因此，以 200 年为基准并维持环境负荷总量的不变，根据式(1-1)可以计算出 2010 年、2020 年和 2050 年的单位 GDP 的环境负荷的递减情况，如表 2.1 所示。

表 2.1　2000～2050 年的单位 GDP 环境负荷递减情况

参数	年份			
	2000	2010	2020	2050
人口增长倍数	1	1.077	1.154	1.231
人均 GDP 增长倍数	1	1.827	3.354	23.937
单位 GDP 的环境符合递减倍数	1	0.508	0.258	0.034

因此，如果维持国民经济发展所造成的资源消耗和环境影响不变，即与 2000 年持平，那么到 2050 年，我们国家单位 GDP 的环境负荷要降到现在的 1/30。以汽车制造为例，到 2010 年、2020 年、2050 年，生产一辆汽车所消耗的资源、能源和对环境的污染应减为现在环境负荷的 0.508(约 1/2)、0.258(约 1/4)、0.034(约 1/30)，其压力是非常大的。因此，为了改善我国国民经济的发展质量，实现国家可持续发展战略，实施绿色制造，减少制造业资源消耗和环境污染已势在必行。

5. 绿色制造将带动一大批新兴产业，形成新的经济增长点

绿色制造的实施将导致一大批新兴产业的形成，如绿色产品制造业。制造业不断研究、设计和开发各种绿色产品以取代传统的资源消耗和环境影响较大的产品，将使这方面的产业持续兴旺发展。

绿色制造为软件产业赋予了全新的发展理念和方向。通过采用环保、可持续的开发

模式和技术手段，软件产业在降低能源消耗、减少碳排放等方面发挥着至关重要的作用。从软件的设计阶段开始，就充分考虑资源的高效利用和环境的友好性，以创新的思维和先进的技术，打造出更加绿色、智能的软件产品。在软件开发过程中，严格遵循绿色制造的原则，优化算法和代码结构，提高软件的运行效率，减少对硬件资源的依赖。同时，软件产业也在积极推广绿色办公理念，采用数字化办公模式，减少纸张等资源的浪费。随着科技的不断进步和人们环保意识的日益增强，实施绿色制造的软件产业必将迎来更加广阔的发展前景，为构建绿色、可持续发展的社会贡献出巨大的力量。

绿色制造将催生新兴的废弃物物流和废弃产品回收处理产业。随着汽车、空调、计算机、冰箱、传统车床设备等产品的老化报废，一大批具有良好回收利用价值的废弃产品需要进行回收处理、再利用或者再制造。回收处理产业通过回收、处理，将废弃产品再资源化，节约了资源与能源，并可以减少废弃产品对环境造成的压力[2-5]。

2.1.3　实施绿色制造的必要性

工业化本质上是一个不断为人类社会提供产品的过程。只有不断发展工业，才能更好地解决资源约束和环境保护问题。当前，我国正处于工业化中后期阶段，面临能源消费总量持续攀升、能源消费结构仍旧以化石能源为主、主要污染物和碳排放总量居高不下、污染源趋于多样化、环境容量不断被挤压、气候问题持续加剧等问题。在新的时代背景下，传统的发展模式已经不再适用。符合绿色发展理念的新型工业化是加快发展新质生产力、推动实现高质量发展的必然选择。

为了提高企业的绿色制造水平，迫切需要开展绿色制造的运行模式及其实施方法的研究，从系统的角度寻求对策，为广大制造企业实施绿色制造提供技术支持。通过合理的运行模式以及实施方案的设计，有利于控制绿色制造实施成本和保证实施效果，切实减少资源消耗和污染排放，取得良好的经济效益和社会效益，实现企业的可持续发展。

1. 实施绿色制造是建设资源节约型、环境友好型社会，发展循环经济的迫切需要

绿色制造的基本思想是实现制造业产品全生命周期资源消耗、环境污染以及人体安全健康危害的减量化和源头控制，并有利于资源循环利用。党的十六大把全面建设小康社会作为我国21世纪头二十年的奋斗目标，并将可持续发展列入全面建设小康社会的基本奋斗目标，即“可持续发展能力不断增强，生态环境得到改善，资源利用效率显著提高，促进人和自然的和谐，推动整个社会走上生产发展、生活富裕、生态良好的文明发展道路”。2006年3月发布的《中华人民共和国国民经济和社会发展第十一个五年规划纲要》中，“建设资源节约型、环境友好型社会”被列入“十一五”时期的重要任务之一。建设资源节约型、环境友好型社会，是要在社会生产、建设、流通、消费的各个领域，在经济和社会发展的各方面，切实保护和合理利用各种资源，提高资源利用率，以尽可能少的资源消耗和环境占用获得最大的经济效益和社会效益。国务院在《2006年工作要点》(国发〔2006〕12号)的通知中明确指出，发展循环经济是建设资源节约型、环境友好型社会和实现可持续发展的重要途径；另外还指出，大力发展循环经济，在重点行业、

产业园区、城市和农村实施一批循环经济试点。在 2011 年发布的《国家“十二五”科学和技术发展规划》中将绿色制造列为“高端装备制造业”领域六大科技产业化工程之一，重点发展先进绿色制造技术与产品，突破制造业绿色产品设计、环保材料、节能环保工艺、绿色回收处理等关键技术。开展绿色制造技术和绿色制造装备的推广应用和产业示范，培育装备再制造、绿色制造咨询与服务、绿色制造软件等新兴产业。2015 年发布的《中国制造 2025》把“绿色制造工程”作为重点实施的五大工程之一，部署全面推行绿色制造，努力构建高效、清洁、低碳、循环的绿色制造体系。2024 年，《政府工作报告》将“因地制宜发展新质生产力，加快建设现代化产业体系”列为十大政府工作任务之一。制造业肩负着保障民生发展和推动社会进步的重要使命，是节能减排的主阵地。制造业绿色化转型是现代化经济体系建设的重要内容，而新质生产力作为环境友好型、资源节约型的生产力，为我国制造业绿色化转型提供了新的机遇。

2. 实施绿色制造是实现我国节能减排目标的有效途径

实施绿色制造，研发应用绿色新技术，对传统工艺技术进行绿色改造，是实现节能减排的有效途径。我国碳排放量增长速度不断放缓，截至 2019 年，我国单位 GDP 碳排放量较 1984 年(高点)下降 86%，较 2000 年下降 74%。单位碳排放量在 2004 年以后迅速降低，至今仍保持一定下降速度。据测算，2019 年我国单位 GDP 碳排放量为 0.00069t/美元。但应该注意的是，美国 2019 年单位 GDP 碳排放量仅为中国的 37%，中国与其相比仍有较大差距。2023 年，中国的二氧化碳排放量增长 5.65 亿 t，达到 12.6 亿 t，增长 4.7%，其中能源燃烧排放增长 5.2%，而工业过程排放基本保持稳定。尽管中国在全球清洁能源经济中处于压倒性的领先地位，但中国的二氧化碳排放量还在持续增长。水力发电的短缺使排放量进一步增加了 1.15 亿 t。在这种大背景下，从各级政府到企业对节能减排都非常重视，形成一股节能减排的浪潮。2024 年《政府工作报告》将单位 GDP 能耗目标设定为降低 2.5%左右，综合考虑了国内外形势和各方面因素，兼顾了需求和可能。随着经济社会持续发展，工业和居民用能将保持刚性增长，能耗降低 2.5%的要求，体现对节能工作的引导约束。李强总理继续强调“深入践行绿水青山就是金山银山的理念”“推动生态环境综合治理”“积极稳妥推进碳达峰碳中和，大力发展绿色低碳经济”。

3. 推广应用绿色制造技术，是突破“绿色贸易壁垒”，改善和促进出口贸易，拉动相关产业发展的需要

提高科技和生产力水平是突破绿色贸易壁垒的基本措施之一。推广应用绿色制造技术将实现我国企业出口产品技术革新，提高出口产品的环境友好属性，有助于突破“绿色贸易壁垒”，从而改善和促进出口贸易，拉动相关产业发展。随着中国加入 WTO，世界经济的一体化，传统的非关税壁垒被逐步削减，绿色贸易壁垒以鲜明的时代特征正日益成为国际贸易发展的主要关卡。一些发达国家凭借其在科技、管理、环保等方面的优势，制定了严苛的绿色贸易壁垒标准和法规。例如，欧盟、美国、日本等地区和国家对进口农产品的农药残留量、食品添加剂、污染物含量等指标有着严格要求，对我国大量

农产品出口形成限制。欧盟曾以我国水产品中氯霉素含量超标为由，全面封杀我国动物源性食品的出口；日本出台“肯定列表制度”，大幅提高进口农产品的农药残留检测指标，并禁止中国的某些蔬菜进口等，导致我国相关农产品出口市场严重受限。我国是世界上最大的发展中国家，在发达国家建立的绿色壁垒面前，已经付出了较大的代价。为满足进口国的绿色贸易壁垒要求，我国出口企业需要在产品生产、加工、包装、运输、检测等环节进行大量投入。例如，企业可能需要采购更环保的原材料、采用更清洁的生产工艺、进行更严格的质量检测和认证等，这些都无疑增加了企业的生产成本。此外，一些进口商可能还会要求我国出口企业提供额外的环保相关证明文件或进行特定的环保项目投资，进一步加重了企业的负担，降低了产品在国际市场上的价格竞争力。许多专家纷纷提出突破“绿色贸易壁垒”的措施，如积极实施ISO14000和环境标志认证、积极参与国际环境公约和国际多边协定中环境条款的谈判以及要加强环境经济政策的研究和制定等。

4. 实施绿色制造是全球日益兴起的绿色产品消费趋势的需要

随着政府立法和公众环保意识的逐渐增强，绿色消费已经成为人们的共识，绿色产品日趋受到欢迎。企业只有同时重视绿色制造、去除有毒物质和循环再用废旧资源，不断推出绿色产品，才能在未来的市场竞争中立于不败之地。《经济日报》数据显示，2013年至2022年，全球绿色贸易进出口总额年均增长率为0.85%。绿色贸易规模波动与全球货物贸易基本同步，占比稳定在20%至23%之间。2022年，全球货物贸易显著增长，绿色贸易占比小幅下降，约占贸易进出口总额的18.17%；中国绿色贸易进出口总额为10792.8亿美元，全球占比12.2%，比2013年提高2.3个百分点。从2022年全球绿色贸易进出口总额来看，欧盟、美国和中国居前三位，合计占比40%左右，日本、英国、韩国等国家位居前列。2023年前三季度，绿色贸易规模前十名的国家(地区)依次为欧盟、美国、中国、日本、英国、墨西哥、韩国、加拿大、新加坡和印度，分别占全球绿色贸易进出口总额的14.1%、13.5%、11.7%、4.2%、3.6%、3.4%、3.4%、2.7%、2.7%和2.3%，合计占比为61.6%。绿色贸易中环保科技产品占据主导地位。从产品类别看，环保科技、碳捕集与封存以及可再生能源产品进出口总额位居前列。2023年前三季度，这三大类产品的进出口总额分别为3.9万亿美元、2.6万亿美元和1.9万亿美元。从增速看，位于前列的是其他环境友好、碳捕集与封存以及环保科技产品。2013年至2022年，上述三大类产品的进出口总额年均增速分别为4.7%、4.4%和3.8%。

综上所述，无论从国民经济的宏观角度还是从公司企业经营的实际需要，绿色制造的实施都已势在必行。

目前，国内研究与欧洲、日本、美国等发达国家相比，其差距主要表现在以下四个方面。

1) 消费者观念的差距

调查结果显示：瑞典85%的消费者愿意为环境的清洁而支付较高价格；加拿大80%的消费者愿意多付10%的价格购买对环境有益的产品；《埃森哲2022中国消费者洞察》

报告显示，43%的中国受访者愿意为环保产品支付溢价，且收入水平越高，为环保特质付费的意愿越强，但与发达国家相比，仍有一定差距。

2) 绿色制造在教育、环境意识普及方面存在差距

在国外许多著名大学都有关于工业生态和绿色制造方面的专门的教育计划，如耶鲁大学工业环境管理教育计划、挪威理工大学的工业生态学教育、丹麦技术大学的工业生态学教育、卡内基梅隆大学的绿色设计创新计划。此外加利福尼亚大学伯克利分校的绿色设计与制造协会、阿拉巴马大学的绿色制造中心等也都面向全校学生开设了绿色制造方面的专门课程体系。相比之下，中国在绿色制造专业人才培养方面相对滞后，虽然一些高校也开始开设相关专业和课程，但在人才培养的数量和质量上，还不能完全满足绿色制造产业快速发展的需求，相关专业的师资力量、教学实践条件等也有待提升。

3) 企业意识相对落后

由于我国大多数企业对绿色制造不太了解，一般都认为绿色制造就是搞环保的，在企业实施绿色制造不仅不会带来效益，可能还会带来不少麻烦。甚至有些已经获得 ISO 14000 环境管理体系认证的企业也没有真正认识到绿色制造的价值，他们虽然获得认证，但实际上在产品开发和生产上没有太大的改观，使得环境管理认证仅仅成为一张证书而已。而国际上很多企业都将绿色制造作为优先发展战略之一，甚至认为在不久的将来，无论从工程还是商务与市场的角度，绿色制造都将成为工业界最大的战略挑战之一。目前，已有很多跨国企业纷纷制定了具体的绿色制造战略，争做绿色制造先锋，创造行业标准，如德国的西门子公司、日本的丰田汽车公司和日立公司、美国的福特集团等。

4) 技术研究方面的差距

由于研究积累少，资金人力投入不足，企业不够重视，绿色制造在国内还属起步阶段，很多研究主要集中在理论、概念与结构框架性的探索研究，还没有深入到制造业的生产实践中去，对制造业的影响仍比较小。有不少文献对许多专门技术，如绿色加工技术、拆卸性设计技术、产品生命周期评估技术、绿色回收处理技术进行了介绍。但与这些技术有关的实用关键技术、应用案例、实用化的软件工具等的报道却很少[5]。

2.1.4　实施绿色制造需要解决的三大问题

1. 效率低的问题

我国制造业能源消耗占比与对应产业增加值之间存在不匹配，从对应产业增加值来看，我国制造业能源消费总量平均占能源消费总量的 50%左右，高于第一产业、第三产业整体的能源消费占比，同时整个第二产业增加值占 GDP 的比重仅为 30%左右，足以证明制造业能源利用效率低下。

2. 高消耗的问题

能源是工业的粮食，是制造业发展的驱动力。在我国制造业发展过程中，伴随着大量的能源消耗。根据《中国能源大数据报告(2023)》，我国 2022 年煤炭消费量占能源消

费总量的 56.2%，同比提升 0.3 个百分点，高于清洁能源消费量占比(25.9%)，表明我国制造业对高碳能源的依赖性增强。

3. 高排放的问题

环境问题与制造业存在着必然联系，我国二氧化碳排放量约占全球总排放量的三分之一，其中钢铁的碳排放占据首要地位；工业二氧化硫和氮氧化物排放量分别约占全国的 90%和 70%，烟尘、粉尘排放量约占全国的 85%以上。

因此，“低效率、高消耗、高排放”的制造业发展模式已经无法满足现阶段绿色低碳的诉求，制造业长期积累的一系列问题亟待解决。

2.2　绿色制造的研究内容

近年来，绿色制造及其相关问题的研究非常活跃。特别是在美国、加拿大、西欧等一些发达国家或地区，对绿色制造及相关问题进行了大量的研究。总结国内外已有的研究工作，可建立绿色制造的研究内容体系，如图 2.1 所示。

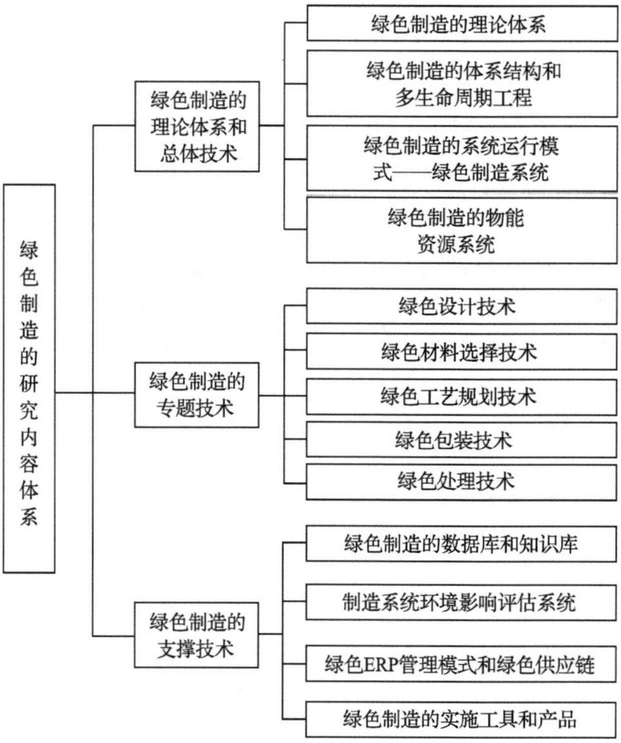

图 2.1　绿色制造的研究内容体系框架

2.2.1　绿色制造的理论体系和总体技术

绿色制造的理论体系和总体技术是从系统的角度以及全局和集成的角度，研究绿色制造的理论体系、共性关键技术和系统集成技术。

1. 绿色制造的理论体系

其理论体系包括绿色制造的资源属性、建模理论、运行特性、可持续发展战略，以及绿色制造的系统特性和集成特性等。

2. 绿色制造的体系结构和多生命周期工程

其体系结构包括绿色制造的目标体系、功能体系、过程体系、信息结构、运行模式等。绿色制造既涉及产品整个生命周期中的绿色性问题，其中大量资源如何循环使用或再生，又涉及产品多生命周期工程这一新概念。

3. 绿色制造的系统运行模式——绿色制造系统

只有从系统集成的角度，才可能真正有效地实施绿色制造。为此需要考虑绿色制造的系统运行模式——绿色制造系统。绿色制造系统将企业各项活动中的人、技术、经营管理、物能资源、生态环境，以及信息流、物料流、能量流和资金流有机集成，并实现企业和生态环境的整体优化，达到产品上市快、质量高、成本低、服务好、有利于环境，并赢得竞争的目的。绿色制造系统的集成运行模式主要涉及绿色设计、产品生命周期及其物流过程、产品生命周期的外延及其相关环境等。

4. 绿色制造的物能资源系统

鉴于资源消耗问题在绿色制造中的特殊地位，且涉及绿色制造全过程，因此应建立绿色制造的物能资源系统，并研究制造系统的物能资源消耗规律、面向环境的产品材料选择、物能资源的优化利用技术、面向产品生命周期和多生命周期的物流和能源的管理与控制等问题。综合考虑绿色制造的内涵和制造系统中资源消耗状态的影响因素，构造了一种绿色制造系统的物能资源流模型。

2.2.2　绿色制造的专题技术

1. 绿色设计技术

绿色设计是指在产品及其生命周期全过程的设计中，充分考虑对资源和环境的影响，在充分考虑产品的功能、质量、开发周期和成本的同时，优化各有关设计因素，使得产品及其制造过程对环境的总体影响和资源消耗降到最小。

2. 绿色材料选择技术

绿色材料选择技术是一个系统性和综合性很强的复杂问题：一是绿色材料尚无明确界限，实际选用中很难处理；二是选用材料，不能仅考虑其绿色性，还必须考虑产品的功能、质量、成本等多方面的要求，这些更增添了面向环境的产品材料选择的复杂性。美国卡奈基梅隆大学 Rosy 提出了基于成本分析的绿色产品材料选择方法，它将环境因素融入材料的选择过程中，要求在满足工程(包括功能、几何、材料特性等方面的要求)和环境等需求的基础上，使零件的成本最低。

3. 绿色工艺规划技术

大量的研究和实践表明，产品制造过程的工艺方案不一样，物料和能源的消耗将不一样，对环境的影响也不一样。绿色工艺规划就是要根据制造系统的实际，尽量研究和采用物料和能源消耗少、废弃物少、对环境污染小的工艺方案和工艺路线。加利福尼亚大学伯克利分校的 Sheng 等提出了一种环境友好性的零件工艺规划方法，这种工艺规划方法分为两个层次：①基于单个特征的微规划，包括环境性微规划和制造微规划；②基于零件的宏规划，包括环境性宏规划和制造宏规划。应用基于 Internet 的平台对从零件设计到生成工艺文件中的规划问题进行集成。在这种工艺规划方法中，对环境规划模块和传统的制造模块进行同等考虑，通过两者之间的平衡协调，得出优化的加工参数。

4. 绿色包装技术

绿色包装技术就是从环境保护的角度，优化产品包装方案，使得资源消耗和废弃物产生最少。目前这方面的研究很广泛，但大致可以分为包装材料、包装结构和包装废弃物回收处理 3 个方面。当今世界主要工业国要求包装应做到“3R1D”，即减量化(reduce)、回收重用(reuse)、循环再生(recycle)和可降解(degradable)原则。

5. 绿色处理技术

产品生命周期终结后，若不回收处理，将造成资源浪费并导致环境污染。目前的研究认为面向环境的产品回收处理是一个系统工程，从产品设计开始就要充分考虑这个问题，并做系统分类处理。产品寿命终结后，可以有多种不同的处理方案，如再使用、再利用、废弃等，各种方案的处理成本和回收价值都不一样，需要对各种方案进行分析与评估，确定出最佳的回收处理方案，从而以最低的成本代价，获得最高的回收价值，即进行绿色产品回收处理方案设计。评价产品回收处理方案设计主要考察三方面：效益最大化、能重新利用的零部件尽可能多、废弃部分尽可能少。

2.2.3 绿色制造的支撑技术

1. 绿色制造的数据库和知识库

研究绿色制造的数据库和知识库，为绿色设计、绿色材料选择、绿色工艺规划和回收处理方案设计提供数据支撑和知识支撑。绿色设计的目标就是如何将环境需求与其他需求有机地结合在一起。比较理想的方法是将 CAD 和环境信息集成起来，以便设计人员在设计过程中，与传统设计中获得有关技术信息与成本信息一样，能够获得所有有关的环境数据，这是绿色设计的前提条件。只有这样设计人员才能根据环境需求设计开发产品，获取设计决策所造成的环境影响的具体情况，并可将设计结果与给定的需求比较对设计方案进行评价。由此可见，为了满足绿色设计需求，必须建立相应的绿色设计数据库与知识库，并对其进行管理和维护。

2. 制造系统环境影响评估系统

环境影响评估系统要对产品生命周期中的资源消耗和环境影响的情况进行评估，评估的主要内容如下：制造过程物料的消耗状况、制造过程能源的消耗状况、制造过程对环境的污染状况、产品使用过程对环境的污染状况、产品寿命终结后对环境的污染状况等。制造系统中资源种类繁多，消耗情况复杂，因而制造过程对环境的污染状况多样、程度不一。如何测算和评估这些状况，如何评估绿色制造实施的状况和程度是一个十分复杂的问题。因此，研究绿色制造的评估体系和评估系统是当前绿色制造研究和实施亟须解决的问题。

3. 绿色 ERP 管理模式和绿色供应链

在绿色制造的企业中，企业的经营和生产管理必须考虑资源消耗和环境影响及其相应的资源成本和环境处理成本，以提高企业的经济效益和环境效益。其中，面向绿色制造的整个(多个)产品生命周期的绿色 MRPⅡ/ERP 管理模式及其绿色供应链是重要研究内容。

4. 绿色制造的实施工具和产品

研究绿色制造的支撑软件，包括计算机辅助绿色设计系统、绿色工艺规划系统、绿色制造的决策支持系统，以及 ISO 14000 国际认证的支撑系统等。

2.3　绿色制造的发展趋势

2.3.1　绿色制造技术的宏观发展趋势

国际上对环境意识制造和逆向制造技术展开了讨论。欧洲、日本、美国等发达国家或地区的许多跨国公司都制定了绿色制造实施目标和措施，开展节能、降耗、产品生命周期评估(life-cycle analysis，LCA)、环境审核、绿色产品开发等具体工作，如日本本田公司 2001 年曾提出到 2003 年将全面实施绿色制造的口号。欧洲西门子公司在 2015 年提出到 2030 年实现碳中和并在所有业务领域推广绿色技术和解决方案。特别是，近年来随着 ISO14000 环境管理体系系列标准、OHSAS18000 职业健康与安全卫生标准系列、绿色产品标志认证等的颁布，企业环境管理和绿色制造的研究更加活跃。截至 2002 年底，已有 118 个国家 49462 家企业已经获得 ISO14000 环境管理体系认证。毫不夸张地说，环境保护和绿色制造研究形成的强大绿色浪潮正在全球兴起。绿色制造技术的宏观发展趋势体现在以下几个方面[6,7]。

1. 绿色制造正朝着标准化、政策化、法律化的方向发展

由于传统企业长期以来忽视了在环境和职业健康方面投入，认为这方面的投入与效益不相关，因此绿色制造在企业的实施既要依靠市场引导，同时也需要通过标准化、政

策化和法律化等手段强制推行。目前国际标准化组织和许多发达国家都纷纷推出绿色制造方面的标准、政策和法律，如 ISO14000 环境管理体系系列标准、ISO50001 能源管理体系标准、英国标准协会、挪威船级社等颁布的 OHSAS18000 职业健康安全管理体系系列标准、德国的“蓝色天使”绿色产品标志计划、美国和加拿大联合推出的环境与公共卫生产品认证制度等。

我国政府高度重视绿色制造技术的发展。在《国家中长期科学和技术发展规划纲要(2006—2020 年)》中将“积极发展绿色制造”列为制造业领域发展的三大思路之一;《中华人民共和国循环经济促进法》明确指出:“国家支持企业开展机动车零部件、工程机械、机床等产品的再制造和轮胎翻新”;《国民经济和社会发展第十二个五年规划纲要》将节能环保产业列入战略性新兴产业;《国家“十二五”科学和技术发展规划》(国科发计〔2011〕270 号)明确指出：“重点发展先进绿色制造技术与产品”。

2. “绿色贸易壁垒”促使绿色制造技术的全球化发展

随着中国加入世界贸易组织，传统的非关税壁垒被逐步削减，绿色贸易壁垒以鲜明的时代特征日益成为国际贸易发展的主要关卡。绿色贸易壁垒包括环境进口附加税、绿色技术标准、绿色环境标准、绿色市场准入制度、消费者的绿色消费意识等方面内容。将环保措施纳入国际贸易的规则和目标，是环境保护发展的大趋势，但同时也客观上导致了绿色贸易壁垒的存在。为了突破绿色贸易壁垒，积极参与全球化贸易的竞争。扩大本国产品的出口，绿色制造技术研究不再是发达国家的专利，而受到世界各国的普遍关注和重视，正朝着全球化的方向发展。我国许多专家纷纷提出突破“绿色贸易壁垒”的措施，如积极实施 SIO14000 和环境标志认证、积极参与国际环境公约和国际多边协定中环境条款的谈判、加强环境经济政策的研究和制定以及主动申请国际上通行的绿色认证。如 ISO14001 环境管理体系认证、绿色标志认证，提高产品的国际认可度。专家们普遍认为，提高科技和生产力水平是突破绿色贸易壁垒的基本措施之一，应该大力发展绿色制造技术，开发出绿色产品，走清洁生产的道路。

3. 绿色制造技术的集成特性越来越突出

绿色制造不但意味着环保、健康，而且是一种新时代突显绿色环保的先进制造模式，是时代进步的特征，越来越表现出多方面的集成特性。

(1)效益目标集成。绿色制造表现出制造企业经济效益和社会效益的集成，具体表现为制造时间、产品质量、制造成本、资源消耗和环境影响各目标的集成。

(2)组织模式集成。绿色制造组织模式的集成主要体现为其社会化属性。绿色制造技术作为可持续发展战略在制造业的体现，其研究和发展不是哪一方面的责任，而是企业、政府、非盈利组织、高校、消费者共同的职责，是一个社会化的问题。需要提高全社会的环境意识，群策群力推动绿色制造技术的发展和应用。

(3)技术集成。绿色制造技术逐步发展成为多个交叉技术学科，即环境工程绿色制造理论与技术领域、制造工程技术领域、管理工程技术领域的交叉。

4. 绿色产品制造业正带动着传统产业的更新换代

“绿色”是产品开发和制造的一种创新理念。随着公众环境意识的增强，以及一系列环境技术标准和绿色产品认证的出台，这种创新理念正逐步市场化、效益化。一些调查显示，随着人们环保意识的提高和对环境问题的日益关注，越来越多的消费者表现出对绿色产品和环保行动的支持态度，部分消费者愿意为环境改善相关的产品或服务支付一定的溢价。《德勤中国消费品和零售行业纵览 2024：洞察消费结构变化中的行业新趋势》显示，截至 2023 年，有超过一半的消费者愿意选择绿色低碳产品，且相比三年前，愿意为绿色产品支付溢价的消费者数量从 13%提升到接近 25%。绿色产品在国际市场上相对于传统产品具有更强劲的市场竞争力。我国消费者对绿色产品的消费意愿虽然相对稍低，但由于基数大，仍不可小视，同样孕育着强大的市场潜力。由于绿色产品制造采用的是面向产品全生命周期的一体化制造模式，涉及原材料生产、产品设计、制造与装配、包装、销售、使用、回收处理等多个制造环节，因此在国际国内市场的驱动下，绿色产品制造业的蓬勃发展，将全面带动着我国传统产业的变革，实现良性的产业更新换代，具体表现如下：

将绿色制造融入工业体系之中，努力实现制造业的高端转型发展，让工业发展与碳排放脱钩，让碳减排倒逼制造业产业链、供应链，才能提升绿色低碳水平。绿色制造和制造业绿色转型，是实施绿色低碳战略的焦点，对于我们国家和企业来说，既是巨大挑战，更是蕴藏着无穷机遇。绿色低碳发展方式将从根本上改变我国传统的工业化发展基础和路径，重塑制造业格局。通过新能源节能增效降碳；通过建立非化石能源电力为主的新能源电力系统减碳，促进储能、智能电网、分布式和配电网服务等协同发展；通过建立新能源汽车交通能源体系逐步脱碳；尤其是通过调整制造业产业结构，实现工业减排，实现传统工业向先进制造业和智能化数字化转型，这些都是具有远大目标的企业大展身手的广泛应用场景。

5. 绿色制造带来的新兴产业正在兴起，一批新的产业正在不断兴起

绿色低碳产业是引领未来发展的新支柱、新赛道。绿色低碳产业在经济总量中的比重在一定程度上体现了产业结构向绿色低碳转型的程度。经过这么多年的发展，我国由绿色低碳科技创新所催生形成的绿色生产力正蓄势待发，新能源汽车、光伏产品、锂电池等绿色低碳产业蓬勃发展，已经成为新的绿色增长点。目前，我国已建成全球最大、最完整的新能源产业链，新能源汽车产销量连续多年领跑全球，光伏产业链主要环节产量连续多年保持全球第一[8]。

近年来，我国积极适应和引领全球绿色低碳发展潮流，有关绿色工厂、绿色工业园区、绿色供应链管理企业和绿色产品等的评价标准陆续出台，绿色制造体系正初步形成。数据显示，截至 2023 年 4 月底，国家层面共创建绿色工厂 3616 家、绿色工业园区 267 家、绿色供应链管理企业 403 家，累计推广绿色产品近 3 万个，绿色工厂能耗水平整体优于能效标杆水平，绿色工业园区平均固废处置利用率超过 95%。绿色制造的社会效益、环境效益和经济效益不断显现。

2.3.2 绿色制造研究的科学价值和应用前景

绿色制造研究属于国际制造科学技术的前沿技术，将推动制造科学的发展。近年来，绿色制造的研究非常活跃，美国的一些国家重点实验室和国家标准技术研究院，例如麻省理工学院、加利福尼亚大学伯克利分校等著名高等院校，均纷纷开展了这方面的研究。这些充分体现了绿色制造的学科前沿性。绿色制造将涉及现代制造观的变革、可持续制造理论、21 世纪制造系统的体系结构以及大制造、大过程和学科交叉等一系列制造科学问题，对其进行研究无疑将会推动制造科学的发展[9]。

绿色制造是人类社会可持续发展的必然需求，具有重大社会效益。作为人类可持续发展战略在制造业的具体体现，绿色制造统筹兼顾环境和资源，既要满足经济发展的需要，又要使其作为人类生存的要素之一而直接满足人类长远生存的需要，从而形成了一种综合性的发展战略。因此，对绿色制造的研究具有重大的社会效益。

绿色制造也是 21 世纪企业取得显著经济效益的机遇。实施绿色制造，最大限度地提高资源利用率，减少资源消耗，可直接降低消耗，从而直接降低成本。同时，实施绿色制造减少或消除环境污染，可减少或避免因环境问题引起的罚款。另外，绿色制造环境将全面改善或美化企业员工的工作环境，有助于提高员工的主观能动性和工作效率，特别是未来的市场是绿色产品的市场。综上所述，绿色制造对企业是一种机遇。

国际环境管理标准的提出，更增添了企业对实施绿色制造的需求，ISO14000 系列标准提出后，在国际上引起了很大震动。实施绿色制造已是大势所趋。

绿色制造将为我国企业消除国际绿色贸易壁垒提供有力支撑。近年来，许多国家要求进口产品要进行绿色性认定，要有“绿色标志”。特别是有些发达国家以保护本国环境为由，制定了极为苛刻的产品环境指标来限制国际产品特别是发展中国家产品进入本国市场，即设置“绿色贸易壁垒”。绿色制造将为我国企业提高产品绿色性提供支撑手段。

绿色制造将推动一类新兴产业的形成。企业实施绿色制造，需要大量实施工具和软件产品，这是一个很大的市场，将会推动一类新兴产业的形成。

2.3.3 我国绿色制造的重要举措

实施绿色制造，我国陆续推出了一些举措，包括如下：

2006 年，国务院发布《国家中长期科学和技术发展规划纲要（2006—2020 年）》，提出了“积极发展绿色制造。加快相关技术在材料与产品开发设计、加工制造、销售服务及回收利用等产品全生命周期中的应用，形成高效、节能、环保和可循环的新型制造工艺”。

2011 年，科技部发布《国家“十二五”科学和技术发展规划》，其中将绿色制造列为“高端装备制造业”领域六大科技产业化工程之一，重点发展先进绿色制造技术与产品，培育装备再制造、绿色咨询服务、绿色制造软件等新兴产业。

2015 年，国务院发布《中国制造 2025》，提出了“全面推行绿色制造”的战略任务和重点。

2016 年，工业和信息化部发布了《绿色制造工程实施指南（2016—2020 年）》，提出了“节能减排”的目标，并提出了“推动绿色产品、绿色工厂、绿色园区和绿色供应链全面发展”；另外还指出，其主要目标是“到 2020 年，绿色制造水平明显提升，绿色制造体系初步建立”。

2016 年，工信部发布了《工业绿色发展规划(2016—2020 年)》，提出了“提升科技支撑能力，促进绿色创新发展”的主要任务。

2021 年，工业和信息化部发布《“十四五”工业绿色发展规划》，提出了“完善绿色制造体系”的主要目标。

2024 年，工业和信息化部、国家发展改革委等七部门联合印发《关于加快推动制造业绿色化发展的指导意见》，指出“大力发展绿色低碳产业，提高绿色环保、新能源装备、新能源汽车等绿色低碳产业占比……推动工业互联网、大数据、人工智能、5G 等新兴技术与绿色低碳产业深度融合……谋划布局氢能、储能、生物制造、碳捕集利用与封存(CCUS)等未来能源和未来制造产业发展。”

2.4　绿色产品及其认证

2.4.1　绿色产品的定义及内涵

绿色产品又称环境协调型产品(environmental conscious product)，是相对于传统产品而言的，是指在全生命周期过程中，符合环境保护要求，对生态环境和人体健康无害或危害小、资源能源消耗少、品质高的产品。绿色产品具有资源节约、环境友好、消费友好的内涵。美国《幸福》期刊 1995 年 2 月 6 日的一篇题为《为再用而制造产品》的文章认为：绿色产品是指那些旨在减少部件、合理使用原材料并使部件可以重新利用的产品。也有人把绿色产品看成是其使用寿命完结时，部件可以翻新和重新利用，或能安全地被处理掉的产品。还有人把绿色产品归纳为从生产到使用乃至回收的整个过程都符合特定的环境保护要求，对生态环境无害或危害极少，以及利用资源再生或回收循环再用的产品[10]。

由绿色产品的定义可以看出，产品的绿色程度体现在其生命周期的各个阶段。普通产品的生命周期是指产品从“摇篮到坟墓”的所有阶段。绿色产品生命周期则应进一步扩展为从“摇篮到再生”的所有阶段。绿色产品生命周期包括以下过程：产品材料的获取与制备过程；绿色产品规划及设计开发过程；产品制造与生产过程；产品使用过程；产品维护与服务过程；废弃淘汰产品的回收、重用及处理处置过程。根据前面的分析，可由图 2.2 全面地理解绿色产品。

绿色产品的概念是美国政府在 20 世纪 70 年代的环境污染法规中首次提出的，但真正的绿色产品最早出现在当时的联邦德国。1987 年，联邦德国实施了一项被称为“蓝色天使”的计划，对于在生产和使用过程中都符合环保要求且对生态环境和人体健康无损害的产品，环境标志委员会授予该产品环境标志。目前，德国 30%的商品已成为绿色产品。随后，日本、美国、加拿大等国也相继建立了自己的环境标志认证制度，以保证消费者能识别产品的环保性质，同时鼓励厂商生产低污染的绿色产品。目前的绿色产品已涉及诸多领域，如绿色汽车、绿色电脑、绿色相机、绿色冰箱、绿色包装、绿色建筑等。我国于 1993 年开始实行环境标志认证制度，并制定了自己的环境标志，如图 2.3 所示。同时，制定了严格的环境标志产品标准。认证企业从最初的几家发展到现在的 160 多家，已有 500 多种型号的产品获得中国环境标志产品认证。实施了 73 类产品的环境标志产品技术要求。实施环境标志认证可以根据国际惯例保护我国的环境利益，同时，也有利于促进企业提高产品在国际市场上的竞争力，因为越来越多的事实证明，谁拥有绿色产品，谁就拥有市场。

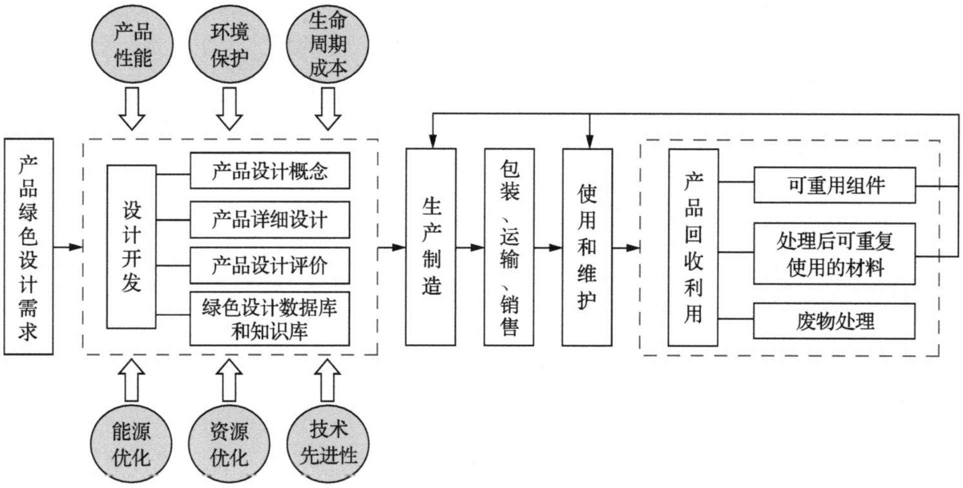

图 2.2　绿色产品特性图

图 2.3　中国环境标志

2.4.2　绿色产品的特点

绿色产品具有技术先进性、经济合理性和环境友好性这三个最基本的特征，具体表现在以下几方面。

(1) 技术先进性。技术先进性是绿色产品设计制造和赢得市场竞争的前提。绿色产品强调在产品整个寿命周期中采用先进技术，从技术上保证实现用户要求的使用功能、性能和可靠性。

(2) 环境保护性。绿色产品要求从生产到使用乃至废弃、回收处理的各个环节都对环境无害或危害甚小，其评价应按当代国际社会公认的环保标准进行，它要求企业在生产过程中选用清洁的原料、清洁的工艺过程，进行清洁生产；从设计上应保证用户在使用该产品的全过程中不产生环境污染或只有微小污染，并同时保证产品在报废、回收处理过程中产生的废弃物最少。

(3) 材料、资源利用最优性。绿色产品应尽量减少材料、资源的消耗量，尽量减少使用材料的种类，特别是稀有昂贵材料及有毒、有害材料的种类和用量。这就要求设计产品时，在满足产品基本功能的前提下，尽量简化产品结构，合理使用材料，并使产品中零件材料能最大限度地可以进行再利用。同时，还应保证在其生命周期的各个环节能源消耗最少。

(4) 安全性。绿色产品首先必须是安全的产品，即它必须在结构设计、材料选择、生产制造和使用的各个环节上采用先进、有效的安全技术，实现产品安全本质化，确保用户或使用者在使用该绿色产品时的人身安全和健康。

(5) 人机和谐性。现代社会需要的绿色产品必须进行科学的人类工效学设计和工业美学设计，使其具有良好的人机和谐性和美的外观特性，使用户(或操作者)在使用该产品时感觉舒适、轻松愉快，误操作率小，使整个人机系统具有最高操作功效。

(6) 良好的可拆卸性。良好的可拆卸性在现代生产可持续发展中起着重要作用，已成为现代机械设计的重要分支。不具良好可拆卸性设计的产品不但会造成大量可重复利用零部件的浪费，而且会因废弃物难以处理而污染环境。因此，是否具有良好的可拆卸性是衡量一个产品绿色化程度的重要指标。

(7) 经济性。绿色产品除应具有上述特征外，还必须具有良好的经济性，即不但要制造成本最低，更重要的是要让消费者想买、愿意买，而且还要让用户买得起、用得起，以至报废时扔得起。简言之，即具有面向产品全生命周期的全程成本最小的特征。

(8) 多生命周期性。从绿色产品的科学定义可以看出，绿色产品与传统概念的产品相比，是一种具有多生命周期属性的产品。普通产品的生命周期是指本代产品从设计、制造、装配、包装、运输、使用到报废为止所经历的全部时间，即从“摇篮到坟墓”的所有阶段。而绿色产品的生命周期不仅包括本代产品的生命周期的全部时间，还包括报废或停止使用以后，产品或其有关零件在换代或以后各代产品中的循环使用或循环利用的时间，简称“回用时间”，即从“摇篮到再现”的所有阶段。

从绿色产品的定义我们还可看出，绿色产品具有四个基本要素，即节省能源、节省资源、环境保护、劳动保护，这四个要素相互影响，缺一不可，且这四个要素均应从产品寿命周期的角度考虑问题，同时还应充分考虑经济性[11-13]。

2.4.3　绿色产品的分类

绿色产品可以从不同的角度进行分类，例如可按与原产品区分的程度分为改良型、改进型，也可按对环保作用的大小，按“绿色”的深浅来划分。“绿色”是一个相对的概念，很难有一个严格的标准和范围界定，它的标准可以由社会习惯形成，社会团体制定或法律规定。但按国际惯例的话，一般来说，只有授予绿色标志的产品才算是正式的绿色产品。由于各国确定的产品类别各不相同，规定的标准也有所差别。德国是世界上发展绿色产品最早的国家之一。德国的绿色产品共分为 7 个基本类型，下面列举这 7 个基本类型中的一些重点产品类别：

(1) 可回收利用型，包括经过翻新的轮胎、回收的玻璃容器、再生纸、可复用的运输周转箱(袋)、用再生塑料和废橡胶生产的产品、用再生玻璃生产的建筑材料、可复用的磁带盒和可再装的磁带盘及再生石制的建筑材料等。

(2) 低毒低害型，包括低污染油漆和涂料、粉末涂料、锌空气电池、不含农药的室内驱虫剂、不含汞和镉的锂电池、低污染灭火剂等。

(3) 低排放型，包括低排放的雾化燃烧炉、低排放燃气禁烧炉、低污染节约型燃气炉、凝气式锅炉、低排放式印刷机等。

(4) 低噪声型，包括低噪声割草机、低噪声摩托车、低噪声建筑机械、低噪声混合粉碎机、低噪声低烟尘城市汽车等。

(5) 节水型，包括节水型清洗槽、节水型水流控制器、节水型清洗机等。

(6) 节能型，包括燃气多段锅炉和循环水锅炉、太阳能产品及机械表、高隔热性能的多层玻璃等。

(7) 可生物降解型，包括以土壤营养物和调节剂合成的混合肥料，易生物降解的润滑油、润滑脂等。

2.4.4 绿色产品认证制度

绿色产品认证的依据是中共中央、国务院印发的《生态文明体制改革总体方案》和国务院办公厅印发的《关于建立统一的绿色产品标准、认证、标识体系的意见》。两者均是由国家统一推行的自愿性绿色产品认证制度。目前可使用国家统一绿色产品标识的认证制度有：①国家统一的绿色产品认证制度(全绿产品)；②涉及绿色属性的认证制度(涉绿产品)。

1. 绿色产品认证制度定义

认证机构对列入国家统一的绿色产品认证目录的产品，依据绿色产品评价标准清单中的标准，按照市场监管总局统一制定发布的绿色产品认证规则开展的认证活动。

2. 绿色产品认证范围

为科学有效推进绿色产品标准、认证、标识体系建设，市场监管总局成立了包括行业和消费者组织、技术机构和专家组成的绿色产品评价标准化总体组，研究编制《绿色产品评价通则》，规范各类产品绿色评价标准的制定。在产品选取方面，优先选取与消费者吃、穿、住、行、用密切相关，对人体健康和生态环境影响大、具有一定市场规模、国际贸易需求旺盛的产品，制定标准并开展认证。为便于广大消费者识别和购买绿色产品，市场监管总局发布了统一的绿色产品认证标识，通过消费，带动绿色产品供给。目前，出台了 18 项产品评价国家标准，印发了 3 批绿色产品评价标准清单及认证产品目录，将 19 类近 90 种产品纳入认证范围，覆盖有机绿色食品、纺织品、汽车摩托车轮胎、塑料制品、洗涤用品、建材、快递包装、电器电子等产品，颁发统一的绿色产品认证证书 3.4 万余张，获证企业 1.6 万余家。同时，还有涉及单一绿色属性的认证服务，如节能、节水、光伏、风电、环保、循环等认证项目，共颁发证书 18 万余张，获证企业 2 万余家。表 2.2～表 2.4 给出了部分产品的认证目录。

表 2.2 2018 年《市场监管总局关于发布绿色产品评价标准清单及认证目录(第一批)的公告》

序号	标准编号	认证目录
1	GB/T 35601—2017	人造板和木制地板
2	GB/T 35602—2017	涂料
3	GB/T 35603—2024	绿色产品评价 卫生陶瓷
4	GB/T 35604—2017	建筑玻璃
5	GB/T 35606—2017	太阳能热水系统
6	GB/T 35607—2024	绿色产品评价 家具
7	GB/T 35608—2024	绿色产品评价 绝热材料
8	GB/T 35609—2017	防水与密封材料
9	GB/T 35610—2024	绿色产品评价 陶瓷砖(板)
10	GB/T 35611—2017	纺织产品
11	GB/T 35612—2024	绿色产品评价 木塑制品
12	GB/T 35613—2024	绿色产品评价 纸和纸制品

表 2.3 2020 年《市场监管总局关于发布绿色产品评价标准清单(第二批)的公告》

序号	标准编号	认证目录
1	GB/T 37866—2019	塑料制品
2	GB/T 39020—2020	洗涤用品
3	GB/T 39084—2020	快递封装用品

表 2.4 2021 年《市场监管总局关于发布绿色产品评价标准清单及认证目录(第三批)的公告》

序号	标准编号	认证目录
1	GB/T 39761.1—2021	电冰箱、空调器和洗衣机
2	GB/T 40718—2021	轮胎

3. 绿色产品认证标识

2019 年 5 月，国家市场监管总局制定《绿色产品标识使用管理办法》(以下简称《管理办法》)。《管理办法》明确了绿色产品标识的样式、绿色产品标识适用范围，以及绿色产品标识的监督管理等方面内容。绿色产品标识基本图案“CGP”为“中国绿色产品”对应英文首字母的缩写，并组成树形图案，寓意标识“关注环境、关注资源、关注人类可持续发展”的“绿色”主旨。同时，“CGP”组成的图案，也类似我国汉字的“品”字，表征获得认证产品所具有的高品质。在资源属性、能源属性、环境属性、品质属性方面全部符合标准要求的产品，称作“全绿”产品，符合任一方面标准要求的产品，称作“涉绿”产品，如图 2.4 所示。

(a) (b)

图 2.4 绿色产品认证标识

(a)全绿产品；(b)涉绿产品

参 考 文 献

[1] 李公法, 孔建益, 杨金堂, 等. 机电产品的绿色设计与制造及其发展趋势[J]. 机械设计与制造, 2006, (6): 170-172.

[2] 刘飞, 曹华军, 张华, 等. 绿色制造的理论与技术[M]. 北京: 科学出版社, 2005.

[3] 李聪波, 刘飞, 曹华军, 等. 绿色制造运行模式及其实施方法[M]. 北京: 科学出版社, 2011.

[4] 张华, 江志刚. 绿色制造系统工程理论与实践[M]. 北京: 科学出版社, 2013.

[5] 李聪波. 绿色制造运行模式及其实施方法研究[D]. 重庆: 重庆大学, 2009.

[6] 刘飞, 张华. 绿色制造的内涵及研究意义[J]. 中国科学基金, 1999, (6): 324-327.

[7] 刘飞, 曹华军, 何乃军. 绿色制造的研究现状与发展趋势[J]. 中国机械工程, 2000, 11(1-2): 105-109.

[8] 中共中央 国务院关于加快经济社会发展全面绿色转型的意见[A/OL]. (2024-08-11)[2024-12-20]. https://www.gov.cn/zhengce/202408/content_6967663.htm.

[9] 郑季良. 绿色制造系统的集成发展论: 基于企业集群视角[M]. 昆明: 云南人民出版社, 2009.

[10] 张建华, 王述洋, 李滨, 等. 绿色产品的概念、基本特征及绿色设计理论体系[J]. 东北林业大学学报, 2000, 28(4): 84-86.

[11] 刘志峰, 刘光复. 绿色设计[M]. 北京: 机械工业出版社, 1999.

[12] 郭伟祥. 绿色产品概念设计过程与方法研究[D]. 合肥: 合肥工业大学, 2005.

[13] Catherine M R. Design for environment: A method for formulating product end-of life strategies[D]. Palo Alto: Stanford University, 2001.

第3章　再制造工程基础

再制造是实现资源高效循环利用的最佳途径之一，实施机电产品再制造，既可实现大量报废产品的再利用，也可以降低装备腐蚀和磨损带来的巨大经济损失。与传统制造业相比，可节约成本50%，节能60%，节材70%，几乎不产生固体废物，对环境的负面影响显著降低，经济效益、社会效益和生态效益显著，有力促进了资源节约型、环境友好型社会的建设。

党的十八大报告把“生态文明建设”放在突出位置；《中国制造 2025》将绿色发展作为基本方针，强调“发展循环经济，提高资源回收利用效率，构建绿色制造体系，走生态文明的发展道路”。再制造是循环经济“再利用”的高级形式，是绿色制造的重要环节，是绿色制造全生命周期管理的发展和延伸，是实现资源高效循环利用的重要途径。再制造产业符合“科技含量高、经济效益好、资源消耗低、环境污染少”的新型工业化特点，发展再制造产业有利于形成新的经济增长点，将成为“中国制造”升级转型的重要突破。

3.1　再制造概述

3.1.1　再制造工程的定义

再制造工程是以机电产品全寿命周期设计和管理为指导，以废旧机电产品实现性能跨越式提升为目标，以优质、高效、节能、节材、环保为准则，以先进技术和产业化生产为手段，对废旧机电产品进行修复和改造的一系列技术措施或工程活动的总称。简言之，再制造是废旧机电产品高科技维修的产业化[1, 2]。

值得注意的是，随着市场情况的不断变化，专业领域对于再制造的定义也在进行不断地修正。例如，国际标准 ISO 10987:2012 对再制造的定义是，对零部件进行翻新处理使其达到可再利用的水平[3]。中国国家标准《再制造　术语》(GB/T 28619—2024)对“再制造”的定义为：对再制造毛坯进行专业化修复或升级改造，使其质量特性不低于原型新品水平的过程(注：质量特性包括产品功能、技术性能、绿色性、经济性等)。再制造的重要特征是再制造产品的质量和性能要达到或超过新品，成本仅为新品的50%，节能60%，节材70%以上，对保护环境贡献显著[4]。而在之后制定的 ISO 10987-2:2017 中，再制造的定义被修改为：由原始设备制造商或其关联方或正式授权实体执行的工业过程，通过该过程，先前已售出、磨损或无法使用的部件(称为核心部件)从质量和性能的角度恢复到“全新”或“优于全新”的状态[5]。修改后的定义不仅规定了再制造执行方的范围以及再制造的对象，还对再制造产品的质量和性能提出了更明确的要求[6]。在国家可持续发展战略和“以人为本，人口、资源、环境协调发展”的科学观指导下，再制造工程已成为构建循环经济的重要组成部分。

再制造的对象是广义的，它既可以是设备、系统、设施，也可以是其零部件；既包括硬件，也包括软件。我国国家标准《再制造 机械产品质量评价通则》(GB/T 41352—2022)将再制造模式分为三大类：恢复性再制造、升级性再制造和改造性再制造。其中，改造性再制造的定义是：对再制造毛坯进行结构或技术功能的修改与变更，使再制造产品适合其他领域新需求的再制造模式[7]，这是应市场需求，在原有再制造术语标准的基础上新增的。也就是说，再制造的需求已经不仅是恢复或提升原产品的性能，其已扩展到产生新的功能以适应市场需求[8]。

再制造工程包括以下两个主要部分。

(1)再制造加工：主要针对达到物理寿命和经济寿命而报废的产品，在失效分析和寿命评估的基础上，把蕴含使用价值、由于功能性损坏或技术性淘汰等原因不再使用的产品作为再制造毛坯，采用表面工程等先进技术进行加工，使其性能和尺寸迅速恢复，甚至超过新品。

(2)过时产品的性能升级：主要针对已达到技术寿命的产品或不符合可持续发展要求的产品，通过技术改造、更新，特别是通过使用新材料、新技术、新工艺等，改善产品的技术性能、延长产品的使用寿命、减少环境污染。性能过时的机电产品往往是几项关键指标落后，不等于所有的零部件都不能再使用，采用新技术镶嵌的方式进行局部改造，就可以使原产品跟上时代的性能要求。

3.1.2 再制造在产品全寿命周期中的地位

全寿命周期过程是指在设计阶段就考虑到产品寿命历程的所有环节，将所有相关因素在产品设计分阶段得到综合规划和优化的一种设计理论。全寿命周期设计意味着设计产品不仅要设计产品的功能和结构，还要设计产品的规划、设计、生产、经销、运行、使用、维修保养、直到回收再利用处置的全寿命周期过程[9]。

装备发展的实践证明，装备全寿命周期管理不仅要考虑装备的论证、设计和制造的前期阶段，还要考虑装备的使用、维修直至报废品处理的后期阶段。再制造工程在综合考虑环境和资源效率问题的前提下，在产品报废后，能够高质量地提高产品或零部件的重新使用次数和重新使用率，从而使产品的寿命周期成倍延长，甚至形成产品的多寿命周期。因此，再制造工程是对产品全寿命周期的延伸和拓展，赋予了废旧产品新的寿命，形成了产品的多寿命周期循环。

目前，国内外越来越重视产品的全寿命周期管理[10]。传统的产品寿命周期是“研制—使用—报废”，其物流是一个开环系统。通过在产品寿命周期中采用再制造方式，可以实现理想的绿色产品循环寿命周期，使其变废为宝，“起死回生”，即“研制—使用—再生”，形成一个闭环的循环服役系统。国家标准《机械产品再制造 通用技术要求》(GB/T 28618—2012)规定了机械产品再制造流程，如图 3.1 所示。

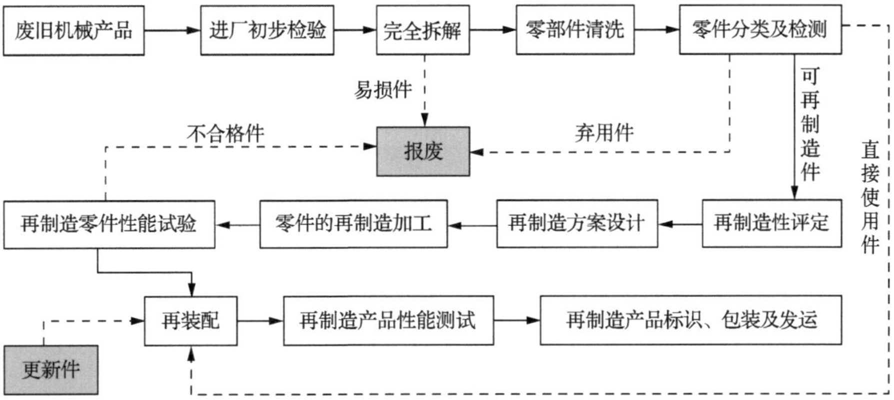

图 3.1　机械产品再制造流程

3.1.3　装备再制造与装备维修及再循环的关系

1. 装备再制造与装备维修的相同点

当装备发生故障无法正常服役时，只有通过维修或再制造来恢复其性能。装备再制造与装备维修的主要相同点是：二者均通过采用专有技术对故障装备进行延长使用寿命的活动，从而避免由于重新购置装备导致的生产成本的扩大。但是，这种相同点一定程度造成了社会各界对装备再制造的误解，片面认为再制造的实质就是维修，束缚了再制造产业的发展。

2. 装备再制造与装备维修的不同点

维修是为了保持和恢复设备良好的状态而进行的修复性活动，是在装备服役阶段为保持装备良好的状况和正常运行而对故障装备采取的修复措施，常具有随机性与应急性。装备再制造与装备维修最主要的不同表现在如下几点。

(1) 成品质量不同。修理只针对在使用年限内且没有完全报废的装备，目的是使故障装备可以继续服役。而再制造可使废旧装备的质量和性能恢复至新装备状态。

(2) 加工技术不同。再制造比维修包含更多的高新技术，例如，高新表面工程技术、纳米热处理技术、数控化改造技术、抗疲劳修复技术、快速成形技术及其他加工技术等。

(3) 工艺流程不同。再制造包括再制造性设计阶段、再制造生产阶段、再制造装备使用阶段的维护、再制造装备回收阶段等循环过程。维修只是考虑故障装备的修理过程。

(4) 经济效益不同。再制造不仅可以通过延长装备的使用寿命获取经济效益，还可以充分提取废旧装备的制造活动成本、能源消耗成本和设备工具消耗成本等附加价值。

(5) 活动时间不同。维修主要是在装备发生故障时开始活动。由于回收零部件的性能状态不同，对其进行再制造时需要采用不同的工艺流程，因此，再制造的时间会存在较大的不确定性。德国的罗尔夫·施泰因希尔佩[11]对开始装备再制造加工时间给出了一个结论：准备进行再制造的废旧装备中，许多零部件只是处于其失效寿命的第二个阶段，即偶发故障期，此阶段的装备失效率非常低，可靠性期望值高。图 3.2 是罗尔夫 · 施泰因希尔佩提出的装备再制造加工开始时间示意图[11]。

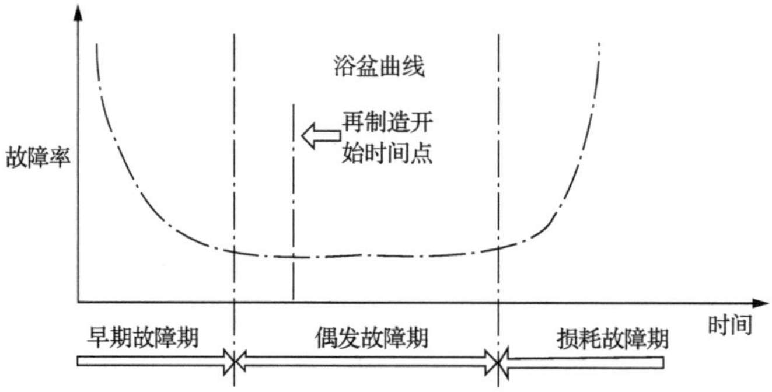

图 3.2　基于浴盆曲线的再制造加工开始时间[11]

3. 装备再制造与再循环

再循环是指将废旧产品回收到能够重新利用的过程，其工艺过程主要包括拆解、粉碎、分离或燃烧等步骤。根据所回收资源的形式、性能及用途，再循环可分为原级再循环和次级再循环，前者是指回收到与废弃件具有相同性能的材料，后者是指将废弃品回收成其他低级用途材料或者能量资源。再循环一般用于可消费品(如报纸、玻璃瓶等)，也可用于耐用品(如汽车发动机、机电产品等)。

无论哪种再循环方式，都破坏了原零部件的形状和性能，销毁了原产品在第一次制造过程中赋予产品的全部附加值，仅仅回收了部分材料或能量，同时，在回收过程中注入了大量的新能源，而且在再循环过程中的粉碎、分离等环节要产生大量的废水，所以，再循环是废旧机电产品资源化的一种低级形式。

再制造不同于再循环，再制造可以最大限度获得废旧零部件中蕴含的附加值。大量零部件的直接或再制造后的重用，使得再制造产品的性能在达到或超过新品的情况下，生产成本可以远远低于新品，因此，再制造是废旧机电产品资源化的最佳形式和首选途径。

目前，许多国家已经开始加强立法来鼓励设计和生产环保产品。近年来，环境友好的生态产品绿色市场已经发展起来。世界上有许多生态标志，如日本的“生态标志”(Ecomark)、美国的“绿色标签”(Green Seal)、德国的“蓝鹰标志”(Blue Angle)。由于生态产品的成本要高于普通产品，因而发展缓慢。而再制造产品作为生态产品，且其成本低于新品，因此有着广阔的发展前景。然而，目前许多消费者对再制造产品还存在着片面认识，认为再制造产品是“二手货”或“翻新品”，不愿购买或使用。再制造的突出特征是将废旧产品回收拆解后，按零部件的类型进行收集和检测，将有再制造价值的废旧产品作为再制造毛坯，利用高新技术对其进行批量化修复、性能升级，使其质量特性达到或优于原有新品水平的制造过程。

3.1.4　再制造的主要特征

再制造是将废旧产品回收拆解后，按零部件的类型进行收集和检测，将有再制造价值的废旧产品作为再制造毛坯，利用高新技术对其进行批量化修复、性能升级，使其质量特性达到或优于原有新品水平的制造过程。

我国再制造业的发展经历了产业萌生、科学论证和政府推进三个主要阶段，经过十余年的创新发展，已形成了“以尺寸恢复和性能提升”为特征的中国特色再制造。中国特色的再制造是在维修工程、表面工程的基础上发展起来的，大量应用了寿命评估、复合表面工程、纳米表面工程和自动化表面工程等先进技术，可以使旧件尺寸精度恢复到原设计要求，并提升零件的质量和性能。我国的这种以尺寸恢复和性能提升为主的再制造模式，在提升再制造产品质量的同时，还可大幅度提高旧件的再制造率。例如，斯太尔发动机的再制造率(指再制造旧件占再制造产品的重量比)比国外提高了 10%。再制造产品的重要特征是其质量特性不低于新品，再制造与制造新品相比，可节能 60%，节材 70%，大气污染物排放量减少 80%以上。再制造迎合了传统生产和消费模式的巨大变革需求，是实现废旧机电产品循环利用的重要途径，是资源再生的高级形式，也是发展循环经济、建设资源节约型、环境友好型社会的重要举措，更是推进绿色发展、低碳发展，促进生态文明建设的重要载体[12]。

再制造优先考虑产品的可回收性、可拆解性、可再制造性和可维护性等属性，同时保证产品的基本目标(优质、高效、节能、节材等)，从而使退役产品在对环境的负面影响最小、资源利用率最高的情况下重新达到最佳的性能，并实现企业经济效益和社会效益的协调优化[13]。

3.1.5　再制造工程的学科体系

再制造工程学科体系是在装备维修保障的实践中逐渐形成的，在装备维修工程、表面工程等相关学科不断发展、交叉、综合的基础上逐步发展起来的。再制造工程与维修工程、表面工程、制造工程和环境工程等相关学科密不可分。我国自主创新的再制造发展模式是表面工程在装备再制造领域的应用实践中逐步探索形成的。它包含的内容十分广泛，涉及机械工程、材料科学与工程、信息科学与工程和环境科学与工程等多种学科的知识和研究成果。再制造工程融汇上述学科的基础理论，结合再制造工程实际，逐步形成了废旧产品的失效分析理论、剩余寿命预测和评估理论、再制造产品的全寿命周期评价基础以及再制造过程的模拟与仿真等。此外，还要通过对废旧装备恢复性能时的技术、经济和环境三要素的综合分析，完成对废旧装备或其典型零部件的再制造性评估。

2012 年，“再制造工程”学科被教育部批准为二级学科博士点，其一级学科为机械工程。再制造学科体系构成复杂，涵盖着再制造工程理论基础、再制造工程关键技术、再制造工程质量控制、再制造工程技术设计、再制造工程管理等多项内容。装备再制造工程的学科体系框架如图 3.3 所示[14]。

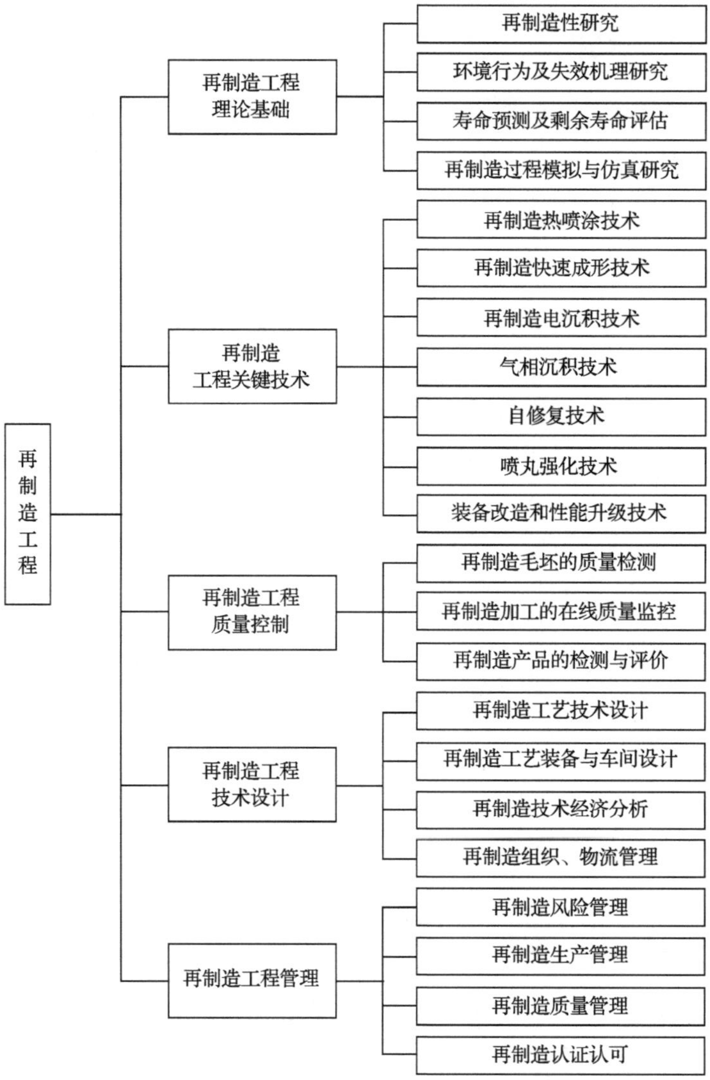

图 3.3　装备再制造工程学科体系框架

3.1.6　再制造工程的关键技术

装备再制造工程是通过各种高新技术来实现的。在这些再制造技术中，有很多是及时吸取最新科学技术成果的关键技术，如先进表面技术、微纳米涂层及微纳米减摩自修复材料和技术、修复热处理技术、再制造毛坯快速成形技术及过时产品的性能升级技术等。再制造工程的关键技术所包含的种类十分广泛，其中，主要技术是先进表面技术和复合表面技术，主要用来修复和强化废旧零件的失效表面。由于废旧零部件的磨损和腐蚀等失效主要发生在表面，因而各种各样的表面涂覆技术应用得最多。微纳米涂层技术是以微纳米材料为基础，通过特定涂覆工艺对表面进行高性能强化和改性，可以解决许多再制造中的难题，并使其性能大幅度提高。修复热处理是一种通过恢复内部组织结构来恢复零部件整体性能的技术。再制造毛坯快速成形技术是根据零件几何信息，采用积分堆积原理和激光同轴扫描等方法进行金属的熔融堆积。过时产品的性能升级技术不仅包括通过再制造使产品强化、延寿的各种方法，还包括产品的改装设计，特别是引进高新技术或嵌入先进的部(组)件使产品性能获得升级的各种方法。除上述这些有特色的技术外，通用的机械加工技术和特种加工技术也经常使用。

3.1.7　再制造工程的质量控制与技术设计

再制造工程的质量控制中，毛坯的质量检测是指通过检测废旧零部件的内部和外部损伤，从技术、经济、环境等方面分析判断其再制造的可行性。产品的质量检测是指对给定的产品按照规定的程序确定一个或多个特性或性能的技术操作，通过检查和验证产品质量是否符合有关规定的活动。为保证再制造产品的质量性能不低于新品，在再制造过程中要建立起全面的质量管理体系，严格进行再制造过程的在线质量控制和再制造成品的检测。

再制造工程的技术设计包括再制造工艺过程设计，工艺装备、设施和车间设计，再制造技术经济分析，再制造组织、物流管理等多方面内容。其中，再制造的工艺过程设计是关键，需要根据再制造对象的运行状况提出技术要求，编制合理的再制造工艺。再制造产品的物流管理包括再制造对象的逆向(回收)物流管理和再制造产品的供应物流管理两方面。合理的物流管理能够提高再制造产品的生产效率，降低成本，提高经济效益。

3.1.8　再制造产业发展

1. 国外再制造产业的发展

国外的再制造经过几十年发展，已形成了庞大的产业，成为循环经济的重要组成部分。美国于 20 世纪 90 年代初建立了国家再制造与资源恢复国家中心(NC3R)以及再制造研究所、再制造工业协会，并在《2010 年及其以后的国防制造工业执行提要》中明确将新的再制造技术列入其优先发展的国防制造工业的新重点。德国政府从 1991 年起，多次拨款支持机电再制造，帮助企业与高校、研究机构开展再制造研究工作。欧洲也通过了支持再制造的相关法律法规，并且正在德国建设欧洲再制造技术中心[15]。

国外再制造产品涉及汽车及其配件、工业设备、航空航天及国防装备、电子产品等十几个领域，其中，汽车、工程机械、机床领域再制造产品所占比例最大。以美国为例，汽车零部件再制造业是美国的第三大再制造产业，美国进口再制造汽车零部件从 2009 年的 12190 万元增长到 2011 年的 14820 万元，增长了约 21.6%，出口额从 2009 年的 4310 万元增长到 2011 年的 5820 万元，增长了约 35%，美国成为再制造汽车零部件的净进口国[16]。根据卡特彼勒发布的可持续发展报告，在 2022 年，6.35 万 t 材料通过再制造过程得以回收利用，89%生命周期结束的核心部件得以回收，减少了 80%～90%的新材料使用[17, 18]。

2015 年，欧洲知识转移联盟(European Remanufacturing Network, ERN)发布了报告《再制造市场研究》，通过电话和网络调查、荟萃分析(meta-studies)和自上而下分析的方法搜集并分析了航空航天、汽车、电子电器设备、家具、重型装备和非道路车辆、机床、海洋装备、医疗器械、铁路装备九个行业的数据，评估了欧盟再制造产业发展水平。据统计，2015 年欧盟再制造业产值约 300 亿欧元，提供了 19 万个工作岗位，再制造业产值占新品制造产业的 1.9%左右。其中，航空航天再制造业产值高达 124 亿欧元，占欧盟再制造业总产值的 42%，其再制造业产值占制造业产值的 11.5%，欧盟航空航天再制造业产值较高与其发达的航空工业密切相关；其次为汽车、电子电器设备、医疗器械等行业。

2. 我国再制造产业的发展

1) 再制造业在国内的发展概况

我国的再制造业的发展经历了产业萌生、科学论证和政府推进三个阶段。

第一个阶段是再制造产业萌生阶段。自 20 世纪 90 年代初开始，我国相继出现了一些再制造企业，主要开展重型卡车发动机、轿车发动机、车用电机等的再制造，产品均按国际标准进行再制造，质量符合再制造的要求[19]。

第二阶段是学术研究、科学论证阶段。1999 年 6 月，徐滨士院士在西安召开的“先进制造技术”国际会议上发表了题为《表面工程与再制造技术》的学术报告，在国内首次提出了“再制造”的概念。2000 年 3 月，徐滨士院士在瑞典哥德堡召开的第 15 届欧洲维修国际会议上发表了题为《面向 21 世纪的再制造工程》的会议报告，这是我国学者在国际学术会议上首次发表关于“再制造”的论文。2000 年 12 月，徐滨士院士在中国工程院咨询项目《绿色再制造工程及其在我国应用的前景》的研究报告中对再制造工程的技术内涵、再制造工程的设计基础、再制造工程的关键技术等进行了系统、全面的论述。

第三阶段是国家颁布法律、政府全力推进阶段。2005～2015 年，再制造业发展非常迅速，一系列政策相继出台，为再制造业的发展注入了强大动力，我国已进入到以国家目标推动再制造产业发展为中心内容的新阶段，国内再制造业的发展呈现出前所未有的良好发展态势[20]。

2) 我国再制造产业政策环境不断优化

为了支持再制造产品的推广应用，国家发展改革委、财政部等五部门联合发布了《关于印发再制造产品“以旧换再”试点实施方案的通知》(发改环资〔2013〕1303 号)，通过试点企业对再制造产品购买者进行补贴，从而提高用户对再制造产品的接受度和认可度。通过法律法规的约束和政策的刺激，我国再制造业取得了迅猛的发展，一大批工程机械、机电产品、矿山机械、办公设备等领域的再制造试点单位通过验收，不仅在关键技术上取得了突破，还创造了良好的经济效益和环境效益。随着再制造产品目录的持续丰富，我国再制造业的发展规模也将不断壮大[21]。

从 2005 年国务院颁发的《关于做好建设节约型社会近期重点工作的通知》(国发〔2005〕21 号)和《关于加快发展循环经济的若干意见》(国发〔2005〕22 号)文件中，首次提出支持废旧机电产品再制造，到 2015 年，国家层面上制定了近 50 项再制造业方面的法律法规，其中，国家再制造专项政策法规 20 余项，如图 3.4 所示。截至目前，我国再制造相关国家标准和行业标准共计 107 项，地方标准 20 项，团体标准 149 项。

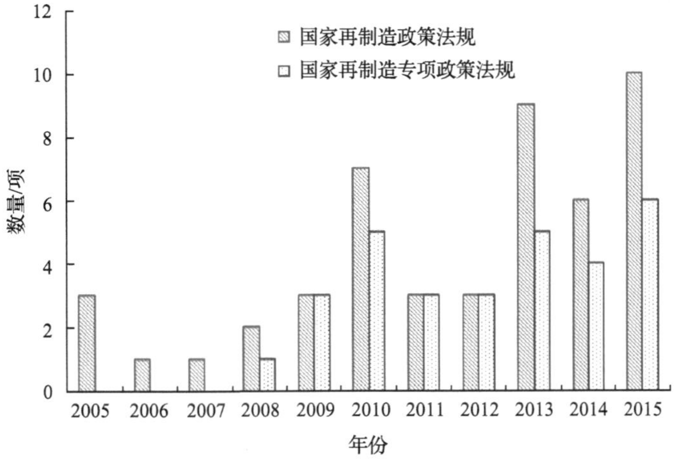

图 3.4　2005～2015 年我国再制造政策法规数量

目前，我国已在法律、行政法规和部门规章等不同层面制定了一系列法律法规，再制造政策法规逐步细化、具体化，再制造规范化程度不断提高。我国再制造产业的发展既要发挥市场机制的作用，又要强调政府的主导作用，采取政府主导与市场推进的并行策略，在技术、市场、服务以及监管体系等方面积极沟通、加强协作，不断完善我国再制造业的政策法规，建立一个良性的、面向市场的、有利于再制造产业发展的政策支持体系和环境，形成有效的激励机制，实现我国再制造产业跨越式发展[22]。

3) 再制造试点企业数量逐步扩大

为推进再制造产业规模化、规范化、专业化发展，充分发挥试点示范引领作用，结合再制造产业发展形势，国家发展改革委和工信部先后发布了再制造试点名单，截至 2016 年 3 月，我国再制造试点企业已有 153 家[23, 24]。图 3.5 为我国再制造试点企业区域分布图,在 153 家再制造试点企业中,有 68 家试点企业位于华东地区,占试点企业的约 44%；华中地区有 27 家再制造试点企业，占总数的约 18%；华北、东北和华南地区分别有 17 家、16 家和 11 家，西南和西北地区较少。由图 3.6 可知，在我国再制造试点企业中，国有企业和民营企业所占比重最大，分别占试点企业的约 40%和 39%，其次为中外合资企业、外商独资企业等。从 2008 年到 2016 年，我国再制造试点企业中，民营企业数量从 2 家增加到 59 家，由占试点企业总数的约 14%增加到约 38%，增长了近 3 倍。我国再制造试点企业呈现出聚集在东部沿海发达地区、国有企业和民营企业占主导的特点。我国西部地区工程机械产业保有量巨大，为再制造产业发展提供了良好的市场环境，应增加西部地区再制造产业试点数量。同时，要充分发挥国有再制造试点企业在体制、资金、管理等方面的带头示范作用，还要增加再制造试点中民营企业的数量，利用其市场导向明确、机制灵活的特点，实现我国再制造产业区域的共同发展[25]。

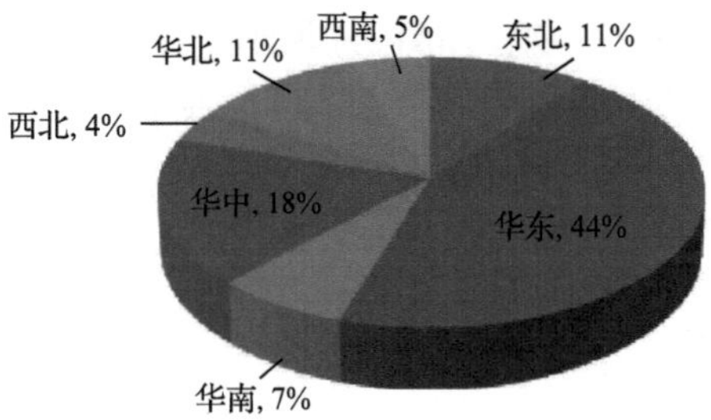

图 3.5　再制造试点企业区域分布图

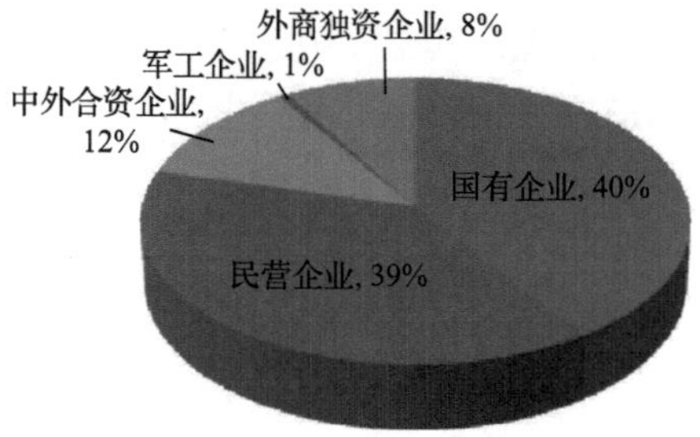

图 3.6　再制造试点企业性质分布图

在国家政策的驱动引领下，我国汽车零部件再制造产业形成了一定的规模。从 2008 年国家发展改革委启动首批汽车零部件再制造企业试点至今，这一领域不断壮大，成为我国再制造产业的重要组成部分。截至 2022 年底，我国已拥有年产能超过 30 万台套的再制造发动机和变速箱，以及超过 1800 万台套的再制造发电机、起动机、转向器等零部件产能。与此同时，再制造相关企业的产值总规模已超过 200 亿元[26]。在不懈努力下，我国已经建立了完整的汽车零部件再制造技术研发、生产制造、原材料供应、营销服务等体系，取得了关键核心技术的重要突破。再制造产品的种类也已从传统汽车发动机、涡轮增压器、变速器、起动机、发电机等逐步扩展到新能源汽车专用零部件再制造，为未来汽车零部件再制造行业的发展奠定了坚实基础[27, 28]。

同时，为平台式推进我国再制造产业的发展，按照“技术产业化、产业集聚化、积聚规模化、规模园区化”的发展模式，截至 2016 年底，国家已批复建设湖南长沙、江苏张家港、上海临港、四川彭州、安徽合肥、安徽马鞍山等 8 个国家再制造产业示范基地（示范园），如表 3.1 所示，探索加强产学研合作并且集社会、经济、环保效益为一体的再制造产业链集群发展模式。《循环发展引领行动》（发改环资〔2017〕751 号）提出“推动再制造业集聚发展”，建设取得突破性进展，继续选择一批产业基础好的地区开展再制造产业示范基地建设。当条件成熟时，选择部分区域探索开展技术附加值高、环境污染小、有利于技术引进的可再制造件进口业务。

表 3.1　我国再制造产业集聚区和产业示范基地

序号	名称	省份	成立时间	再制造产业定位	备注
1	湖南浏阳制造产业基地	湖南	2010 年 9 月	工程机械、汽车零部件、机电产品等	集聚区
2	重庆市九龙工业园区	重庆	2010 年 9 月	汽车零部件、机电产品、工程机械等	集聚区
3	张家港再制造产业示范基地	江苏	2013 年 11 月	汽车零部件、冶金、机床、工程机械	示范基地
4	长沙再制造产业示范基地	湖南	2013 年 11 月	工程机械、汽车零部件、医药设备等	示范基地
5	上海临港再制造产业示范基地	上海	2015 年 3 月	汽车零部件、工程机械、能源装备等	示范基地
6	彭州航空动力产业功能区	四川	2016 年 2 月	航空发动机、机电产品等	集聚区
7	马鞍山市雨山经济开发区	安徽	2016 年 2 月	冶金装备、工程机械、矿山机械等	集聚区
8	合肥再制造产业集聚区	安徽	2016 年 2 月	工程机械、冶金装备、机床等	集聚区

4）再制造产品目录持续丰富

再制造的基本特征是性能和质量达到或超过原型新品。为规范再制造产品生产、保障再制造产品质量，促进再制造产业化、规模化健康有序发展，引导再制造产品消费，2010 年，工信部印发了《再制造产品认定管理暂行办法》（工信部节〔2010〕303 号）和《再制造产品认定实施指南》（工信厅节〔2010〕192 号），明确了一套严格的再制造产品认定制度，再制造产品认定范围包括通用机械设备、专用机械设备、办公设备、交通运输设备及其零部件等，认定包括“申报、初审与推荐、认定评价、结果发布”等四个阶段，通过认定的再制造产品应在产品明显位置或包装上使用再制造产品认定标志。2011～2015 年，工信部共发布了五批《再制造产品目录》（以下简称《目录》）。该《目录》涵盖工程机械、电动机、办公设备、石油机械、机床、矿山机械、内燃机、轨道车辆、汽车零部件等领域，涉及 45 家企业的 10 大类 137 种产品，表 3.2 为经认定的企业数量、产品种类和型号数量（2011～2015 年）[29]。

表 3.2　经认定的企业数量、产品种类和型号数量（2011～2015 年）

序号	产品类型	企业/家	产品种类/种	产品型号/个
1	轨道车辆零部件	1	1	2
2	内燃机及其零部件	1	4	4
3	石油机械零部件	2	2	10
4	矿山机械零部件	1	5	21
5	机床产品及其零部件	4	10	100
6	冶金机械零部件	1	4	166
7	工程机械及其零部件	10	47	578
8	办公设备及其零件	6	9	746
9	电动机及其零部件	14	52	3193
10	汽车产品及其零部件	2	3	3568

5）政府着力推进再制造产品“以旧换再”工作

为支持再制造产品的推广使用，促进再制造旧件回收，扩大再制造产品市场份额，我国开展了“以旧换再”工作。“以旧换再”是指境内再制造产品购买者交回旧件并以置换价购买再制造产品的行为[30]。2013 年 7 月，国家发展改革委、财政部、工业和信息化部、商务部、国家质量监督检验检疫总局联合发布《关于印发再制造产业“以旧换再”试点实施方案的通知》（发改环资〔2013〕1303 号）（以下简称《通知》），正式启动再制造产品“以旧换再”试点工作。《通知》要求，对符合“以旧换再”推广条件的再制造产品，中央财政按照其推广置换价格（再制造产品价格扣除旧件回收价格）的一定比例，通过试点企业对“以旧换再”再制造产品购买者给予一次性补贴，并设补贴上限。2013 年 8 月，国务院发布了《国务院关于加快发展节能环保产业的意见》（国发〔2013〕30 号）（以下简称《意见》），《意见》明确提出，开展再制造“以旧换再”工作，拉动节能环保产品消费，对交回旧件并购买“以旧换再”再制造推广试点产品的消费者，给予一定比例补贴。为实施好再制造“以旧换再”试点工作，2014 年 9 月，国家发展改革委等部门组织制定了《再制造产品“以旧换再”推广试点企业评审、管理、核查工作办法》和《再制造“以旧换再”产品编码规则》(发改办环资〔2014〕2202 号)，确定了再制造“以旧换再”推广试点企业的评审、管理、检查等环节，同时确定了再制造“以旧换再”推广产品编码规则，编码由一位英文字母与 10 位阿拉伯数字构成，如图 3.7 所示。推广试点企业应该在产品外表面明显部位印刷或打刻编码，需要可识别且不可消除或涂改。若产品外表面无法印刷，应当在产品外包装上印刷，编码可以同再制造产品标识或再制造“以旧换再”标识印刷在同一介质上。2015 年 1 月，国家发展改革委、财政部、工业和信息化部、国家质量监督检验检疫总局经过专家评审、网上公示后，确定了 10 家再制造产品推广试点企业名单(再制造汽车发动机、变速箱)及其再制造产品型号、推广价格等，10 家入选“以旧换再”试点的企业包括广州市花都全球自动变速箱有限公司、潍柴动力(潍坊)再制造有限公司和中国重汽集团济南复强动力有限公司等。截至 2015 年底，我国再制造产品“以旧换再”推广产品包括 84 种型号 17063 台再制造汽车发动机和 39 种型号 39480 台再制造变速箱，并明确规定核定推广置换价格为企业的最高销售限价，企业销售不得超出这一价格。国家按照置换价格的 10%进行补贴，再制造发动机最高补贴 2000 元，再制造变速箱最高补贴 1000 元。

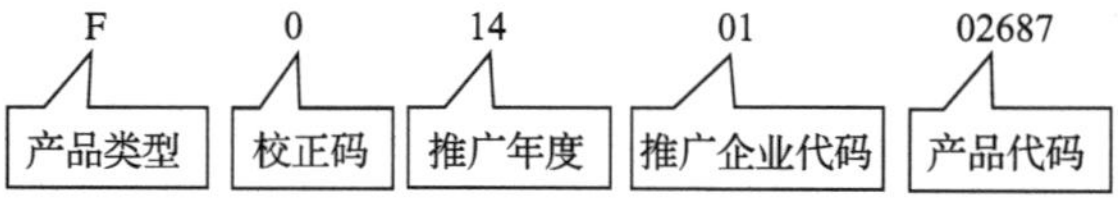

图 3.7　“以旧换再”推广产品编码规则示意图

3.2　再制造过程

3.2.1　再制造逆向物流

1. 再制造逆向物流的内涵

逆向物流也称反向物流，是指物品从供应链下游向上游的运动所引发的物流活动。逆向物流包括退货逆向物流和回收逆向物流两部分，退货逆向物流是指下游顾客将不符合订单要求的产品退回给上游供应商，其流程与常规产品流正好相反。回收逆向物流是指将最终顾客所持有的废旧物品回收到供应链上的各节点企业。

对于产品的再制造来说，由于它是对废旧产品进行回收并对回收的废旧产品中具有利用价值的零部件进行再制造加工处理，因此，再制造主要涉及逆向物流中的回收逆向物流。

再制造逆向物流是指以再制造生产为目的，为重新获取产品的价值，产品从其消费地至再制造加工点并重新回到销售市场的流动过程。再制造是通过必要的拆卸、检修和零部件更换等，将废旧产品(或零部件)恢复得如同新的一样的过程。先从消费者处回收废旧产品，经回收中心拆卸、检测/分类等处理后，不可再制造的零部件运往其他处理点(如再循环、废弃处置等)，剩下的可再制造零部件送往工厂进行再制造处理，在再制造的过程中还需要从供应商采购新的零部件，一起重新组装成再制造产品，最后，再制造产品通过分销中心进行销售。

再制造物流包含将废旧产品从消费地运回生产地的逆向物流以及将再制造产品从生产地运往消费地的正向物流，涉及废旧产品收集、检测/分类、再制造、再分销等环节，是一种闭环物流系统[31]，如图 3.8 所示。

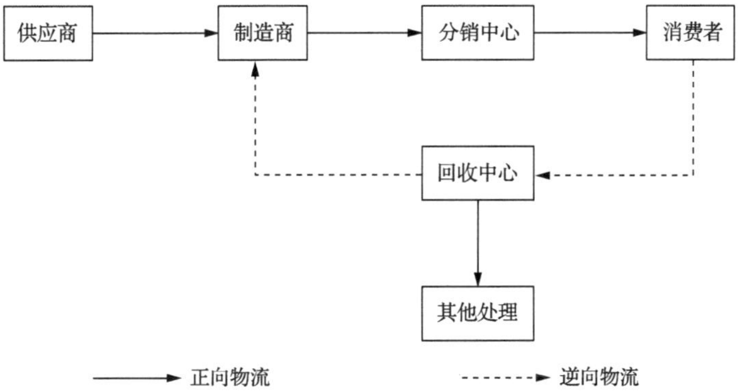

图 3.8　再制造物流示意图

再制造物流的内涵可以从目标、对象、功能要素和行为主体等方面进行描述。

(1) 从再制造物流的目标看，再制造物流是为了重新获取废旧产品的使用价值或对其进行合理处置。

(2) 从再制造物流的对象看，再制造物流是废旧产品从供应链上某一成员向同一供应链上任一上游成员或其他渠道成员的流动过程。

(3) 从再制造物流的功能要素看，再制造物流包括对废旧产品进行收集、检测/分类、再制造、再分销和其他处理等活动。

(4) 从再制造物流的行为主体看，主要包括原始设备制造商(original equipment manufacturer, OEM)供应链和专业的第三方再制造物流渠道。

根据上述再制造物流的内涵，构建再制造物流的体系结构如图 3.9 所示。

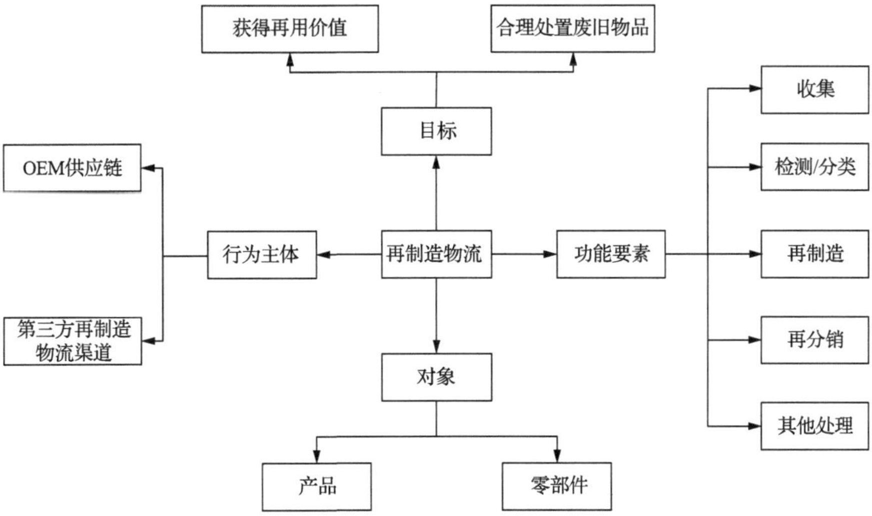

图 3.9　再制造物流的体系结构

2. 再制造逆向物流的主要环节

再制造是一个比较复杂的过程，涉及废旧产品的回收、检测、拆卸、库存、运输等环节，同时还包括对拆卸后没有利用价值的废弃零部件的处理，再制造物流包含以下几个环节。

1) 回收

将顾客手中的废旧或过时产品通过无偿或有偿的方式返回收集中心，再由收集中心送往再制造加工厂。这里的收集中心可能是供应链上的任何一个节点，如来自顾客的产品可能返回到上游的供应商、制造商，也可能是下游的配送商、零售商，还有可能是专门为再制造设立的回收点。回收通常包括收集、运输、仓储等活动。

2) 初步分类、储存

对回收产品进行测试分析，并根据产品结构特点以及产品各零部件的性能确定可行的处理方案，主要是评估回收产品的可再制造性。对回收产品的评估，大致可分为以下三类：产品整机可再制造、产品整机不可再制造、产品核心部件可再制造。对产品核心部件可再制造的回收产品，要先进行拆卸，取出可再制造部件，然后将可再制造的回收产品、不可再制造的回收产品和回收产品中拆卸的部件分开储存。

对回收产品的初步分类与储存，可以避免将无再制造价值的回收产品输送到再制造企业，减少不必要的运输，从而降低运输成本。

3) 包装与运输

回收的废旧产品一般都是脏的或可能是污染环境的，为了装卸、搬运的方便，并防止回收的废旧产品污染环境，要对回收产品进行必要的捆扎、打包和包装。对回收产品的运输，要根据物品的形状、单件重量、容积、危险性、变质性等选择合理的运输手段。对于原始设备制造商再制造体系，由于再制造生产的时效性不是很强，因此，可以利用新产品销售的回程车队运输回收产品，以节约运输成本。

4) 再制造加工

再制造加工包括产品级和零部件级的再制造，最终形成质量等同或高于新品的再制造产品和零部件，其过程包括恢复尺寸及性能、技术改造、再加工、替换、再装配等步骤。由于回收物流的到达时间、质量和数量的不确定性以及产品拆卸程度与拆卸时间的不确定性增加了再制造生产计划的难度，因此，可以借助逆向物流信息网络，提供产品特征(如产品结构、制造、市场、使用等)的数据资料，编制再制造生产的作业计划，优化再制造加工业务的流程。

5) 再制造产品的销售与服务

再制造产品的销售与服务是将再制造产品送到有此需求的用户手中，并提供相应售后服务，一般包括销售、运输、仓储等步骤。影响再制造产品销售的主要因素是顾客对再制造产品的接纳程度，因此，在销售时必须强调再制造产品的高质量，并在价格上予以优惠。

3. 再制造逆向物流的特点

再制造物流体系的主要特点在于其各项活动中包含的各种不确定性，有以下六个重要特点。

(1) 回收产品到达的时间和数量不确定。这是产品使用寿命不确定和销售随机性的一个反映，它集中体现在废旧产品的回收率上。很多因素都会影响废旧产品的回收率，比如产品处于生命周期的哪个阶段、技术更新的速度、销售状况等。

(2) 平衡回收与需求的困难性。为了得到最大化的利润，再制造企业必须考虑把回收产品的数量与对再制造产品的需求平衡起来。这就给库存管理带来了较大困难，需要避免两类问题：回收产品的库存量大和不能及时满足顾客的需求。

(3) 产品的可拆卸性、拆卸时间及废旧产品拆卸后零部件的可用性等方面的不确定性。回收的产品必须是可以拆卸的，因为只有在拆卸以后才能分类处理和存储。要把拆卸和仓储、再制造和再装配高度协调起来，才能避免过高的库存和不良的客户服务。

(4) 回收产品可再制造率不确定。相同旧产品拆卸后得到的可以再制造的部件往往是不同的，部件根据其状态不同可以被用作多种途径，除了被再制造之外，还可以当作备件卖给下一级回收商或当作材料再利用等。这种不确定性给库存管理和采购带来了很多问题。

(5) 再制造物流网络的复杂性。再制造物流网络是将旧产品从消费者手中回收，运送到设备加工工厂进行再制造，然后将再制造产品运送到再利用市场的系统网络。再制造物流网络既包含传统的从生产者到消费者的正向物流，又包含废旧产品从消费者到生产者的逆向物流，是一个闭环的物流体系。再制造物流网络的建立，涉及回收中心的数量和选址、产品回收的激励措施、运输方法、第三方物流的选择、再加工设备的能力和数量等众多问题。再制造物流网络要有一定的稳定性才能消除各种不确定因素的影响。

(6) 再制造加工路线和时间不确定。再制造加工路线和加工时间的不确定性，是实际生产和规划时最为关心的问题。加工路线不确定是回收产品的个体状况不确定的一种反映，高度变动的加工时间也是回收产品可利用状况的函数。资源计划、调度、车间作业管理以及物料管理等都因为这些不确定性因素而变得复杂。

再制造产品物流的六个不确定性，增加了管理的难度，因此，有必要优化控制再制造生产活动的各个环节，以降低生产成本，保证产品质量。例如，通过研究影响废旧产品回收的各种因素建立预测模型，以估计产品的回收率、回收量及回收时间；研究新的库存模型以适应再制造生产条件下库存的复杂性；研究新的拆卸工具和拆卸序列以提高产品的可拆卸性和拆卸效率；研究废旧产品的评价模型和剩余寿命评估技术，以准确评价产品的可再制造性等。

3.2.2　再制造拆解

1. 概述

拆卸是指采用一定的工具和手段，解除对零部件造成约束的各种连接，将装备的零部件逐个分离的过程。与新品装配过程相比，拆解过程受到更多不确定性因素的影响，拆解复杂程度高于装配。这是因为废旧零件内部存在大量锈蚀、油污和灰尘，从而导致拆解速度降低；拆解也不单是装配的逆向过程，有些装备零件是通过胶粘、铆接、模压、焊接等方式连接，形成的连接件很难实现逆向操作；同时，拆解过程中还要对一些不能进行再制造的零件进行鉴别和剔除。如何实现产品高效率、高精度、高经济性的拆解是再制造技术研究和再制造产业发展面临的关键问题之一[32]。

再制造拆解是将废旧产品有规律、按顺序分解成全部零(部)件的过程，同时，保证满足后续再制造工艺对零(部)件的性能要求。以发动机为例，其基本拆解流程如图 3.10 所示。拆解后的零(部)件可分为三类：一是可直接利用的(指经过清洗检测后不需要再制造加工可直接在制造装配中应用)；二是可再制造的(指通过再制造加工可以达到再制造装配质量标准)；三是直接报废的(指无法进行再制造或直接再利用，需要对材料进行再循环处理或者其他无害化处理)。图 3.11 和图 3.12 分别为拆解后的发动机主要零件和无修复价值的发动机易损件。

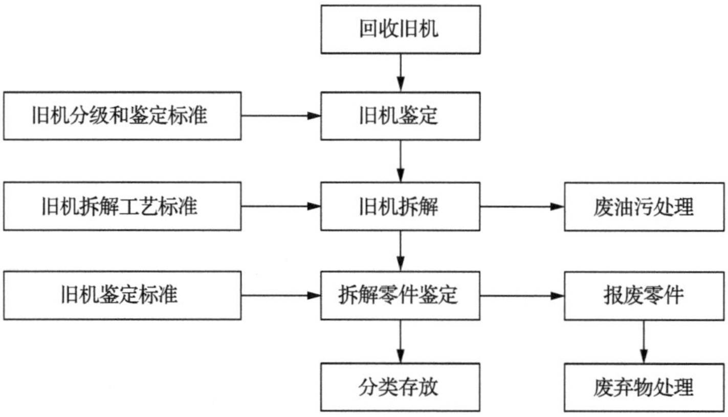

图 3.10　再制造发动机拆解流程

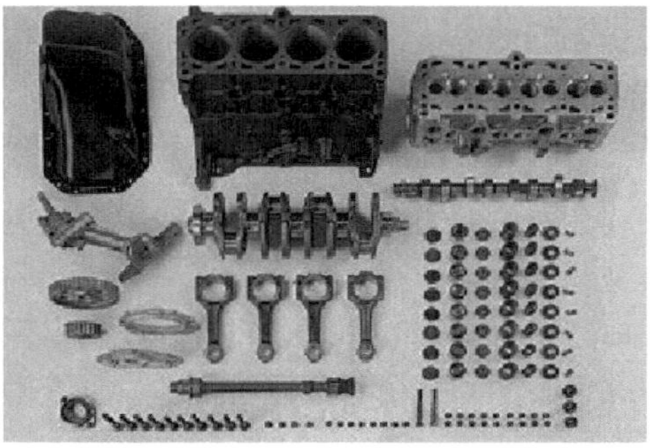
图 3.11　拆解后的发动机主要零件图

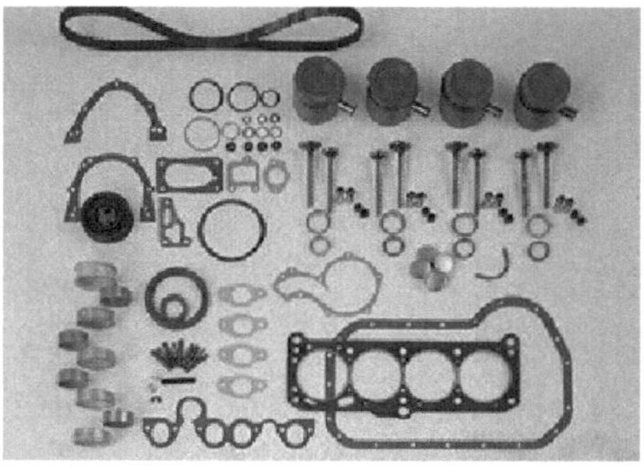
图 3.12　无修复价值的发动机易损件

2. 拆解的分类

根据不同的标准，拆解有不同的分类方法。

(1) 按拆解深度可分为完全拆解、部分拆解和目标拆解。完全拆解是将一个装配体彻底拆解至每一个最小结构的单独的零件；部分拆解是指拆解一个装配体的某一部分零部件；目标零部件拆解是指在装配体中指定了某个零部件作为拆解的对象。从再制造过程中的经济、技术、环境等角度综合考虑，实际拆解过程往往选择停留在某种程度的拆解上，或只对某个特定目标零件进行拆解，因此，在产品实际再制造过程中，部分拆解和目标拆解的方式比较常见。

(2) 按拆解损伤程度可分为破坏性拆解、部分破坏性拆解和无损拆解。在不产生拆解目标损伤和变形的条件下完成的拆解称为无损拆解；拆解过程中出现零部件局部损伤和变形的拆解称为部分破坏性拆解；拆解时零件全部被破坏的拆解过程称为破坏性拆解。为提高零部件的拆解回收利用率，再制造拆解应努力通过产品可拆解性设计、拆解序列规划和拆解工艺优化，同时，应用高效拆解新技术与装备，提高拆解效率，避免破坏性拆解，减少部分破坏性拆解比例，努力实现产品的无损拆解。

(3) 按拆解工艺分为顺序拆解和并行拆解。顺序拆解指零件按照顺序每次一个被逐步拆下，而并行拆解指多个零件同时被拆下。此外，根据目标零件拆解时其他零件是否需要先拆除来划分，可将拆解划分为直接拆解和间接拆解。

(4) 根据在对目标零件拆解时，是否需要操作其他零件来划分，拆解可分为单纯拆解和非单纯拆解。

3. 常用的再制造拆解工艺方法

常用的再制造拆解工艺方法有击卸法、拉拔法、顶压法、温差法、破坏法、加热渗油法等。在拆解中，应根据实际情况选用相应的拆解工艺方法。表 3.3 为常用的再制造拆解工艺方法。

表 3.3　常用的再制造拆解方法

拆解方法	拆解原理	特点	适用范围
击卸法	利用敲击或撞击产生的冲击能量将零件拆解分离	使用工具简单、操作灵活方便、适用范围广	容易产生锈蚀的零件，如万向传动十字轴、转向摇臂、轴承等
拉拔法	利用通用或专用工具与零部件相互作用产生的静拉力来拆卸零部件	拆解件不受冲击力、零件不易损坏	对拆解精度要求较高或无法敲击的零件
顶压法	利用手压机、油压机等工具进行的一种静力拆解方法	施力均匀缓慢，力的大小和方向容易控制，不易损坏零件	拆卸形状简单的过盈配合件
温差法	利用材料热胀冷缩的性能，使配合件在温差条件下失去过盈量，实现拆解	需要专用加热或冷却设备和工具，对温度控制要求较高	尺寸较大、配合过盈量较大及精度较高的配合件，如电机轴承、液压压力机套筒等
破坏法	采用车、锯、錾、钻、割等方法对固定连接件进行物理分离	拆解方式多样，拆解效果存在不确定性	使用其他方法无法拆解的零部件，如焊接件、铆接件或互相咬死件等
加热渗油法	将油液渗入零件结合面，增加润滑，实现拆解	不易擦伤零件的配合表面	需经常拆解或有锈蚀的零部件，如齿轮联轴节、止推盘等零部件

4. 拆解的发展趋势

1) 虚拟拆解技术

虚拟拆解技术是虚拟再制造的重要内容，是实际再制造拆解过程在计算机上的本质实现，指采用计算机仿真与虚拟现实技术，实现再制造产品的虚拟拆装，为现实的再制造拆装提供可靠的拆装序列指导。需要研究建立虚拟环境及虚拟再制造拆装中人机协同求解模型，建立基于真实动感的典型再制造产品的虚拟拆装仿真。研究数学方法和物理方法相互融合的虚拟拆解技术，实现对再制造拆装中的几何参量、机械参量和物理参量的动态模拟拆装。

2) 清洁拆装技术

传统的拆装过程中，由于拆装过程不精确，导致拆装工作效率低、能耗高、费用高、污染大。因此，需要研究清洁生产技术及理念，制定清洁拆装生产方案，实现清洁拆装过程中的“节能、降耗、减污、增效”的目标。清洁拆装方案的制定需要研究拆装管理与生产过程控制，加强工艺革新和技术进步，实现最佳清洁拆装程序，提高最大化拆装水平；研究在不同再制造方式下，发动机的拆装序列、拆装模型的生产及智能控制，形成精确化拆装方案，减少拆装过程的环境污染和能源消耗；加强拆装过程中的物流循环利用和废物回收利用。

3.2.3　再制造清洗工艺与技术

1. 基本概念

清洗是借助于清洗设备，将清洗液作用于工件表面，采用机械、物理、化学或电化学方法，去除装备及其零部件表面附着的油脂、锈蚀、泥垢、水垢、积碳等污物，并使工件表面达到所要求清洁度的过程。对产品的零部件表面清洗是零件再制造过程中的重要工序，是检测零件表面尺寸精度、几何形状精度、粗糙度、表面性能、磨蚀磨损及黏着情况等的前提，是零件进行再制造的基础。零件表面清洗的质量直接影响零件表面分析、表面检测、再制造加工以及装配质量，进而影响再制造产品的质量。

再制造清洗技术可以从多种不同的角度进行分类。通常将利用机械或水力作用清除表面污垢的技术归为物理清洗技术。物理清洗还包括利用热能、电能、超声振动以及光学紫外射线等作用方式。化学清洗通常是利用化学试剂或其他溶液去除表面污垢，化学药品作用强烈、反应迅速，通常配成水溶液形式使用，由于液体有流动性好、渗透力强的特点，容易均匀分布到所有的清洗表面，适合清洗形状复杂的零件。在工业上，化学清洗大型设备时可采用封闭循环流动管道形式，避免了将设备解体，且通过对流体成分的检测可了解和控制清洗状况。化学清洗的缺点是：如果清洗液选择不当会对清洗对象基体造成腐蚀损伤，同时造成环境污染和人员伤害。常见的化学清洗如利用各种无机或有机酸去除金属表面的锈垢、水垢，用漂白剂去除物体表面色斑。

物理清洗在许多情况下采用的是干式清洗，大多不存在废水处理的问题，或排放液体中不存在有害试剂。相比之下，物理清洗对清洗对象基体、环境和人员的负面影响小。但物理清洗的缺点是在精洗结构复杂的零件内部时，其作用力有时不能均匀达到所有部位而出现“死角”，有时需要把设备解体进行清洗。

由于物理清洗与化学清洗有很好的互补性，在生产和生活实践中往往是把两者结合起来以获得更好的清洗效果。应该指出的是，近年来随着超声波、等离子体、紫外线等高技术的发展，物理清洗在精密工业清洗中已发挥出越来越大的作用，在清洗领域的地位也变得更加重要。各种清洗方法也都向着绿色、环保、污染小的方向发展。

2. 再制造清洗的基本要素

待清洗的废旧零部件都存在于特定的介质环境中，一个清洗体系包括 4 个要素，即清洗对象、零件污垢、清洗介质及清洗力。

1) 清洗对象

清洗对象指待清洗的物体，如组成机器及各种设备的零件、电子元件等，而制造这些零件和电子元件等的材料主要有金属材料、陶瓷(含硅化合物)、塑料等。针对不同清洗对象，需要采取不同的清洗方法。图 3.13 为汽车退役零件的主要污垢及清理后的表面状态。

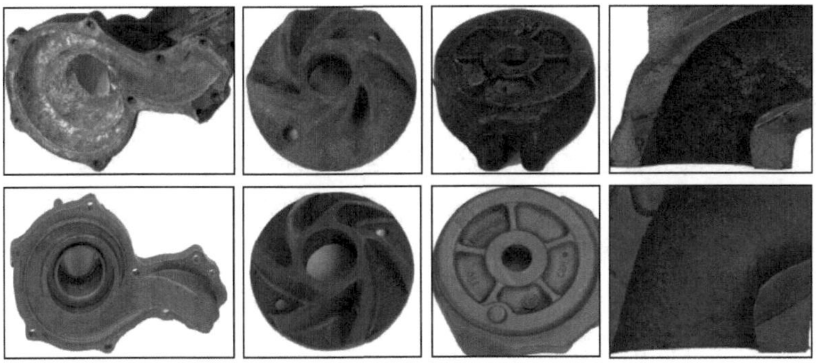

扫码见彩图

(a) 水垢　(b) 锈蚀　(c) 油污　(d) 积碳

图 3.13　汽车退役零件的主要污垢及清理后的表面状态

2) 清洗介质

清洗过程中，提供清洗环境的物质称为清洗介质，又称为清洗媒体。清洗介质在清洗过程中起着重要的作用：一是对清洗力起传输作用；二是防止解离下来的污垢再吸附[33]。

3) 清洗力

清洗对象、污垢及清洗介质三者间必须存在一种作用力，才能使得污垢从清洗对象的表面清除，并将它们稳定地分散在清洗介质中，从而完成清洗过程，这个作用力即是清洗力。在不同的清洗过程中，起作用的清洗力亦有所不同，大致可分为以下 6 种力：溶解力和分散力、表面活性力、化学反应力、吸附力、物理力、酶力。图 3.14 为高温

(a) 实物图

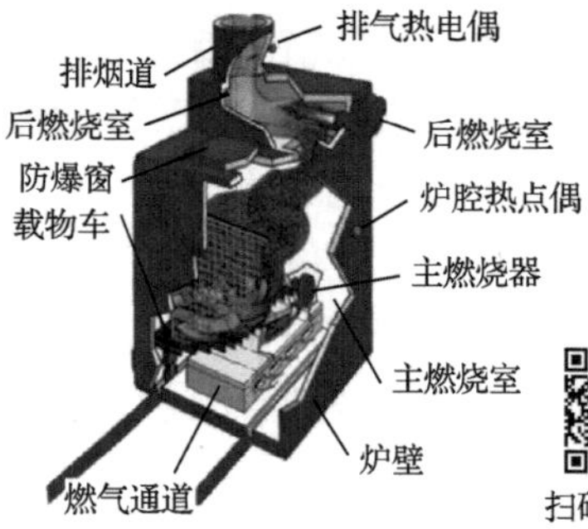

扫码见彩图

(b) 结构图

图 3.14　高温分解清洗系统

分解清洗系统的实物图和结构图。

3. 再制造清洗关键技术

1) 溶液清洗技术

溶液清洗是目前工业和再制造领域应用最为广泛的清洗方式，几乎涵盖了化学清洗的全部内容，其基本原理是以水或溶剂为清洗介质，利用水、溶剂、表面活性剂以及酸、碱等化学清洗剂的去污作用，借助工具或设备实现零件表面油污、颗粒等污染物的有效清洗。清洗手段包括溶剂清洗、酸洗和碱洗等。水是大多数无机酸、碱、盐的良好的、成本低廉的、应用极广的溶剂和清洗介质。但单纯以水为溶剂的某些清洗液难以渗透到被清洗零件的整个表面，因此，必须借助溶剂、酸、碱以及助剂对复杂污染物进行清洗与去除。在清洗过程中，利用表面活性剂的水溶液，从固体表面清除能溶于水的、不溶于水、固体的和液体的污垢的基本步骤，都是先对被清洗固体表面进行润湿，从基底上去除污垢，再利用清洗剂的分散作用，使污垢稳定地分散于溶液中。这两步的效果均取决于被清洗材料和污垢间界面的性质。

从环境、经济和效率的角度分析，溶液清洗面临的主要挑战包括三方面：一是降低溶液清洗中有毒、有害化学试剂的使用量，提高化学清洗过程中废液的环保处理效果，降低清洗过程对环境的污染；二是开发新的化学合成技术，制备低成本的环境友好型化学试剂，获得可大规模应用的新型无毒、无害、低成本化学清洗材料；三是通过新型清洗材料的合成，获得具有超强清洗力的高效清洗材料，提高特殊领域再制造毛坯表面的清洗效率和清洗效果。目前，国外已经开展了新型化学清洗材料的相关研究工作，例如，将室温条件下保持离子状态的熔融盐，即离子液体(ionic liquid)作为清洗介质用于航空装备、生物医学、半导体等领域零件的清洗，取得了良好的清洗效果。图 3.15 为不同阳离子构成的金属基离子液体宏观照片，将离子液体应用于毛刷清洗(brush cleaning)过程，可以显著提高表面污染物颗粒的清除效率。不锈钢、钛合金、铝合金、镍钴合金等多数金属及其合金都可以使用离子液进行电化学抛光清洗。

扫码见彩图

图 3.15　不同阳离子构成的金属基离子液体宏观照片

由左至右分别为铜基、钴基、镁基、铁基、镍基以及钒基离子液体

2) 物理清洗技术

利用热、力、声、电、光、磁等原理的表面去污方法，都可以称之为物理清洗。与化学清洗技术相比，物理清洗技术对环境的污染以及对工人的健康损害都较小，而且物理清洗对清洗物基体没有腐蚀破坏作用。目前常用的物理清洗技术主要包括喷射清洗、摩擦与研磨清洗、超声波清洗、光清洗、振动研磨清洗、高温(蒸汽)清洗等。

(1) 喷射清洗。

喷射清洗技术属于典型的物理清洗技术，包括高压水射流清洗、干式/湿式喷砂清洗、干冰清洗、抛丸/喷丸清洗等，其基本原理是利用压缩空气、高压水或机械力，使水、砂粒、丸粒或干冰等以较高的速度冲击清洗表面，通过机械作用将表面污染物去除。

喷砂清洗通常可分为干式和湿式两种，干式喷射的磨料主要有不同粒径尺度的钢丸、玻璃丸、陶瓷颗粒、细砂等，湿式喷射的洗液包括常温的水、热水、酸、碱等溶液，还可以通过砂粒与溶剂复合形成浆料喷射，以获得更好的清洗效果。

高压水射流清洗技术利用高压水的冲刷、楔劈、剪切、磨削等复合破碎作用，将结垢物打碎脱落，与传统的化学方法、喷砂抛丸方法、简单机械及手工方法相比，具有速度快、成本低、清洗率高、不损坏被清洗物、应用范围广、不污染环境等诸多优点。在再制造领域，高压水射流技术可以实现对水垢、发动机积碳、零件表面漆膜、油污等多种污染物的快速有效清洗。目前，在船舶、电站锅炉、换热器、轧钢带除磷、城市地下排水管道等清洗上都得到了广泛应用。图 3.16 为高压水射流清洗系统。

(a) 实物图　(b) 高压水射流清洗机

图 3.16　高压水射流清洗系统

抛(喷)丸清理依靠电机驱动抛丸器的叶轮旋转，在气体或离心力作用下把丸料(钢丸

或砂粒）以极高的速度和一定的抛射角度抛打到工件上，让丸料冲击工件表面，对工件进行除锈、除砂、表面强化等，以达到清理、强化、光饰的目的。抛丸技术主要用于铸件除砂、金属表面除锈、表面强化、改善表面质量等。用抛丸方法对材料表面进行清理，可以使材料表面产生冷硬层、表面残余压应力，从而提高材料的承载能力，延长其使用寿命。

喷射清洗技术具有环境污染低、清洗效果好的优点，但在实际应用中应当注意以下问题：一是清洗过程中控制压力和时间，减少对清洗表面的机械损伤；二是清洗后零件表面露出新鲜基体，活性高，需要采取必要的防护措施，防止表面锈蚀，通常采用快速烘干或在高压水中添加缓蚀剂的方法；三是要注意清洗后废液、废料的回收和环保处理。

(2) 摩擦与研磨清洗。

在工业清洗领域中，一些通过其他作用力不易去除的污垢，使用摩擦力这种简单实用的方法往往能取得较好的效果。例如，在汽车自动清洗装置中，向汽车喷射清洗液的同时，可以使用合成纤维材料做成的旋转刷子帮助擦拭汽车的表面；利用喷射清洗液清洗工厂的大型设备或机器的表面时，配合使用刷子擦洗往往能取得更好的清洗效果。

但使用摩擦力去污也有一些问题需要引起注意：使用的刷子要经常保持清洁，防止刷子对清洗对象造成的再污染；当清洗对象是不良导体时，使用摩擦力有时会产生静电而使清洗对象表面易于吸附污垢；在使用易燃的有机溶剂时，要注意防止由于产生静电而引起的火灾。

(3) 超声波清洗。

超声波清洗是清除物体表面异物和污垢最有效的方法，其清洗效率高、效果好，具有许多其他清洗方法所不具备的优点，而且能够高效率地清洗物体的外表面和内表面。超声波清洗不仅清洗的污物种类广泛（包括尘埃、油污等普通污染物和研磨膏类带放射性的特种污染物），且清洗后污垢的残留物比其他清洗方法少很多。超声清洗还可以清洗复杂零件以及深孔、盲孔、狭缝中的污物，并且对物体表面没有伤害或只引起轻微损伤，对环境的污染小，成本相对不高，而且对操作人员没有损害。在实际应用中，超声波清洗常配合溶液清洗一同使用，需要采取适当措施对废液进行环保处理，同时还要减少有害化学试剂的使用。

(4) 光清洗。

光是一种电磁波，具有各自的波长和相应的能量。它应用于物体的清洗是近年来才发展起来的，应用面仍比较窄，设备成本较高。目前，光清洗的类型有激光清洗和紫外线清洗两种。激光具有单色性、方向性、相干性好等特点。激光清洗的原理正是基于激光束的高能量密度、高方向性并能瞬间转化为热能的特性，将工件表面的污垢熔化或汽化后去除，同时，可在不熔化金属的前提下除去金属表面的氧化物锈垢。与传统清洗工艺相比，激光清洗技术具有以下特点：①激光清洗是一种“干式”清洗，不需要清洁液或其他化学溶液；②清除污染物的种类和适用范围较广泛，目前主要应用于微电子行业中光刻胶等绝缘材料的去除和光学基片表面外来颗粒的清洗；③通过调控激光工艺参数，可以在不损伤基材表面的基础上有效去除污染物；④可以方便实现自动化操作。目前，国外有研究将激光清洗应用于铝合金等金属材料表面焊接前清洗。图 3.17 和图 3.18 分别为激光清洗过程示意图和机械产品再制造国家工程研究中心研制的大功率激光清洗机。

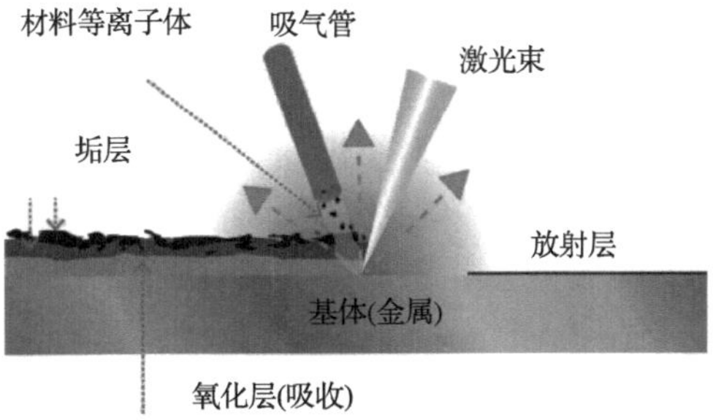

图 3.17　激光清洗过程示意图

图 3.18　机械产品再制造国家工程研究中心研制的大功率激光清洗机

3.2.4　再制造损伤评价与寿命评估技术

1. 概念内涵

再制造损伤评价与寿命评估技术是指通过定量评估再制造毛坯、涂覆层及界面的具有宏观尺度的缺陷或以应力集中为表征的隐性损伤程度，进而评价再制造毛坯的剩余寿命与再制造涂覆层的服役寿命，并据此判断毛坯件能否再制造和再制造涂覆层能否承担下一轮服役周期的技术评价[34]。

与制造相比，再制造生产具有很大的不确定性，这主要是由于再制造对象的服役工况、损伤程度及失效模式均具有随机性和个体差异性。因此，为保证再制造产品质量，再制造生产前需采用损伤评价技术检测和评价再制造产品的宏观缺陷或隐性损伤，评价损伤程度，给出寿命预测结果，并据此建立特定再制造产品的质量评价准则。

外国的再制造模式与中国不同，其采用换件法和尺寸修理法，通过直接更换新件或者减小配合面的尺寸配以非标准的对磨件来实现再制造，因此，再制造生产直接采用新品的检测评价标准，无需对再制造毛坯进行损伤评价和寿命评估。中国特色的再制造模式采用尺寸恢复法、性能提升法，通过表面工程技术修复零件缺损部位的尺寸，并提升其性能。再制造过程通常会引入不同于基体的涂覆层材料和结合界面，为保证再制造产品质量和服役安全，需对再制造毛坯进行损伤评价，对再制造产品进行寿命评估[35]。

2. 主要内容

再制造损伤评价与寿命评估技术包括针对再制造毛坯开展的表面及内部损伤评价及剩余寿命预测技术；针对再制造涂覆层开展的涂层缺陷、残余应力、结合强度等损伤评价及服役寿命评估技术；针对再制造毛坯与涂覆层界面开展的界面脱黏、界面裂纹等损伤评价技术；针对逆向增材再制造获得的再制造产品重新服役过程中的实时健康监测技术。

1) 再制造毛坯检测方法

(1)感官检测法。

感官检测法是指不借助量具和仪器，只凭检测人员的经验和感觉来鉴别毛坯技术状况的方法。这类方法精度不高，只适于分辨缺陷明显(如断裂等)或精度要求低的毛坯，并要求检测人员具有丰富的实践检测经验和技术。

(2)测量工具检测法。

测量工具检测法是指借助测量工具和仪器，较为精确地对零件的表面尺寸精度和性能等技术状况进行检测的方法。这种方法相对简单，操作方便，费用较低，一般均可达到检测精度要求，所以在再制造毛坯检测中应用广泛。其主要检测内容有：用各种测量工具(如卡钳、钢直尺、游标卡尺、千分尺或百分表、千分表、塞规、量块、齿轮规等)和仪器，检验毛坯的几何尺寸、形状、相互位置精度等；用专用仪器、设备对毛坯的应力、强度、硬度、冲击韧度等力学性能进行检测；用平衡试验机对高速运转的零件做静、动平衡检测；用弹簧检测仪检测弹簧弹力和刚度；对承受内部介质压力并须防泄漏的零部件，需在专用设备上进行密封性能检测。必要时，还可以借助金相显微镜来检测毛坯的金属组织、晶粒形状及尺寸、显微缺陷、化学成分等。

(3)无损检测法。

无损检测法是指利用电、磁、光、声、热等物理量，通过再制造毛坯所引起的变化来测定毛坯的内部缺陷等技术状况。目前，这类已被广泛使用的方法有超声检测技术、射线检测技术、磁记忆效应检测技术、涡流检测技术等。该法可用来检查再制造毛坯是否存在裂纹、孔隙、强应力集中点等影响再制造后零件使用性能的内部缺陷。这类方法不会对毛坯本体造成破坏和损伤，是先进且高效的再制造检测方法，也是提高再制造毛坯质量检测精度和科学性的前沿手段。表 3.4 为常用无损检测方法的特点，图 3.19 为采用超声检测曲轴 R 角处内部缺陷。

表 3.4　常用无损检测方法的特点

缺陷位置	检测方法	检测方法的主要特点
表面缺陷	目视法	检查表面存在的宏观缺陷，方法简单
	涡流法	检测导电材料表层缺陷；设备便携、操作方便，可现场检测
	渗透法	检测表面开口裂纹
	磁粉法	检测铁磁性材料表面和次表面裂纹
内部缺陷	超声法	检测零件内部缺陷，适用的材料体系广泛；设备便携，可现场检测
	射线法	检测零件内部缺陷；需做好射线防护

(a) 探头校准　　(b) 检测曲轴

图 3.19　曲轴超声检测探头校准方式及检测方式

2) 再制造毛坯剩余寿命评估

再制造生产的对象是达到一定服役年限的废旧产品。再制造前，必须评估废旧零件的损伤程度，预测其剩余寿命，以便筛选出值得再制造的废旧零件。只有具有足够剩余寿命的废旧零件，才能通过再制造加工进行性能升级，挖掘利用废旧零件蕴含的附加值。因此，剩余寿命预测是废旧零件再制造的前提，是再制造工程的基础研究内容。

(1) 力学方法。

该方法基于损伤力学及断裂力学的相关知识，借助理论计算或疲劳试验手段，建立疲劳宏观力学反应量之间关系的理论模型来预测寿命。这类方法目前常通过各种疲劳试验形式(如弯曲、滚动、扭转、振动、拉压等)模拟实际工况环境进行试验，利用数学和力学理论分析来建立寿命预测模型。其试验过程复杂，费用昂贵，而预测的寿命结果和工况环境下的实际寿命常常有较大差距(5～10 倍)。

(2) 有限元仿真模拟计算方法。

该方法是随着有限元技术的迅速发展而出现的数值模拟法，通过建立零部件有限元模型，利用多体动力学理论建立虚拟样机，利用软件模拟出零部件在实际工况下的运动及应力应变响应，再根据有限元计算结果，结合应力、应变寿命曲线和适当的损伤累积法则，进行构件的疲劳寿命预测，并以可视化方式显示零部件的疲劳寿命分布及疲劳的薄弱部位。这类方法虽然可以在一定程度上解决实际测试材料的疲劳特性、工作载荷谱等试验周期过长、耗费巨大的问题，但是有限元模拟结果往往和实际寿命相差甚远。

(3) 无损检测方法。

无损检测方法用以检测构件中缺陷的发生、发展情况，进行质量评价及寿命预测。相较于上述两种方法，无损检测方法可以针对工程真实构件实施，操作简便，结果准确。但采用这类方法的难点在于必须选择适合于被测构件的无损检测方法，要求该方法能够捕获被测构件服役过程中由于损伤而导致的局部或整体的某些参量的变化，利用这些参量的变化来表征构件不同的损伤程度进而预测剩余寿命。将无损检测与寿命评估相结合，特别是探索无损检测新技术在寿命评估领域应用的途径，寻求建立更加准确、便捷的寿命预测新方法，是再制造剩余寿命预测领域的重要发展方向。

3) 再制造涂覆层的质量控制

对再制造加工成形后的产品进行无损检测，主要是检查经再制造关键技术加工成形的涂覆层的质量以及涂覆层与废旧件基体的结合质量。通过无损检测对再制造产品的质量进行监控，将获得的质量信息反馈到再制造设计与再制造生产部门，可为改进再制造工艺提供指导，从而提高再制造产品的质量及生产效率。

再制造后形成的涂覆层厚度较薄、组织复杂且不均匀，材料体系与废旧件的块体材料不同，存在异质结合界面，微观缺陷可能存在于涂层内部，也可能存在于界面处。对电弧喷涂涂层和等离子喷涂涂层，存在明显的层状结构，有较大的孔隙率和微裂纹。涂覆层自身具有的特点给准确评估涂层质量带来较大困难。

目前，根据再制造零部件的种类和采用的再制造技术手段的不同，针对涂覆层的检测目标要求，选用合适的无损检测方法。测量涂覆层厚度时，可以根据基体材料和涂层材料体系性质，相应选用涡流测厚法和超声测厚法；涂覆层硬度检测可以采用超声波法和纳米压痕法；采用声发射方法动态监测涂层微裂纹的生成及扩展状态；采用电测法检验涂层与基体的结合强度；采用 X 射线衍射和中子射线衍射可以较准确地测量热喷涂涂层及等离子喷涂涂层表面及内部的残余应力等。

3.2.5 再制造成形加工技术

1. 概念内涵

再制造成形加工技术是在再制造毛坯损伤部位沉积成形特定材料，以恢复其尺寸、提升其性能的材料成形加工技术[1]。再制造成形加工技术与传统制造技术具有本质区别，传统制造技术的对象是原始资源，而再制造成形加工技术的对象是经过服役的损伤零部件。再制造零部件通常具有较长的服役时间，因此再制造成形加工技术大多晚于零部件的材料制备技术出现，但却优于后者，这也是利用再制造成形加工技术能在恢复损伤零部件尺寸的同时提升其性能的重要原因。再制造成形加工技术是再制造技术体系的关键组成部分，是实现老旧零部件再制造、保证再制造产品质量、推动再制造生产活动的基础，在再制造产业中发挥着重要作用，已成为再制造领域研究和应用的重点。

根据零部件损伤失效形式的不同，再制造成形加工技术可分为表面损伤再制造成形加工技术和体积损伤再制造成形加工技术两大类[36]。

近年来，再制造成形加工技术大量吸收了新材料、信息技术、微纳技术、先进制造等领域的最新技术成果，在再制造成形集约化材料、增材再制造成形加工技术、自动化及智能化再制造成形加工技术以及现场快速再制造成形加工技术等方面取得了突破性进展。

2. 主要分类

1) 纳米复合再制造成形技术

纳米复合再制造成形技术是将纳米材料、纳米制造等技术与传统表面工程技术交叉、融合形成的先进的再制造成形技术。该技术主要包括纳米电刷镀技术、热喷涂纳米涂层技术、纳米表面损伤自修复技术等。

2) 能束能场再制造成形技术

能束能场再制造成形技术是利用激光、电子、离子(等离子)以及电弧等能量束和电场、磁场、超声波、火焰、电化学能等能量实现机械零部件再制造的技术。典型技术包括激光再制造技术、堆焊再制造技术、等离子/电弧/火焰喷涂再制造技术、物理/化学气相沉积再制造技术等。

3) 智能化再制造成形技术

智能化再制造成形技术是指综合利用监测反馈技术、自动化控制技术、数字化互联技术、高精度成形平台等进行自动感知、自控制、自学习和自动优化的再制造成形技术。它包括智能再制造系统和智能再制造技术。智能再制造系统不但能够在实践中不断充实知识库，具有自学习功能，而且具有搜集再制造实施环境信息和自身的信息并进行分析判断和规划自身行为的能力。发展智能化再制造成形技术，实现再制造生产的智能化和自动化，将大大节约人力成本，提高生产效率。近年来，智能化再制造成形技术在缺损零件的反求建模、三维体积损伤机械零件再制造的自动化与智能化等方面取得了重要进步。大连海事大学、华中科技大学等单位针对再制造成形过程中零件缺损部位的反求建模，在理论和技术研究方面获得了突破性进展。近些年，针对自动化再制造成形过程，再制造路径生成理论和方法、自动化再制造成形系统研制等，均取得重要的研究成果。

4) 再制造加工技术

再制造加工技术是指对再制造毛坯件进行装配使用前，进行高精度尺寸恢复的一系列先进加工技术的总称。由于再制造的“过强修复”原则，再制造成形层机械性能均达到或优于失效零部件基体性能水平，因此机械加工的实施难度高于传统加工技术。这要求再制造加工方式具有择优选择性，在保证再制造成形层质量性能不降低的前提下，实现损伤失效部位的高精度加工成形。目前，再制造技术在汽车零部件、矿用设备、石化装备、工程机械等领域应用广泛，而此类装备的再制造成形层的几何形状通常较为规则，大多采用车削方式进行加工。随着再制造技术在航空航天、海洋装备等领域的广泛应用，蕴含高附加值的零部件将成为研究热点，同时，也对再制造加工提出了新的挑战。例如，整体叶盘、叶片等零部件再制造加工时面临着复杂轮廓、表面完整性和纹理、型面精度及刚性较弱等问题；回收火箭再制造时可能面临高效再制造加工问题；钻井平台等海洋装备面临着强腐蚀性、复杂载荷等恶劣服役环境给再制造加工带来的技术挑战等。开展切削—滚压复合加工、增减材一体化加工、低应力电解加工及砂带磨削等技术研究是解决此类问题的有效途径。图 3.20 为再制造装备发动机凸轮轴过程。

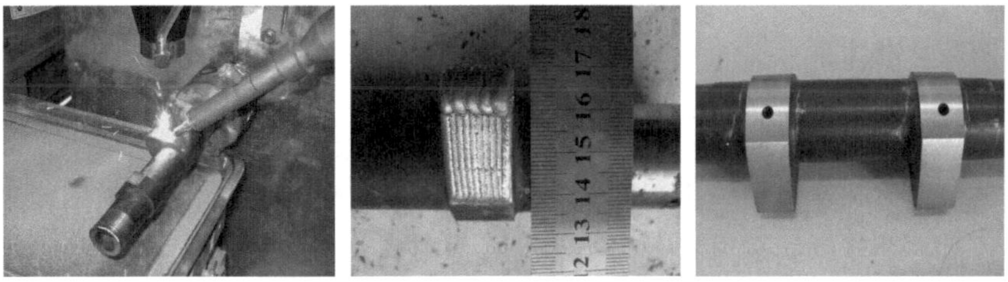

(a)　(b)　(c)

图 3.20　再制造装备发动机凸轮轴过程

(a) 再制造过程中；(b) 再制造后；(c) 再制造加工后

3.2.6　再制造装配技术

再制造装配就是按照再制造产品规定的技术要求和精度标准，将再制造加工后性能合格的零件、可直接利用的零件以及因报废而更换的新零件，安装成组件、部件或完整的再制造产品，并达到再制造产品所规定的精度要求和使用性能的整个工艺过程。再制造装配是产品再制造的重要环节，其装配质量直接影响再制造产品的性能、再制造工期和再制造成本。

再制造装配中，把三类零件(再制造零件、直接利用的零件、新零件)装配成组件，或把零件和组件装配成部件，以及把零件、组件和部件装配成最终产品的过程，分别称为组装、部装和总装。再制造装配的顺序一般是：①组件和部件的装配；②产品的总装配。做好充分而周密的准备工作以及正确选择与遵守装配工艺规程是再制造装配的两个基本要求。

3.2.7 绿色制造与再制造

绿色、智能是制造业转型的主要方向，坚持绿色发展，推行绿色制造是关键举措。再制造作为绿色制造的典型形式，是实现工业循环式发展的必然选择。再制造作为国家战略性新兴产业，是资源再生的高级形式，是制造业转型升级的重要方向，也是发展循环经济、建设资源节约型、环境友好型社会的重要举措，更是推进绿色发展、循环发展、低碳发展，促进生态文明建设的重要载体，高度契合了国家发展循环经济的战略。

2016 年 12 月，国务院发布的《“十三五”国家战略性新兴产业发展规划》指出：“发展再制造产业。加强机械产品再制造无损检测、绿色高效清洗、自动化表面与体积修复等技术攻关和装备研发，加快产业化应用。组织实施再制造技术工艺应用示范，推进再制造纳米电刷镀技术装备、电弧喷涂等成熟表面工程装备示范应用。开展发动机、盾构机等高值零部件再制造。建立再制造旧件溯源及产品追踪信息系统，促进再制造产业规范发展。”《中国制造 2025》提出“大力发展再制造产业，实施高端再制造、智能再制造、在役再制造，推进产品认定，促进再制造产业持续健康发展”。再制造是推进绿色发展和低碳发展理念、促进生态文明建设的重要载体，是制造业转型升级的重要方向，高度契合了国家发展循环经济的战略[37]。

3.2.8 再制造标准体系

1. 我国再制造标准化

标准是国家实施技术和产业政策的重要手段，能够体现国家的技术基础和产业基础。标准化是抢占产业竞争制高点的重要手段，是创新的驱动力。系统、完善的再制造标准体系是再制造产业得以良性发展的重要保障。目前，全国绿色制造技术标准化技术委员会再制造分技术委员会(SAC/TC337/SC1)、全国产品回收利用基础与管理标准化技术委员会(SAC/TC415)研究制定了《再生利用品和再制造品通用要求及标识》(GB/T 27611—2011)和《再制造产品评价技术导则》等再制造国家标准。此外，全国汽车标准化技术委员会(SAC/TC114)、全国土方机械标准化技术委员会(SAC/TC334)、机器轴与附件标准化技术委员会(SAC/TC109)及其他标准委员会已发布和正在研制与其行业相关的再制造产品系列标准，图 3.21 为我国再制造产品标识。2015 年以来，国家标准化管理委员会连续发布了 10 余项再制造国家标准，包括《再制造 机械产品拆解技术规范》(GB/T 32810—2016)、《再制造 机械产品清洗技术规范》(GB/T 32809—2016)、《再制造 企业技术规范》(GB/T 33221—2016)和《机械产品再制造性评价技术规范》(GB/T 32811—2016)4 项基础通用再制造国家标准，《再制造 基于谱分析轴系零部件检测评定规范》(GB/T 33518—2017)、《再制造内燃机 通用技术条件》(GB/T 32222—2015)、《土方机械 零部件再制造 通用技术规范》(GB/T 32806—2016)等多项再制造产品标准。截至 2017 年 3 月，我国已发布再制造国家标准近 30 项、行业标准 20 余项、地方标准 10 余项，正在研制的再制造国家标准 10 余项，再制造系列标准的制定和实施对规范再制造企业生产、保证再制造产品质量、推动我国再制造产业发展起到了积极的作用。我国已发布实施的再制造国家标准如表 3.5 所示[38]。

(a) 再制造产品标志样式　(b) 汽车零部件再制造产品标志　(c) 再制造柴油机铭牌

图 3.21　我国再制造产品标识

表 3.5　我国已发布实施的再制造国家标准(部分)

序号	标准号	标准名称	类别
1	GB/T 28618—2012	机械产品再制造 通用技术要求	基础
2	GB/T 28619—2024	再制造 术语	基础
3	GB/T 28620—2012	再制造率的计算方法	基础
4	GB/T 31208—2014	再制造毛坯质量检验方法	方法
5	GB/T 31207—2014	机械产品再制造质量管理要求	管理
6	GB/T 32811—2016	机械产品再制造性评价技术规范	方法
7	GB/T 32810—2016	再制造 机械产品拆解技术规范	基础
8	GB/T 32809—2016	再制造 机械产品清洗技术规范	基础
9	GB/T 33221—2016	再制造 企业技术规范	管理
10	GB/T 33947—2017	再制造 机械加工技术规范	基础
11	GB/T 34631—2017	再制造 机械零件剩余寿命评估指南	基础
12	GB/T 35977—2018	再制造 机械产品表面修复技术规范	基础
13	GB/T 35978—2018	再制造 机械产品检验技术导则	基础

截至 2024 年，我国再制造相关国家标准和行业标准共计 107 项，地方标准 20 项，团体标准 149 项。得益于国家政策的支持，部分机械产品的再制造发展势头极好，也导致我国再制造标准集中分布在汽车零部件、工程机械、矿山设备、办公设备等少数领域。相比我国机械产品的种类之多，这些标准的供给仍然是远远不足的。此外，我国再制造相关专业技术机构、协会组织相较发达国家和地区，发展还不够成熟。例如，相比拥有 80 多年历史、1000 家会员的美国汽车零部件再制造商协会，中国汽车工业协会汽车零部件再制造分会是在 2010 年成立的，会员单位仅几十家。种种因素都将影响再制造业的系统发展。

2. 国外再制造标准化

美国、欧洲、日本等国家和地区的大学、科研机构及行业协会开展了一系列再制造技术标准与管理研究工作，对再制造产品种类、再制造质量控制、再制造产品销售市场与规模及再制造入市门槛等进行系统研究。表 3.6 为美国已发布实施的部分再制造国家标准[39]。

表 3.6 国外已发布实施的再制造国家标准（部分）

序号	标准号	标准名称	国别/组织
1	RIC001.1-2016	再制造过程技术规范	美国
2	SAE J1890-2007	液压齿轮齿条式转向器再制造性能保证	美国
3	SAE J2073-2008	汽车起动机再制造流程	美国
4	SAE J22237-2008	重载起动机再制造流程	美国
5	SAE J2240-2008	汽车起动机转子再制造流程	美国
6	SAE J1693-2012	再制造机动车制动器液压主缸一般特性和试验规程	美国

图 3.22 为卡特彼勒生产的再制造发动机。图 3.23 为小松（常州）机械更新制造有限公司生产的日本小松认证指定循环机。

图 3.22 卡特彼勒再制造发动机

图 3.23 日本小松认证指定循环机

3.3　可再制造性分析

3.3.1　可再制造性概念及影响因素

可再制造性是指针对环境、技术、经济等因素综合分析后，废旧工程机械产品所具有的通过维修、改进或者改造的方式，能够达到或者超过原产品性能和质量的能力。可再制造性的分析决定了产品是否能被再制造，是再制造理论研究中的首要问题。

国外和国内已经开展了对产品可再制造性评估的研究，经过总结，可再制造性主要取决于六个方面，即环境可行性、技术可行性、经济可行性、能源可行性、资源可行性和社会可行性，这六者相互关联且相互影响。图 3.24 为影响可再制造性的一些因素。

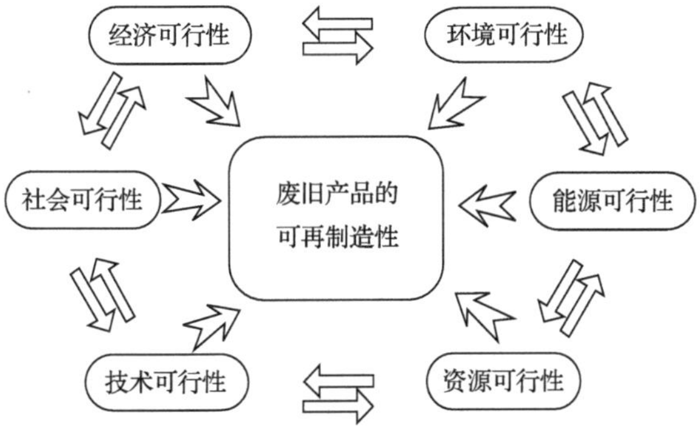

图 3.24　废旧产品的可再制造性

技术可行性——指废旧产品在再制造的工艺技术上可行，通过原产品的维修和改造升级能够达到或者超过原形新产品性能的目的。

经济可行性——指再制造过程中所投入的费用应该小于其带来的综合效益(包括社会效益、生态环境效益、经济效益等)。这是推动废旧产品再制造的主要动力。

环境可行性——指再制造的加工过程中及产品在社会上流通后对生态环境产生的影响应小于原产品生产及使用对环境所造成的影响。现阶段，我国政策规定所有的项目环境评估具有“一票否决权”，因此环境的可行性是再制造的决定因素。

资源可行性——指再制造产品的生产原料来源于废旧产品，能够为社会节约资源，重复利用资源，减少资源的浪费，实现社会的可持续发展。

能源可行性——指再制造产品生产过程中会消耗各种能源，如何实现电能、水能及天然气等能源的节约使用，减少能源的浪费，为企业降低生产成本。

社会可行性——指再制造产品具有使用价值，且具有高性能和低价格的特点，满足市场需要，且能够为社会提供工作岗位，解决失业问题，具有显著的社会效益，能够促进社会的和谐发展。

3.3.2　可再制造性定性评估

1984 年，罗伯特·兰德曾在 *Technology Review* 杂志中发表学术文章。该文章中提到他曾对 75 种不同类型的再制造产品进行了分析研究，总结出了以下 7 条标准来判断产品是否具有可再制造性。

(1)产品因技术、经济、环境等因素导致功能丧失。

(2)产品属于标准化生产，零部件的互换性较好。

(3)现阶段针对该产品具有成熟的再制造技术。

(4)产品仍具有较高的附加值。

(5)旧件回收的成本较低。

(6)产品的技术相对稳定。

(7)客户了解并能够认可再制造产品。

这 7 条判断标准提出的时间较早，且该判断标准只能通过评估者的经验以定性的方式来进行评估，无法通过定量的标准来描述，因此具有一定的局限性。但现阶段我们仍然利用它来评估生产规模大并且产品在设计阶段未考虑再制造性的废旧产品。当前可再制造性评价研究已经得到了众多学者的广泛关注，也形成了一些比较成熟的理论体系，并得到了实际工程的验证，但是仍然存在一些问题与难点。目前可再制造性评价的主要研究内容、研究热点及存在的问题、难点、未来的发展趋势如图 3.25 所示[40]。

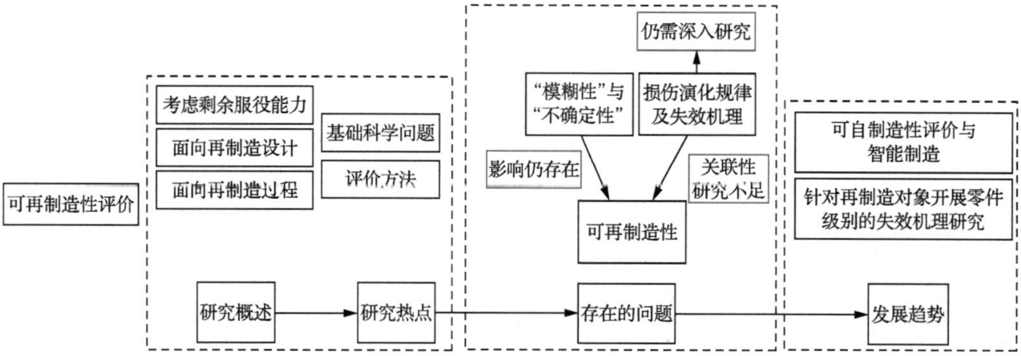

图 3.25　可再制造性评价研究的总体概况

参 考 文 献

[1] 徐滨士. 装备再制造工程[M]. 北京: 国防工业出版社, 2013.

[2] 徐滨士. 再制造技术与应用[M]. 北京: 国防工业出版社, 2015.

[3] ISO. Earth-moving machinery-Sustainability-Terminology, sustainability factors and reporting[S]. Geneva: ISO, 2012.

[4] 徐滨士, 董世运, 史佩京. 中国特色的再制造零件质量保证技术体系现状及展望[J]. 机械工程学报, 2013, 49(20): 84-90.

[5] ISO. Earth-moving machinery-Sustainability-Part 2: Remanufacturing: Remanufacturing[S]. Geneva: ISO, 2017.

[6] 朱斌. 机械产品再制造标准体系建设研究[J]. 中国标准化, 2024, (12): 79-82.

[7] 国家市场监督管理总局, 中国国家标准化管理委员会. 再制造 机械产品质量评价通则: GB/T 41352—2022[S]. 北京: 中国标准出版社, 2022.

[8] 朱斌. 机械产品再制造标准体系建设研究[J]. 中国标准化, 2024, (12): 79-82.

[9] Xu B S. The remanufacturing engineering and automatic surface engineering technology[J]. Key Engineering Materials, 2008, 373-374(1): 1-10.

[10] United States International Trade Commission. Remanufactured goods: An overview of the U.S. and global industries, markets, and trade[S]. Washington: USITC Publication, 2012.
[11] 罗尔夫·施泰因希尔佩. 再制造-再循环的最佳形式[M]. 朱胜, 桃巨坤, 邓流溪译. 北京: 国防工业出版社, 2006.
[12] 国务院. 中国制造 2025[M]. 北京: 人民出版社, 2015.
[13] 徐滨士. 徐滨士文集[M]. 北京: 冶金工业出版社, 2014.
[14] 李恩重, 史佩京, 徐滨士, 等. 我国再制造政策法规分析与思考[J]. 机械工程学报, 2015, 51(19): 117-123.
[15] Wei S, Cheng D, Sundin E, et al. Motives and barriers of the remanufacturing industry in China[J]. Journal of Cleaner Production, 2015, (107): 1-12.
[16] 李恩重, 史佩京, 徐滨士, 等. 我国汽车零部件再制造产业现状及发展对策研究[J]. 现代制造工程, 2016, (3): 151-156.
[17] 朱斌. 机械产品再制造标准体系建设研究[J]. 中国标准化, 2024, (12): 79-82.
[18] 刘荣学. 再循环经济模式下的汽车再制造行业发展对策[J]. 汽车与新动力, 2024, 7(3): 89-92.
[19] Zhang J H, Chen M. Assessing the impact of China's vehicle emission standards on diesel engine remanufacturing[J]. Journal of Cleaner Production, 2015, (107): 177-184.
[20] 中国机械工程学会. 再制造技术路线图[M]. 北京: 中国科学技术出版社, 2016.
[21] 王海斗, 张文宇, 宋巍, 等. 中国再制造进展[M]. 北京: 国防工业出版社, 2023.
[22] Parker D, Riley K, Robinson S. Remanufacturing market study [R]. London: European Remanufacturing Network, 2015.
[23] Zhang T Z, Chu J W, Wang X P, et al. Development pattern and enhancing system of automotive components remanufacturing industry in China[J]. Resources, Conservation and Recycling, 2011, 55(6): 613-622.
[24] 张伟, 吉小超, 徐滨士. 国内外再制造技术体系及竞争力分析[J]. 中国表面工程, 2015, (3): 1-9.
[25] 李恩重, 张伟, 史佩京, 等. 基于上海自贸区的我国再制造产业发展模式研究[J]. 检验检疫学刊, 2017, 27(1): 32-36.
[26] 谢建军. 推动绿色再制造产品服务汽车后市场[EB/OL]. [2023-02-11]. http://www.gpzone.com.cn/ap/article/70/ 16014.html.
[27] 孙亚飞. 汽车零部件再制造产业发展路径研究[D]. 上海: 上海工程技术大学, 2016.
[28] 罗红成, 甄琦, 赵新, 等. 双碳背景下再制造零部件在汽车后市场中的推广策略研究[J]. 再生资源与循环经济, 2024, 17(4): 34-37
[29] 梁秀兵, 刘渤海, 史佩京, 等. 智能再制造工程体系[J]. 科技导报, 2017, 34(24): 74-79.
[30] 徐滨士, 李恩重, 史佩京, 等. 我国再制造产业及其发展战略[J]. 中国工程科学, 2017, 19(3): 1-5.
[31] Xu B S, Shi P J, Zheng H D, et al. Engineering management problems of remanufacturing industry[J]. Frontiers of Engineering Management, 2015, 2(1): 13-18.
[32] 中华人民共和国国家质量监督检验检疫总局, 中国国家标准化管理委员会. 再制造 机械产品拆解技术规范: GB/T 32810—2016[S]. 北京: 中国标准出版社, 2016.
[33] 中华人民共和国国家质量监督检验检疫总局, 中国国家标准化管理委员会. 再制造 机械产品清洗技术规范: GB/T 32809—2016[S]. 北京: 中国标准出版社, 2016.
[34] 么新. 经济新常态背景下的我国再制造产业发展[J]. 科学管理研究, 2017, 2(35): 50-53.
[35] 梁秀兵, 陈永雄, 史佩京, 等. 汽车零部件再制造设计与工程[M]. 北京: 科学出版社, 2016.
[36] 中华人民共和国国家质量监督检验检疫总局, 中国国家标准化管理委员会. 再制造机械加工技术规范: GB/T 33947—2017[S]. 北京: 中国标准出版社, 2017.
[37] 国家制造强国建设战略咨询委员会, 中国工程院战略咨询中心. 中国制造 2025 系列丛书·绿色制造[M]. 北京: 电子工业出版社, 2016.
[38] 全国绿色制造技术标准化技术委员会. 中国装备绿色制造标准化探索与实践[M]. 北京: 中国质检出版社, 2016.
[39] 李恩重, 张伟, 郑汉东, 等. 我国再制造标准化发展现状及对策研究[J]. 标准科学, 2017, (8): 31-36.
[40] 王金龙, 高斯博, 杨宇星, 等. 机械装备可再制造性评价研究综述[J]. 机械工程学报, 2022, 58(3): 221-234.

第 4 章　再制造表面镀层技术

金属表面镀层是在金属材料表面涂镀一层介质，得到一层具有耐蚀性、耐磨性和特殊性能的涂层。在再制造工程应用领域，电刷镀和化学镀是表面镀层的重要技术。本章主要介绍电刷镀技术和化学镀技术的基本原理、工艺方法、技术特点、镀层性能、分类和应用。

4.1　电刷镀技术

4.1.1　概述

电刷镀(brushing electroplating, BE)是依靠一个与阳极接触的垫或刷提供电刷镀需要的电解液，电刷镀时，垫或刷在被镀的阴极上移动的一种镀覆方法。电刷镀又称刷镀，起源于 1899 年法国人采用的棉团电刷镀法，作为专门技术大约形成于 20 世纪 40 年代的欧洲，我国最早的工业应用出现于 50 年代，当时称之为涂镀，大规模的推广和应用则始于 80 年代。其目的在于强化、提高工件表面性能，取得工件的装饰性外观、耐腐蚀、抗磨损和特殊光、电、磁、热性能；在再制造领域也可以增加工件局部尺寸，改善机械配合，修复因超差或磨损而报废的工件等[1]。

1. 电刷镀的原理

电刷镀技术应用的是电化学原理，采用专用的直流电源设备，刷镀时被棉花和涤棉套包裹的阳极(镀笔)与阴极(工件)表面接触并做相对运动，镀液中的金属离子在电场力的作用下定向迁移到工件表面，获得电子并被还原成原子，在工件表面沉积结晶形成镀层[1]。

电刷镀的工作原理如图 4.1 所示，电刷镀时，工件接电源的负极，镀笔接电源的正极，靠包裹着的浸满镀液的阳极在工件表面擦拭，镀液中的金属离子在工件表面与阳极相接触的各点上发生放电结晶，随时间增长，镀层厚度逐渐增加。由于工件与镀笔有一定的相对运动速度，因而对镀层上的各点来说，这是一个断续结晶过程。

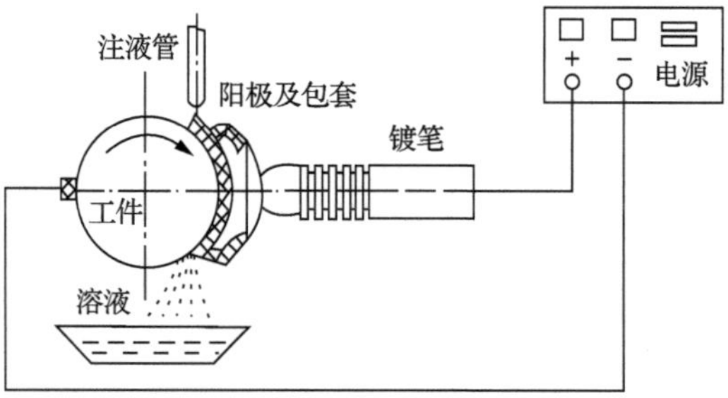

图 4.1　电刷镀工作原理图

2. 电刷镀的特点

电刷镀技术在再制造领域和表面工程领域有着广泛的应用，具有设备小巧、工艺简单，镀层种类多、沉积快、性能优良等特点，广泛应用于复杂精密机械零件的表面修复和功能性表面强化。

电刷镀技术的主要特点如下。

(1) 设备简单，不需要镀槽，便于携带，适用于野外及现场修复。尤其对于大型、精密设备的现场不解体修复更具有实用价值。

(2) 工艺简单，操作灵活，不需要镀覆的部位无需很多的材料来保护。

(3) 操作过程中，阴极与阳极之间有相对的运动，故允许使用较高的电流密度，一般为 30～400A/dm^2。最大可达 500～600A/dm^2。它比槽镀使用的电流密度大几倍到几十倍。

(4) 镀液中金属离子含量高，所以沉积速度快(比槽镀快 5～50 倍)。

(5) 镀液种类多，应用范围广，目前已有一百多种不同用途的镀液，适用于各个行业。

(6) 镀液性能稳定，使用时不需要化验和调整，无毒，对环境污染小；不燃、不爆、易贮存、运输方便。

(7) 配有专用除油和除锈的电解质溶液，所以表面预处理效果好，结合强度高，镀层质量好。

(8) 有不同型号的镀笔，并配有形状不同、大小不一的不溶性阳极，对各种不同几何形状以及结构复杂的零部件都可修复。某些场合也可使用可溶性阳极。

(9) 修复周期短、费用低、经济效益大。

(10) 镀后一般不需要机械加工。

(11) 一套设备可在多种材料上电刷镀，可以镀几十种镀层。

(12) 获得复合镀层非常方便，并可用叠层结构得到大厚度镀层。

(13) 镀层厚度的均匀性可以控制，既可均匀镀，又可不均匀镀。

4.1.2　电刷镀技术工艺

1. 电刷镀工艺流程

表 4.1 为电刷镀的工艺流程。

表 4.1　电刷镀工艺流程

工序	工序名称	工序内容、目的	备注
1	表面准备	去除油污，修磨表面，保护非镀表面	—
2	电净	电化学去油	极性一般正接
3	强活化	电解刻蚀表面，除锈和疲劳层	极性反接
4	弱活化	电解刻蚀表面，去除碳钢表面的炭黑	极性反接

续表

工序	工序名称	工序内容、目的	备注
5	镀底层	镀好底层，提高界面结合强度	极性正接
6	镀尺寸层	快速恢复工件尺寸	极性正接
7	镀工作层	达到尺寸精度，满足表面性能要求	极性正接
8	镀后处理	吹干、烘干、涂油、低温回火、打磨、抛光等	根据需要选择

注：以上工艺过程，每道工序开始前都需用清水冲洗干净上一道工序的残留镀液。

2. 电刷镀主要工艺参数

影响镀层质量的工艺参数较多，这里仅对电压、相对运动速度和温度的选择原则进行简单介绍。

1) 刷镀电压

刷镀电压的高低，直接影响金属沉积速度和镀层质量。当电压偏高时，刷镀电流相应提高，使镀层沉积速度加快，易造成组织疏松、粗糙；当电压偏低时，不仅沉积速度太慢，还会使镀层质量下降。所以，为了保证得到高质量的镀层和提高生产效率，应按每种溶液确定的电压范围灵活使用。例如：用特殊镍打底层，开始用 18V 的较高电压短时间刷镀，以提高电流密度，促使多生核，细化镀层晶粒，5～10s 后降到 12V 的正常工作电压。又如，用快速镍镀较大面积的工作层时，开始选用 14V 的工件电压，随着工件与镀液温度上升和镀层接近最终尺寸，应把电压降到 12V，以获得晶粒细密、表面光亮的镀层。

另外，电刷镀电流还与阳极与阴极之间的距离、阳极/阴极的面积比例及电解质的浓度与种类有关。阳极与阴极之间的距离会影响电流的大小。当阳极与阴极之间的距离太远时，电流密度会降低；反之，距离太近时则会导致电流密度过高。阳极/阴极的面积比例也会影响电流密度大小。当阳极面积小于阴极面积时，则会造成阳极的电流密度较大，反之亦反。电解质的种类和浓度也会影响电流密度大小。一般情况下，电解质浓度越高，电流密度越大。不同类型的电解质对电流密度大小的影响也不尽相同。

2) 镀笔与工件的相对运动速度

刷镀时，镀笔与工件之间必须做相对运动，这是刷镀技术的一大特点。当相对运动速度太慢时，镀笔与工件接触部位发热量大，镀层易发黑，局部还原时间长，镀层生长太快，组织易粗糙。若镀液供送不充分，还会造成局部离子贫乏，组织疏松。相对运动速度太快时，会降低电流效率和沉积速度，形成的镀层虽然致密，但应力太大易脱落。相对运动速度通常选用 8～12m/min。

3) 电刷镀的温度

在刷镀操作的整个过程中，工件的理想温度是 15～35℃，最低不能低于 10℃，最高不宜超过 50℃。镀液的使用温度应保持在 25～50℃。为了防止镀笔过热，在刷镀层较厚时，应同时准备多支镀笔，轮换使用。

4.1.3　电刷镀层的性能

1. 电刷镀层的硬度

1) 镀层在室温下的硬度

电刷镀层一般都比较薄，通常情况下小于 0.3mm。因此，刷镀层的硬度最好用显微硬度来测定。部分常见电刷镀层在室温下的硬度见表 4.2。

表 4.2　常用电刷镀层在室温下的硬度

镀层名称	硬度/HV	镀层名称	硬度/HV
快速镍	527	镍-钨合金	800
特殊镍	545	碱性铜	255
低应力镍	357	酸性铜	210
半光亮镍	650	低应力镉	45
镍-钨(D)	850		

注：测试设备为 MT-3 型显微硬度计，载荷 50g；硬度为 5 个测试值的算术平均值；HV 为维氏硬度，1HV≈9.8N/mm^2。

2) 工艺参数对镀层硬度的影响

在镀液成分一定的情况下，镀液温度、刷镀电流和镀笔与零件的相对运动速度等工艺参数对镀层的硬度均有影响。

镀液温度对镀层硬度的影响，主要反映在镀层晶粒的粗细上。一般来说，较高的镀液温度通常会导致晶粒粗化，降低镀层硬度；相反，较低的镀液温度有利于形成细小晶粒，增强镀层的硬度和抗磨性。

电流密度增加，阴极提供的电子增多，镀层生核多，晶粒细化，镀层致密，内应力增加，使硬度有所提高。但当电流密度增大到一定程度后，硬度反而降低，降低的原因是电流密度过高使晶粒生长过快，形成粗大晶粒。同时，内应力过高并沿镀层中的裂缝释放导致镀层结构松弛。

相对运动速度过快，镀层单位面积上的沉积速度会降低，导致镀层晶粒细化，应力增大，易造成镀层剥落。而相对运动速度过慢，散热不利，造成镀层局部变黑，电流密度作用时间过长，使镀层组织粗大，降低镀层表面硬度。

3) 加热温度对镀层的影响

表 4.3 列出了几种常用镀层在不同温度加热后的硬度，可见常温下较硬的镀层加热至 100～200℃时有一定的二次强化效果。继续加热，除镍-磷非晶态镀层以外都会产生软化，只是软化速度不同。在 600℃左右时，这些镀层硬度都比常温硬度至少下降 40%。但是镍-磷镀层与众不同，在 400℃时，它的硬度达到峰值，600℃时仍能保持常温时的硬度。由此可见，非晶态组织的镀层具有比其他镀层更好的耐高温性能。

表 4.3　不同温度加热后几种镀层的硬度　　(单位：HV)

镀层	不同温度加热后的硬度						
	室温	100℃	200℃	300℃	400℃	500℃	600℃
致密快镍	448	451	481	541	423	202	—
快速镍	508	472	480	527	376	189	—
镍-钨 50	376	509	449	364	386	438	—
镍-钨 “D”	558	565	512	502	415	367	357
镍-磷(非晶态)	460	455	548	578	750	640	460
特殊镍	386	551	512	501	446	371	242
铁合金	662	715	778	693	740	563	303

2. 电刷镀层的耐磨性

1) 工艺参数的影响

当工作电压较高时，电流密度上升，增加了电场的不均匀性，也增加了电化学极化作用；而当相对运动速度加快时，则使浓差极化增加，阴极周围金属离子严重缺乏，造成镀层组织粗糙疏松、硬度下降和耐磨性降低。当工件电压较低、相对运动速度较慢时，镀层的相对耐磨性也不高。当工作电压较高时，宜用略低的相对运动速度；在适中的工作电压范围内时，则可随电压升高加快相对运动速度，反之亦然。

镀液与基体温度过高，会造成镀层组织的晶粒粗大、结构松弛等问题，可以从改善散热条件着手控制这种影响。一般来讲，在 35℃左右时较易获得相对耐磨性好的镀层。

2) 加热温度的影响

表 4.4 是对几种镀层在不同热处理温度下加热、保温、冷却后再进行相对耐磨性试验的结果。从表中可见，室温下致密快速镍镀层的相对耐磨性最高，而随着温度升高，快速镍镀层的相对耐磨性有所增加，致密快镍的相对耐磨性却减小，唯有镍-钨 50 镀层的相对耐磨性没有明显的变化，说明这种镀层在温度变化情况下仍能保持其耐磨性能。另外，镍-磷非晶态镀层在温度变化条件下耐磨性能也不会降低。

表 4.4　不同温度加热后镀层的相对耐磨性

镀层	室温	100℃	200℃	300℃	400℃	500℃
致密快镍	0.87	0.9	1.21	1.05	1.08	—
快速镍	1.64	0.92	0.92	0.86	1.07	1.06
镍-钨 50	1.2	1.2	1.17	1.00	1.13	1.20

3. 电刷镀层结合性能

电刷镀层结合力的影响因素主要包括基材前处理、电刷镀液污染、工艺控制、生产进度以及产品设计。

首先，基材前处理是影响电刷镀层结合力的关键因素之一。如果基材表面存在油脂、氧化皮或其他污染物，会导致电刷镀层无法与基材紧密结合，从而影响结合力和耐腐蚀性。因此，在进行电刷镀前，必须对基材进行彻底的清洗和除油处理，以确保表面干净无污染。

其次，电刷镀液污染也是影响结合力的重要因素。电刷镀液中的金属杂质、氧化物、悬浮物和有机杂质等会降低电刷镀液的性能，进而影响镀层的附着力和均匀性。为了解决这个问题，需要定期检测和分析电刷镀液，及时更换或净化电刷镀液，以保持其纯净度和性能。

然后，工艺控制不到位也会影响电镀层的质量。温度、电流密度、pH 和电刷镀时间等工艺参数必须严格控制，以确保镀层的平整度和结合力。任何参数的微小偏差都可能导致镀层质量下降，因此，工艺控制是确保电刷镀质量的关键。

最后，镀笔等工装设计不合理也可能导致结合力问题。因此镀笔等工装设计时需充分考虑电刷镀工艺的要求，避免在实际电刷镀过程中出现结合力不足的问题。

4.1.4　纳米复合电刷镀技术

随着现代工业的发展，对机械产品零件表面的性能要求越来越高，为了满足和适应高速、高温、高压、重载、腐蚀以及某些特定工况下使用的零部件的修复、保护、表面强化、改性等需求，传统的电刷镀技术已显得力不从心。

通过在电刷镀溶液中加入纳米颗粒以进一步提高涂层效果的电刷镀技术被称为纳米复合电刷镀技术。该技术分为手工电刷镀技术和自动化电刷镀技术。徐滨士等众多专家采用纳米材料与传统电刷镀技术相融合的方法，获得了性能更优良的纳米复合镀层。

纳米复合电刷镀技术(nano-composite electro-brush plating，NEP)是在电刷镀液中加入一种或几种不溶性的纳米颗粒，利用电刷镀原理，使纳米粒子与基质金属离子发生共沉积的一种表面工程技术。单一金属镀覆技术由于其本身的局限性，已不能完全满足产品制造所需的高性能、多功能的要求，而两种或多种金属或非金属的复合镀技术近年来取得了较大的发展，复合镀技术尤其是纳米复合镀技术已经成为当今现代表面镀覆技术研究的一个热点和焦点。

该技术的特点如下：

(1)纳米复合电刷镀镀液中含有大量纳米尺度的特定粒子，而特定粒子的存在并不显著影响镀液的性质(酸碱性、导电性、耗电性等)和刷镀性能(镀层沉积速度、镀覆面积等)。

(2)纳米复合电刷镀技术获得的复合镀层组织更致密、晶粒更细小，复合镀层显微组织特点为纳米粒子弥散分布在金属基相中，基相组织主要由微晶构成，并且含有大量纳米晶和非晶组织。

(3)纳米复合刷镀层的耐磨性能、高温性能等综合性能远远优于同种金属镀层。

(4)根据加入的纳米粒子材料体系的不同，可以采用普通镀液体系获得具有耐蚀、润滑减摩、耐磨等多种性能的复合涂层；通过加入具有吸波(电磁波和红外波)、杀菌特殊功能的纳米粒子材料，可以获得功能涂层。

(5)纳米复合电刷镀技术比普通电刷镀技术的应用范围更加宽广[2,3]。

1. 电刷镀液

1)基质合金的选择

Ni 是工业生产和人们生活中应用最为广泛的金属之一。它具有银白色光泽，密度为 8.9g/cm^3，原子量为 58.69，熔点为 1457℃，电化当量为 1.095g/(A · h)，标准电极电位为 –0.25V。它具有较好的电化学行为，比较容易从水溶液中电沉积出来，其单盐就可容易沉积出比较好的金属镀层。Co 的标准电势为–0.277V，与 Ni 的标准电势–0.25V 很接近，又同属铁族元素，加上它们的交换电流都很小，能在单盐溶液中获得细致均匀的镀层，因此，在单盐溶液中实现 Ni-Co 合金的共沉积是比较容易的。当镀层中 Co 元素含量在 40%以下时，Ni-Co 合金镀层具有良好的耐蚀性和耐磨性及较高的硬度。所以，电刷镀 Ni-Co 合金镀层可作为装饰性镀层和耐磨镀层，用于化工、医药、机械、冶金等众多行业中。表 4.5 列出了 Ni-Co 镀液的主要成分和含量，该镀液呈墨绿色，可闻到乙酸味道。

表 4.5　Ni-Co 镀液的主要成分和含量　(单位：g/L)

硫酸镍	硫酸钴	氯化镍	甲酸	乙酸	盐酸	添加剂
100～125	0～50	40～60	18	48	150	适量

2)纳米颗粒的选择

纳米复合电刷镀层作为一种金属基复合材料，其增强相的选择既应遵循复合材料增强相选择原则，同时也应满足电刷镀技术的工艺特点。由于纳米 Al_2O_3 颗粒结构稳定、成本低，结合 Ni-Co 合金电刷镀液的特点，试验选定纳米 Al_2O_3 颗粒作为增强相。纳米 Al_2O_3 颗粒的主要规格与参数如表 4.6 所示。

表 4.6　纳米 Al_2O_3 颗粒指标

纳米颗粒	粒径/nm	比表面积/(m^2/g)	纯度/%	表观密度/(g/cm^3)
Al_2O_3	50	≤10	≥99	1.6

纳米 Al_2O_3 颗粒的透射电子显微镜(transmission electron microscope, TEM)照片和电子衍射图如图 4.2 所示，纳米 Al_2O_3 颗粒形状近球形，但由于单个纳米颗粒具有高表面活性，因而已呈现明显的团聚趋势，形成二次结构。这种聚集结构可能存在硬团聚和软团聚，团聚颗粒尺寸超过了纳米数量级。因此，使用之前必须对纳米颗粒进行分散处理，使纳米颗粒在金属基镀液中得到良好的分散。

3)电刷镀液制备

纳米颗粒的分散就是将纳米颗粒的团聚体分离成单个纳米颗粒或者是为数不多的纳米颗粒小团聚体。纳米颗粒在电刷镀液中的分散可分为纳米颗粒的解团聚和纳米颗粒在溶液中的稳定两个步骤：①通过机械作用或超声波作用将团聚在一起的纳米颗粒解聚；②镀液中离子和官能团吸附在新鲜的纳米颗粒上，利用位阻效应和静电稳定效应，阻止纳米颗粒相互接近，避免直接碰撞，从而降低了团聚趋势，保持了纳米颗粒的分散性与稳定性。这两个步骤是相互交错、密不可分的[3]。

图 4.2　纳米 Al_2O_3 颗粒的 TEM 图

2. 电刷镀层制备工艺

新开发的电刷镀工艺过程与传统的电刷镀基本相同，但工艺参数要根据基体材料、镀层性能要求、镀液种类等条件进行适当的调整。

电刷镀工艺流程为：镀前表面准备—电净—去离子水冲洗—活化液活化—去离子水冲洗—活化液活化—去离子水冲洗—无电擦拭—镀打底层—去离子水冲洗—无电擦拭—刷镀工作镀层—镀后处理[4]。

为了提高基体与镀层的结合强度，防止有腐蚀作用的镀液对基体金属的腐蚀，在刷镀工作镀层以前要预镀底层。根据试验要求和试样材料，选用特殊镍打底层。刷镀底层时，要先在不通电的情况下用镀笔蘸着镀液将已活化好的金属表面迅速擦拭一遍，目的是在被镀表面预先布置金属离子，使被镀表面的 pH 趋于一致，增加润湿性，同时隔离空气，防止新鲜表面再被氧化，打底层的厚度一般为 2μm 即可，具体的工艺参数见表 4.7。

表 4.7　电刷镀技术工艺参数

工序	镀液	电源极性	操作时间/s	工作电压/V	镀笔运动速度/(m/min)
电净	电净液	正接	30	10	4～8
活化	2#活化液	反接	60	10	6～10
	3#活化液	反接	60	20	6～8
打底	特殊镍	正接	10	18	6～8
			120	12	6～10

电沉积过程中，由于基体表面有微凸以及沉积过程中的电流密度不均匀分布会造成沉积镀层的微观突起，产生“尖端效应”，该处的电流密度增大，沉积速度加快，使镀层表面变得不平整，而纳米颗粒被包裹着沉积到镀层中，最易在镀层的微凹部位沉积到镀层中，从而使镀层表面变的平整。从图 4.3(a)～(e)可以看出，镀液中纳米颗粒的含量从

0g/L 增加到 20g/L 时，镀层表面变得更为细腻和平整，但当镀液中纳米颗粒的含量为 25g/L 时，表面光洁度变得略差。这是由于随着镀液中纳米颗粒的增多，沉积过程中纳米颗粒重新团聚的可能性增大，使沉积过程变得均一平稳的作用减弱，同时镀层沉积速度变慢，使基体对镀层表面的影响变强，因此，在镀液中纳米颗粒浓度加大时，镀层表面均一性减弱。

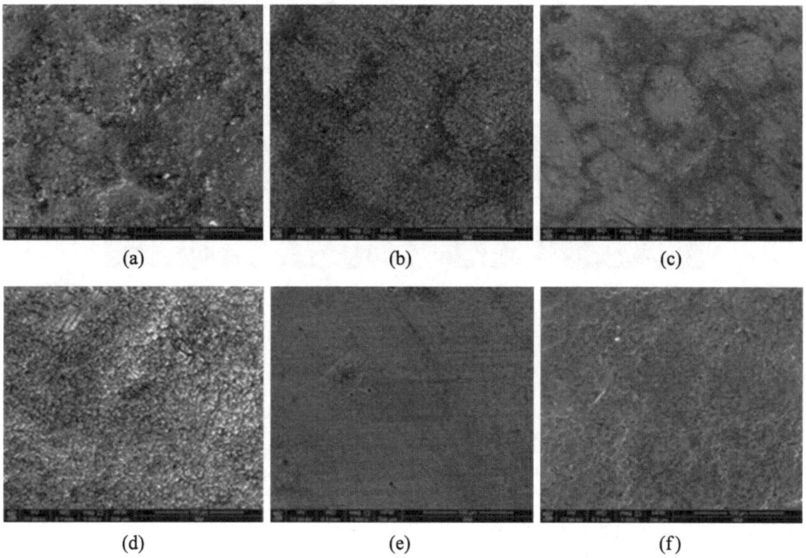

图 4.3　镀层表面随镀液中纳米颗粒含量的变化

(a) 0g/L；(b) 5g/L；(c) 10g/L；(d) 15g/L；(e) 20g/L；(f) 25g/L

表面形貌的意义不仅仅体现在最终使用过程中加工量少、节约成本，表面形貌也是电沉积的阴极表面，直接影响到电沉积的过程，进而影响到镀层的最终性能。平整的表面在继续电沉积的过程会更加均匀，镀层的组织均一性会提高，镀层的性能也会提高。

图 4.4 是镀液中纳米颗粒含量对镀层中纳米颗粒含量的影响曲线。由图可知，随着镀液中颗粒含量的增加，镀层中纳米颗粒含量随之增加；当镀液中纳米颗粒含量为 20g/L 时，镀层中纳米颗粒含量为 1.9%(质量分数)；当镀液中纳米颗粒含量为 25g/L 时，镀层中纳米颗粒含量增大到 2.1%(质量分数)。镀层中纳米颗粒含量和镀液中纳米颗粒含量的增加的关系并不是绝对的线性关系，随着镀液中纳米颗粒含量的增加，镀层中纳米颗粒的增加趋势略有变缓。这是由于纳米 Al_2O_3 颗粒是绝缘的纳米颗粒，颗粒是通过 Ni-Co 合金沉积的包裹实现共沉积的。因此，当镀液中纳米颗粒浓度较低时，纳米颗粒与 Ni-Co 合金共沉积时被包裹的概率就增大较快，但当镀液中纳米颗粒浓度较高时，Ni-Co 合金的沉积速率下降，纳米颗粒被包裹的概率达到极限。同时，镀液中纳米颗粒浓度过高，在镀笔和基体的摩擦过程中，其较高的表面活性能使之易产生团聚。团聚的纳米颗粒由于体积较大，被包裹的可能性并不会随着镀液中纳米颗粒的浓度增加而线性增加，因此，镀层中纳米颗粒含量增加的速度会低于镀液中纳米颗粒含量增加的速度。

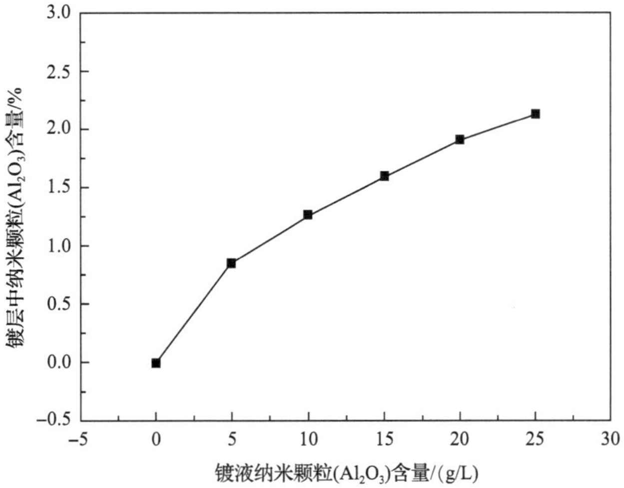

图 4.4　镀层中纳米颗粒含量随镀液中纳米颗粒含量的变化

图 4.5 为镀层的显微硬度随着镀液中纳米颗粒含量的变化趋势。由图可知，随着镀液中纳米(Al_2O_3)颗粒含量的增加，镀层的硬度会有所增加；当镀液中纳米颗粒含量增加到 20g/L 时，n-Al_2O_3/Ni-Co 纳米复合镀层的硬度为最大，达到 960HV，相对于 Ni-Co 合金镀层的硬度 740HV 提高了约 29.7%；当镀液中纳米颗粒的含量增大到 25g/L 时，镀层的硬度为 886HV，相对于 20g/L 时，硬度有所降低。

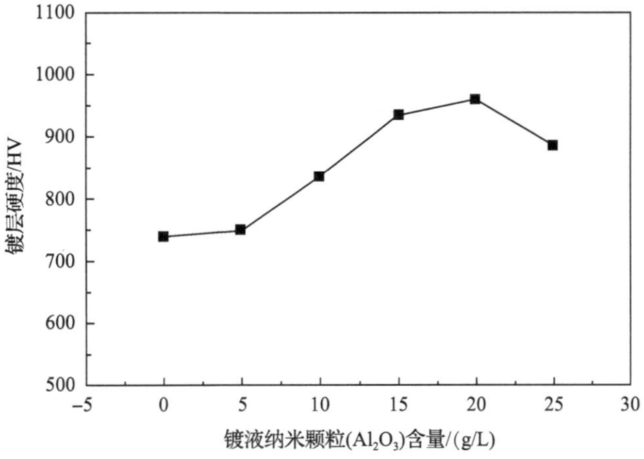

图 4.5　镀层硬度随着镀液中纳米颗粒含量的变化

纳米颗粒被包裹着沉积到 Ni-Co 合金基质金属中，在沉积过程中，纳米颗粒为不导电颗粒，镀层在纳米颗粒位置继续生长就要重新形核。因此，纳米颗粒的共沉积可以增大成核率，纳米颗粒如果沉积到镀层晶粒的交界处，晶粒就不能继续长大。所以，纳米颗粒的共沉积使镀层晶粒细小，晶界面积增大，变形困难，镀层的硬度升高。当镀液中纳米颗粒的含量为 20g/L 以下时，这种强化效应随着镀层中纳米颗粒含量增加，镀层的硬度会升高；当镀液中纳米颗粒的含量超过 20g/L 时，纳米颗粒团聚，镀层组织会变得疏松，镀层性能会有所下降，因此，硬度会略有降低。

结合纳米颗粒对镀层沉积速度、表面形貌、镀层中纳米颗粒含量和镀层硬度的影响，镀液中加入纳米颗粒的量并不是越多越好。加入量过多，镀层中纳米颗粒的含量虽然略有增加，但镀层的沉积速度、表面形貌和镀层的硬度都有所降低，因此，纳米颗粒的加入量要适度，n-Al_2O_3/Ni-Co 合金纳米复合电刷镀液体系，纳米颗粒的加入量以 15～20g/L 为最佳。

3. 合金纳米复合电刷镀层性能

合金纳米复合电刷镀技术是面向镀硬铬损伤件的再制造而开发的，结合镀硬铬件的使用条件设计 n-Al_2O_3/Ni-Co 纳米复合镀层的研究方案。纳米复合镀层的镀液中，纳米颗粒的浓度选择 20g/L，刷镀电压选择 12V，刷镀时间一般为 30min，当测试要求镀层较厚时，刷镀时间适当延长。

电刷镀层的结合强度检测目前大多数是定性的，参照铁道部标准《铁路常用金属电刷镀通用技术条件》(TB/T 1756—2004)，检测硬铬镀层和 n-Al_2O_3/Ni-Co 刷镀层的结合强度，结果如表 4.8 所示。从表中可以看出，硬铬镀层和纳米复合合金刷镀层通过上述四种方法测试，都没有出现明显的起泡、碎裂及剥落等现象，表明纳米复合合金刷镀层和硬铬都具有良好的结合强度。

表 4.8　镀层的结合力测试结果

试验方法	硬铬	n-Al_2O_3/Ni-Co
锉刀试验	无剥离	无剥离
弯曲试验	无剥离、无裂纹	无剥离、无裂纹
偏车试验	无削落、无起皮	无削落、无起皮
热震试验	无起皮、无气泡	无起皮、无气泡

图 4.6 是硬度值在镀层不同位置的变化趋势。由图可知，靠近基体部分的镀层硬度最大，为 1180HV。随着镀层的增厚，镀层硬度有所下降，分析认为，刚开始生产时，镀层温度较低，镀层沉积速度慢，镀层的组织比较致密，所以此时沉积的镀层的硬度较高，随着刷镀的进行，镀液的温度升高，电流密度增大，镀层沉积速度增大，组织变得较为粗大，硬度值有所下降。

图 4.7 为 Ni-Co 合金电刷镀层及 n-Al_2O_3/Ni-Co 纳米复合镀层与硬铬镀层的硬度对比。由图可知，Ni-Co 镀层的硬度为 740HV，接近硬铬镀层的 825HV，仅比硬铬镀层硬度值低 10.3%，而 Ni-Co 合金镀层中共沉积纳米 Al_2O_3 颗粒后，镀层的显微硬度有很大的提高，达到 960HV，超过硬铬镀层 16.4%。分析可知，加入的纳米颗粒一方面可阻碍镀层晶粒的长大，起到细晶强化的作用；另一方面，在晶粒内部可阻碍晶粒内位错的滑移来强化镀层，起到硬质相弥散强化的作用。

纳米复合电刷镀层的耐磨性能是影响复合镀层实用性的重要因素。复合电刷镀层的耐磨性除与电刷镀工艺参数(电压、电流、温度、相对运动速度等)和基质镀液种类有关外，还与所加入的纳米颗粒的种类及其含量等因素有关。

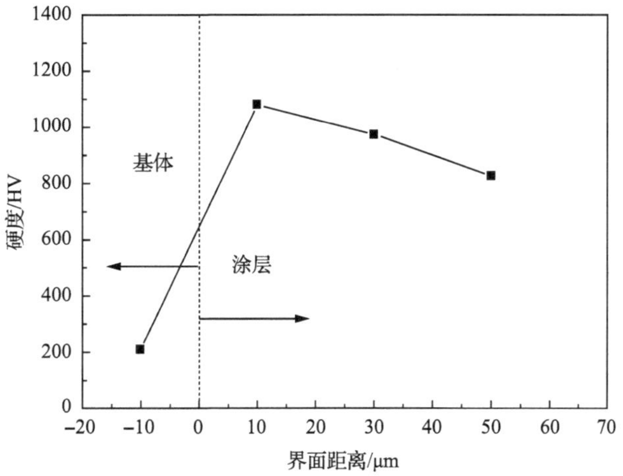

图 4.6　镀层硬度在截面方向上的变化

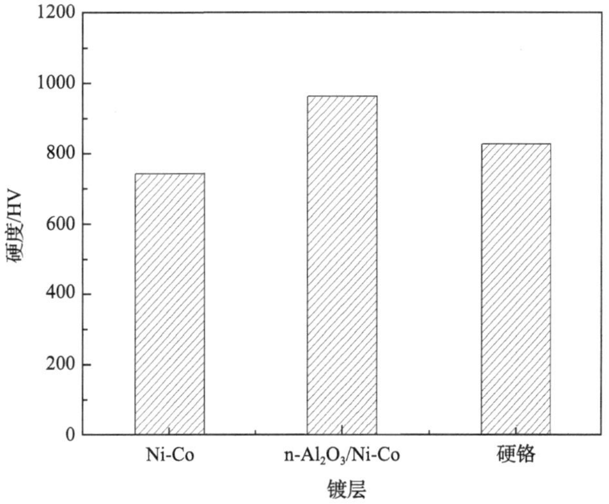

图 4.7　三种镀层的硬度值对比

采用 CETR-UTM 型球盘式磨损试验机，在相同试验条件下进行室温干摩擦磨损试验，通过测定磨损体积损失，评价各种镀层的耐磨性能。镀层试样的对磨球为直径 4mm 的 GCrl5 钢球，硬度为 63HRC(HRC 表示洛氏硬度)，试验载荷为 15N。

以硬铬的相对耐磨性为 1.00，见表 4.9。结果表明，Ni-Co 合金电刷镀层和 n-Al_2O_3/Ni-Co 纳米复合电刷镀层的相对耐磨性分别是硬铬镀层的 90%和 1.08 倍。可见，单纯的 Ni-Co 合金刷镀层的耐磨性低于硬铬镀层，而加入纳米颗粒后的纳米复合合金基电刷镀层 n-Al_2O_3/Ni-Co 的耐磨性略优于硬铬镀层。分析认为，纳米复合镀层性能的提高是由于 n-Al_2O_3 颗粒的细晶强化及弥散强化作用。

表 4.9　几种镀层的相对耐磨性

镀层	Ni	Ni-Co	n-Al_2O_3/Ni-Co	Cr
相对耐磨性	0.71	0.90	1.08	1.00

4.1.5 电刷镀技术的主要应用

1. 恢复磨损零件的尺寸精度与几何精度

在工业领域中，因机械设备零部件磨损造成的经济损失是巨大的，用电刷镀恢复磨损零件的尺寸精度和几何精度是行之有效的方法。

2. 填补零件表面的划伤沟槽、压坑

零件表面的划伤沟槽、压坑是运行的机械设备经常出现的损坏现象，尤其在机床导轨，压缩机的缸体、活塞，液压设备的油缸、柱塞等零件上最为多见。用电刷镀或电刷镀加其他工艺修补沟槽、压坑是一种既快又好的方法。

3. 补救加工超差产品

生产中加工超差的产品，一般说来超差尺寸都很小，非常适合通过电刷镀来修复，使工厂成品率大大提高。

4. 强化零件表面

电刷镀技术不仅可以修复磨损零件的尺寸，还可以起到强化零件表面的作用。例如，在模具型腔表面刷镀 0.01～0.02mm 的非晶态镀层，可以使模具寿命延长 20%～100%。

1) 提高零件表面导电性

在电解槽汇流铜排接头部位镀银，可减小电阻，降低温升，使用效果良好。

为了提高大型计算机的工作可靠性，在电路接点处进行电刷镀金处理，既能保证接点处接触电阻很小，又能防止接点处金属氧化造成断路。

2) 提高零件的耐高温性能

如钴-镍-磷-铌非晶态镀层的晶化温度可达 320℃，在 400～500℃的高温下，镀层由非晶态向晶态转变后，同时析出第二相组织。这些第二相组织是弥散分布在镀层中的硬质点，可以有效提高镀层耐高温磨损的性能。

3) 改善零件表面的钎焊性

在难钎焊的材料表面上刷镀某些镀层后，钎焊将变得非常容易，而且有较高的结合强度。

4) 减小零件表面的摩擦系数

当需要零件表面具有良好的减摩性时，可选用铟、锡、铟锡合金、巴氏合金等镀层。试验证明，在滑动摩擦表面或齿轮啮合表面上刷镀 0.6～0.8μm 的铟镀层时，不仅可以降低摩擦副的摩擦系数，还可以有效地防止高负荷时产生的黏着磨损，具有良好的减摩性能。

利用复合刷镀方法，在镍镀液中加入二硫化钼、石墨等微粉，也可减小镀层的摩擦系数，并起到自润滑作用。

5) 提高零件表面的防腐性

当要求零件具有良好的防腐性时，可根据防腐要求和零件工作条件选择镀层。阴极性镀层有金、银、镍、铬等，阳极性镀层有锌、镉等。

6) 装饰零件表面

电刷镀层也可以作为装饰性镀层来提高零件表面的光亮度或工艺性，如在金属制品、首饰上镀金、镀银层会使这些制品更为珍贵。在一些金属、非金属制品上还可以进行仿古刷镀，如在秦兵马俑上刷镀仿青铜色。

4.1.6 电刷镀技术展望

1. 纳米复合电刷镀

随着纳米技术的发展，电刷镀技术和纳米技术的融合也显现了强大的生命力。纳米复合电刷镀技术是根据材料的电结晶理论和复合材料的弥散强化理论，在电刷镀液中加入一种或几种纳米颗粒，在刷镀的沉积过程中与金属发生共沉积，从而获得具有优异性能复合镀层的技术。

纳米复合电刷镀技术保留了电刷镀技术设备方便、工艺简单、操作方便等特点，可实现对零部件的高性能表面修复、强化或功能化。该镀层具有优异的性能，例如，硬度更大、耐磨性更好、涂层结合强度更高、耐高温等。

根据电刷镀设备的研究和应用发展基础，设计如图 4.8 所示的行星减速器行星架电刷镀专用再制造装备，通过进一步工艺试验实现了行星减速器行星架自动化电刷镀过程，设备包括电刷镀镀液供给分配装置、专用镀笔和电刷镀装置支架。待镀工件安装在工件定位销处，根据工件的形状和尺寸设计镀槽，镀笔插入镀槽中，镀笔的刷板紧贴工件作摩擦运动，在刷镀过程中(图 4.9)，工件为阴极、镀笔为阳极，采用专用设备可以制备出组织致密、表面平整光亮的电刷镀层。该装置通过更换镀笔和工件，可以实现行星减速器行星架的电刷镀。电机、电源、供液泵等可以通过数控设备控制，易于实现自动化操作。

图 4.8 行星减速器行星架电刷镀专用再制造装置

扫码见彩图

图 4.9　行星减速器行星架电刷镀修复过程

2. 自动化电刷镀

电刷镀的一般工艺过程为：①电净(电源正接，清水冲洗)；②强活化(负接，清水冲洗)；③弱活化(负接，清水冲洗)；④镀打底层(正接，清水冲洗)；⑤镀纳米复合层(正接，清水冲洗)。要实现电刷镀工艺过程的自动化，其关键在于解决如下四个方面的问题：①多种溶液的切换和循环供应；②电刷镀运动的自动化；③多步工序的自动切换；④工艺参数和镀层质量的综合监控。针对以上问题，研究人员设计研发了自动化纳米电刷镀机(图 4.10)，实现了自动化纳米电刷镀工艺过程。通过自动化纳米电刷镀技术工艺优化，所制备的自动化纳米电刷镀层比手工纳米电刷镀层组织更致密、微区性能更均匀。自动化纳米电刷镀技术可以显著降低操作人员的劳动强度，避免手工纳米电刷镀过程中人为因素的影响，大幅度提高纳米电刷镀的生产效率，提高了工艺稳定性和纳米电刷镀再制造产品质量稳定性。

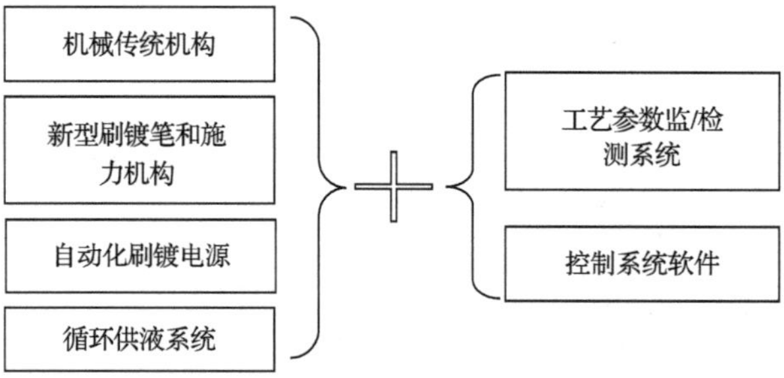

图 4.10　自动化纳米电刷镀机组成原理图

在实现自动化纳米电刷镀工艺过程的基础上，针对重载汽车发动机再制造生产需求，研发出了连杆自动化纳米电刷镀再制造连杆专机[图 4.11(a)]和发动机缸体自动化纳米电刷镀再制造专机[图 4.11(b)]，并已经在国家循环经济示范试点企业——济南复强动力有限公司的发动机再制造生产中成功应用。应用实践表明，自动化纳米电刷镀再制造生产工艺稳定，再制造零件的镀层质量稳定，大大降低了工人劳动强度，生产效率显著提高。连杆自动化纳米电刷镀再制造专机可以实现一次同时刷镀 6 件连杆，生产效率由手工刷镀时的 1 件/h 提高到 12 件/min。发动机缸体自动化纳米电刷镀再制造专机的应用解决了原来缸体无法原尺寸再制造的难题，创造了显著的经济效益和社会效益。

(a)　　(b)

扫码见彩图

图 4.11　自动化纳米电刷镀再制造专机

(a) 连杆专机；(b) 发动机缸体专机

4.2　化学镀技术

4.2.1　概述

化学镀(electroless plating，EP)技术是指在没有外电流通过的情况下，利用化学方法使溶液中的还原剂被氧化而释放自由电子，把金属离子还原为金属原子并沉积在基体表面而形成镀层的一种表面加工方法[3-6]。由于化学镀必须在具有自催化性能材料表面进行，美国材料试验协会又将化学镀称为自催化镀(autocatalytic plating)。对于化学镀镍来讲，我国国家标准《金属覆盖层 化学镀镍-磷合金镀层 规范和试验方法》(GB/T 13913—2008)中将其称为自催化镍磷镀层，化学镀 Ni-P 技术是制备金属基功能性镀层的一种表面改性方法。自从 Brenner 和 Riddel 于 20 世纪中期发现这种方法以来，化学镀 Ni-P 镀层因具有良好的硬度以及耐磨、耐蚀性能，已经被广泛地应用在化工、航空、车辆以及纺织工业中。

化学镀 Ni-P 镀层在很多工业环境中具有良好的耐蚀性。与电刷镀相比，化学镀 Ni-P 镀层具有更优的耐蚀性能。一般认为，高磷含量的镀层比低磷含量的镀层更耐腐蚀，但是，这一规律并不是在所有工况下都成立。作为一个经验法则，高磷含量的镀层具有非晶态结构，而非晶态结构由于不存在晶界而使得耐蚀性增强。另外，除了磷含量，还有其他几个影响耐蚀性的因素，如镀层厚度、多孔性、热处理类型等。化学镀 Ni-P 合金的耐蚀性及其耐蚀机理是近年来研究比较活跃的内容。大多数研究认为，化学镀 Ni-P 合金在溶液中具有优异耐蚀性是由于其表面形成了钝化膜。但是，由于化学镀 Ni-P 合金的多样性，难以用一种理论解释其钝化行为。研究化学镀 Ni-P 合金的腐蚀机理，对于改善化学镀 Ni-P 合金镀层的耐蚀性能以及将其应用于工业生产中具有重要的现实意义[7]。

目前，化学镀 Ni-P 镀层的主要应用在于使材料表层形成一层含有硬度高、耐磨性能优异、自润滑性能好的镀层。与电刷镀相比，化学镀 Ni-P 技术避免了边角效应，可以得到均匀镀层。在汽车、轻纺、饮食等行业，化学镀 Ni-P 技术被用于改善机械设备零部件的表面状态，以提高其表面硬度与耐磨耐蚀性能，取得了较好的应用效果[8]。

20 世纪 80 年代后期至 90 年代，化学镀 Ni-P 技术被引入化工行业，用于管壳式碳钢热交换器特别是高温热交换器的防腐蚀。这种技术的优势在于，在基材表面能够形成一定厚度且均匀连续的单相非晶态 Ni-P 镀层，这就对基材表面处理质量、化学镀的环境条件和工艺控制水平提出了较高的要求。例如，一旦镀层存在缺陷，如过薄或过厚，机械杂质或机械损伤导致镀层破坏，则难以修复，投用后如果在坏点形成强化性点蚀，则导致热交换器列管穿孔失效。另外，换热表面的润湿性对抗垢性能具有重要的影响。无论是从理论还是从应用的角度而言，在特定工艺下研究 Ni-P 镀层的微观结构对表面润湿性能的影响都尤为重要[9, 10]。

1. 化学镀原理[4]

化学镀技术的原理是：化学镀是一种不需要通电，依据氧化还原反应原理，利用强还原剂在含有金属离子的溶液中，将金属离子还原成金属并沉积在各种材料表面形成致密镀层的方法。化学镀常用溶液：化学镀银液、镀镍液、镀铜液、镀钴液、镀镍磷液、镀镍磷硼液等。目前以次亚磷酸盐为还原剂的化学镀镍的自催化沉积反应，已经提出的理论有“原子氢态理论”“氢化物理论”“电化学理论”等。在这几种理论中，得到广泛承认的是“原子氢态理论”。

2. 化学镀的特点

1) 硬度高，耐磨性好

化学镀镀层经热处理后硬度达 1100HV 以上，工模具镀膜后一般寿命提高 3 倍以上。高硬度带来较高的耐磨粒磨损、耐黏着磨损等性能。

2) 耐腐蚀性强

化学镀镀层在酸、碱、盐、氨和海水等介质中都具有很好的耐蚀性，其耐蚀性好于不锈钢，为化学镀镀层的应用提供更多应用场景。

3) 表面光洁、光亮

工件经化学镀镀膜后，表面光洁度不受影响，无需再加工和抛光，具有很强的尺寸稳定性和表面质量。

4) 可镀形状复杂

工件形状不受限制，不变形，可化学镀较深的盲孔和形状复杂的内腔。这是其他表面加工形式所不具备的特点。

5) 被镀材料广泛

可在模具钢、不锈钢、铜、铝、塑料、尼龙、玻璃、橡胶、木材等材料上进行化学镀。

3. 化学镀分类

1) 置换法

将还原性较强的金属(基材、待镀工件)放入一种氧化性较强的金属盐溶液中，还原性强的金属是还原剂，它的电子被溶液中金属离子接收后，在基体金属表面沉积出溶液中所含的那种金属离子的金属涂层。这种工艺又称为浸镀，应用范围不广，主要原因是基体金属溶解放出电子的过程是在基体表面进行的，该表面被溶液中析出的金属完全覆盖后，还原反应立刻停止，所以镀层很薄，镀层与基体结合力不佳。

2) 接触镀

将待镀金属工件与另一种辅助金属接触后浸入沉积金属盐的溶液中，辅助金属的电位应低于沉积出的金属。金属工件与辅助金属浸入溶液后构成原电池，后者活性强是阳极，被溶解放出电子，阴极(工件)上就沉积出溶液中金属离子还原出的金属层。接触镀与电刷镀相似，只不过前者的电流是靠化学反应供给，而后者是靠外电源。该方法虽然缺乏实际应用意义，但想在非催化活性基材上引发化学镀过程时可以应用。

3) 还原镀

还原镀是在溶液中添加还原剂，由它被氧化后提供的电子还原沉积出金属镀层。目前该方法是专指在具有催化能力的活性表面上沉积出金属涂层，由于施镀过程中沉积层仍具有自催化能力，使该工艺可以连续不断地沉积，形成一定厚度且有实用价值的金属涂层，该方法就是目前广泛采用的化学镀。

4.2.2　化学镀镍溶液

化学镀镍溶液的分类方法很多，按 pH 分有酸浴和碱浴两类，酸浴 pH 一般在 4～6、碱浴 pH 一般大于 8，除采用次磷酸盐作还原剂外，还可以采用硼氢化物及硼烷衍生物，前者得到 Ni-P 合金，后者得到 Ni-B 合金镀层。按温度分类有高温浴(85～92℃)、低温浴(60～70℃)，还有室温浴。低温镀浴是为了在塑料基材上施镀而发展的。按镀层中磷含量又可以分为高磷镀液，由于镀层的非晶结构使其耐蚀性能优良，又因其非磁性而广泛用于计算机工业中；中磷镀液是目前应用最广泛的化学镀镍，其特点是镀液沉积速度快、稳定性强、寿命长；用低磷镀液得到的镀层镀态硬度高、耐磨，特别耐碱腐蚀。近年来还开发了一些三元镍磷合金镀液。化学镀镍溶液由主盐镍盐、还原剂、络合剂、缓冲剂、稳定剂、加速剂、表面活性剂及光亮剂等组成[4,11,12]。

4.2.3　化学镀技术工艺

化学镀一般是指在无外加电源的情况下，利用镀液中的还原剂，使金属离子在基体表面的自催化作用下还原进行的金属沉积过程，也常常被称作自催化镀。由于镀层的质量主要取决于镀液成分和化学镀工艺条件，化学镀液溶液成分和工艺参数对化学镀工艺的稳定性以及镀层的质量显得尤为重要，如果溶液的配方或者配比不合适，将会对溶液的功效产生严重的影响，很难获得理想的镀层。

本书以 Ni-Cu-P-PTFE 为例介绍镀层的制备及相关性能[13,14]。

1. 镀前处理

基体试样的前处理主要是为了获得适合于化学镀的洁净的催化过渡表面，其重要性不亚于化学镀本身。本书制备 Ni-Cu-P-PTFE 复合镀层采用的前处理工艺主要包括基材打磨—水洗—碱洗除油—水洗—酸洗除锈—水洗—表面活化—水洗等环节。

1) 基材打磨

基体材料的表面光洁度不仅影响到镀层的平整度和致密度，还直接关系到基体与镀层的结合强度。对基材进行打磨是获得平整致密、结合强度优良的镀层的必要步骤，同时，还可以清除基体材料表面的部分油污。

2) 碱洗除油

碱洗除油法是利用碱溶液对皂化性油脂的皂化作用去除基体表面的油脂、污垢等，以减少对整个施镀过程的影响。碱洗除油液配方见表 4.10。

表 4.10　碱洗除油液配方

参数	试剂			
	NaOH	Na_2CO_3	Na_3PO_4	OP-10
浓度/(g/L)	20～30	20～25	35～40	4～6

3) 酸洗除锈

酸洗除锈的目的是去除基材表面的氧化膜和锈蚀，以提高基体与镀层的结合强度。

4) 表面活化

基体表面在空气中易生成一层氧化膜、钝化膜及残留的吸附物质，表面活化的目的是去除这一层膜，使基材表面受到轻微刻蚀而露出比较新鲜的结晶组织，从而可以保证得到与基体结合优良的镀层。

2. 镀液配制及施镀

表 4.11 给出了化学镀 Ni-Cu-P-PTFE 镀液的主要组成(所用试剂均为分析纯)及对应浓度。

表 4.11　化学镀 Ni-Cu-P-PTFE 镀液的主要组成

项目	试样 1	试样 2	试样 3	试样 4
$NiSO_4 \cdot 6H_2O$ 浓度/(g/L)	26	26	26	26
$CuSO_4 \cdot 5H_2O$ 浓度/(g/L)	0.8	0.8	0.8	0.8
$NaH_2PO_2 \cdot H_2O$ 浓度/(g/L)	30	30	30	30
$C_6H_5Na_3O_7 \cdot 2H_2O$ 浓度/(g/L)	45	45	45	45
PTFE 浓度/(mL/L)	4	8	12	16
FC-4 浓度/(g/L)	微量	微量	微量	微量

根据表 4.11 配制镀液，按照配制镀液的体积分别称取各试剂，用适量的去离子水将各试剂溶解，并严格按照一定的顺序混合，在混合溶液时要不停地充分搅拌，以避免出现肉眼看不到的镍的化合物。

3. 镀后处理

化学镀后处理的主要目的是提高镀层的耐腐蚀性能和保持镀层原有的特性。常见的镀后处理工艺包括除氢处理和钝化处理。

除氢处理是通过热处理的方式将渗透到镀层或金属基体中的氢驱除出来，以避免镀层产生针孔、鼓泡甚至脱落等不良缺陷。常用的方法是在一定温度下进行热处理，例如，镀锌构件通常在 220℃的恒温条件下保温 2h。镀层材料的处理温度和时间会对镀层的性能产生影响，因此需要针对具体的镀层选择最佳的处理参数。

钝化处理是在镀层上形成一层坚实致密的薄膜，以提高镀层的稳定性和耐腐蚀性。这通常通过化学或电化学方法在镀层表面形成一层保护膜，以阻挡腐蚀介质的侵入。

4.2.4　化学镀镀层性能

1. 镀层微观表面形貌

以 Ni-Cu-P-PTFE 镀层为例，采用美国 FEI 公司的 Quanta^{TM} 250 环境扫描电子显微镜(scanning electron microscope, SEM)研究镀层的微观形貌。在观察测试前，为消除镀层附着物的影响，可将制备的 4 种 Ni-Cu-P-PTFE 镀层放在盛有丙酮的烧杯中进行 3min 的超声波清洗。图 4.12 给出了 4 种 Ni-Cu-P-PTFE 镀层的微观表面形貌，图 4.12(a)、(b)、(c)、(d)对应的镀液中 PTFE 乳液浓度分别为 4mL/L、8mL/L、12mL/L、16mL/L。由图可以看出，这 4 种 Ni-Cu-P-PTFE 镀层表面均呈深灰色。与 Ni-Cu-P 三元镀层表面形貌不同，Ni-Cu-P-PTFE 镀层的表面相对光滑平整，看不清明显的胞状物凸起。同时看到，PTFE 粒子(黑色部分)在 4 种 Ni-Cu-P-PTFE 镀层中都呈均匀分布状态，颗粒大小为 0.1～0.6μm，无明显的团聚现象，这表明 PTFE 粒子在表面活性剂的作用下，分散状况良好。从图 4.12 还可以观察到，试样 3(PTFE 乳液浓度为 12mL/L)中的 PTFE 粒子数量明显多于其他的试样，而试样 1 中的 PTFE 粒子数量最少。

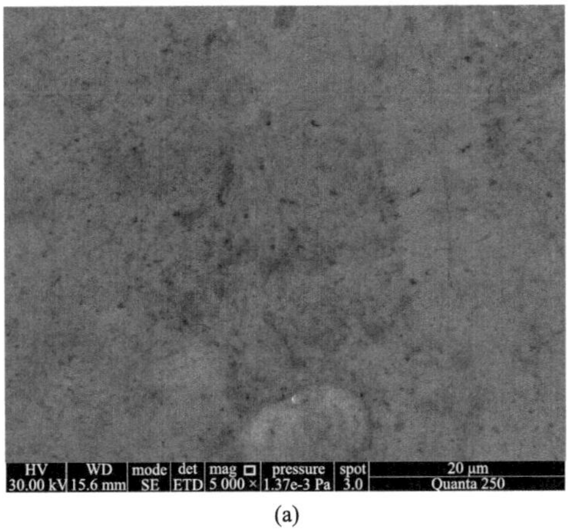

(a)

(b)

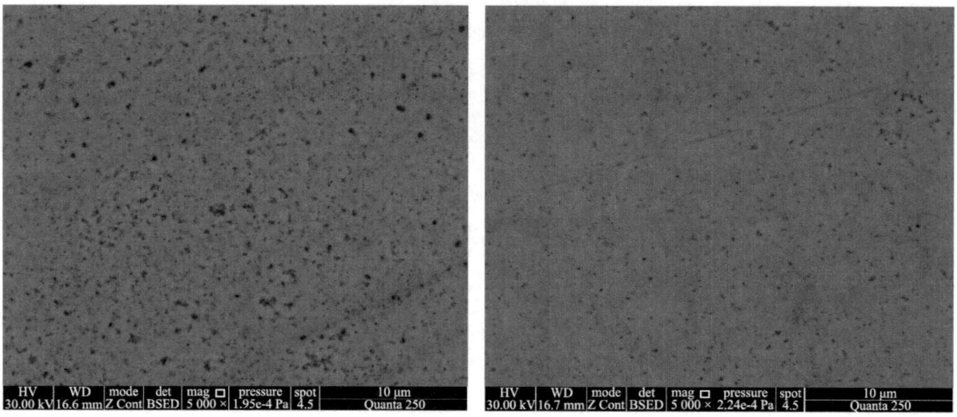

(c)　(d)

图 4.12　镀层的微观表面形貌

(a) 试样 1；(b) 试样 2；(c) 试样 3；(d) 试样 4

2. 镀层沉积速度

镀层的沉积速度影响镀层的厚度和均匀性，进而影响到镀件的耐磨性、耐蚀性、导电性和孔隙率等性能，因而在很大程度上影响镀层的可靠性和使用性能。同时，镀层的厚度主要取决于沉积速度、沉积时间和镀液的老化程度。由此可见，在镀液寿命足够、施镀时间确定的情况下，了解镀层沉积速度是十分必要的。

关于镀层沉积速度的测量，常用的方法有增重法和增厚法，增重法的原理是计算单位时间内单位面积上的增重量，以此来衡量化学镀的沉积速度。计算公式如式(4-1)：

$$v_1 = \frac{m_a - m_b}{A \times t} \tag{4-1}$$

式中，v_1 为沉积速度，g/(m^2·min)；m_a 为镀前质量，g；m_b 为镀后质量，g；A 为试样表面积，m^2；t 为施镀时间，min。

增厚法的原理是计算基体表面单位时间的增厚量，以此来衡量化学镀的沉积速度。增厚法的实质是测量镀层的厚度。其基本测量原理是将微小载荷施加至金刚石压头上，使得金刚石压头刚刚接触到镀层试样表面，试样以 1mm/s 的速度以匀速直线运动从已镀覆试样表面通过未镀覆试样表面，通过位移传感器获得压头的微小波动，传入计算机，并经 A/D 处理得到镀层和基体的落差曲线，即可得到镀层厚度 Δh，镀层的沉积速度就可以用公式(4-2)来计算：

$$v_2 = \frac{\Delta h}{t} \tag{4-2}$$

式中，v_2 为沉积速度，μm/h；t 为施镀时间，h。

3. 显微硬度

镀层的硬度一般是指镀层材料对外力引起表面局部变形的抵抗能力。由于硬度与镀层其他力学性能之间存在着一定的经验关系，因此，它是衡量镀层力学性能的一项重要指标，同时也是影响镀层耐磨性的关键因素之一。硬度的测量方法有很多，通常在表面改性技术中，测定镀层的硬度大多采用压入法，分为洛氏硬度法、布氏硬度法和维氏硬度法 3 种。

以 Ni-Cu-P-PTFE 镀层为例，使用 MH-6 型数显维氏硬度计来对镀层的硬度进行测定。其测试方法为：将带有相对面夹角为 136°的金刚石菱形棱锥体压头压入 Ni-Cu-P-PTFE 镀层表面，通过光学显微镜放大 400 倍后，对压痕进行观察测量，再根据测得的压痕对角线长度，代入维氏硬度计算公式[式(4-3)]计算出 Ni-Cu-P-PTFE 镀层的硬度值：

$$HV = 2P\sin(\alpha/2)/d^2 \tag{4-3}$$

式中，HV 为维氏硬度值，kg/mm^2；P 为载荷，kg；α 取值为 136°；d 为压痕的对角线长度，mm。

试验时，加载载荷为 50g，即 490.3mN，保持时间为 5s，加载速度为 50mm/min，加载方式为自动加载及卸载。每个 Ni-Cu-P-PTFE 镀层表面随机取 5 个不同位置处进行压痕，从系统中记下每次的硬度值，取 5 次硬度值的算术平均值作为 Ni-Cu-P-PTFE 镀层的硬度值。

4. 耐腐蚀性

腐蚀是材料失效的三大主要形式之一，按照材料与接触介质作用机理的不同，腐蚀可分为化学腐蚀和电化学腐蚀两大类。这两类腐蚀现象往往会造成重大经济损失、人员伤亡和环境污染等严重后果。众所周知，换热设备换热面上污垢的黏附不仅会降低换热面上的传热系数，还会引起换热面局部缺氧，形成氧的浓差电池，从而引起所谓的“垢下腐蚀”，甚至是“穿孔”，造成安全隐患。综上可知，加强换热面防腐意义重大。在材料表面沉积 Ni-Cu-P 非晶态镀层已经被证明是一种十分有效的防腐手段。

5. 表面自由能

自由能是指在一定的温度与压力下生成新的单位固体面积所引起的体系吉布斯自由能的增加量。作为固体材料表面的一个重要特征，表面自由能是材料表面结构性质以及材料表面固液界面分子间相互作用等微观特征的宏观表现，一般认为它对材料表面污垢的沉积速度有着重要影响。当固体表面浸入液体溶液中时，固体表面中的原子或分子将会与溶液中的原子或分子产生相互作用，而固液间的化学性质决定其作用力类型。传统的研究认为，固体的表面自由能值越小，其表面上沉积物表现出的作用力就越小。

1)表面自由能计算理论

表面自由能的大小不能直接测量，而需通过测量固体表面的接触角，借助相应关系方程简化后求解固体表面自由能的值。如图 4.13 所示，接触角 θ 是指滴在固体表面的液滴在达到平衡状态时，在固、液、气三相交汇点处所作的液滴切线与固液界面间的夹角。接触角 θ 一般服从杨氏(Young)方程，如式(4-4)所示：

$$\gamma_{\mathrm{S}}-\gamma_{\mathrm{SL}}-\pi^{0}=\gamma_{\mathrm{L}}\cos\theta \tag{4-4}$$

式中，γ_{S} 为固体的表面自由能，MJ/m^2；γ_{SL} 为固液界面相互作用自由能，MJ/m^2；π^0 为固体表面膜压能，MJ/m^2；γ_{L} 为实验所采用的探测液体表面张力，mN/m。

对于低能表面，镀层表面膜压能 π^0 可以忽略，Young 方程就可以简化为式(4-5)：

$$\gamma_{\mathrm{S}}-\gamma_{\mathrm{SL}}=\gamma_{\mathrm{L}}\cos\theta \tag{4-5}$$

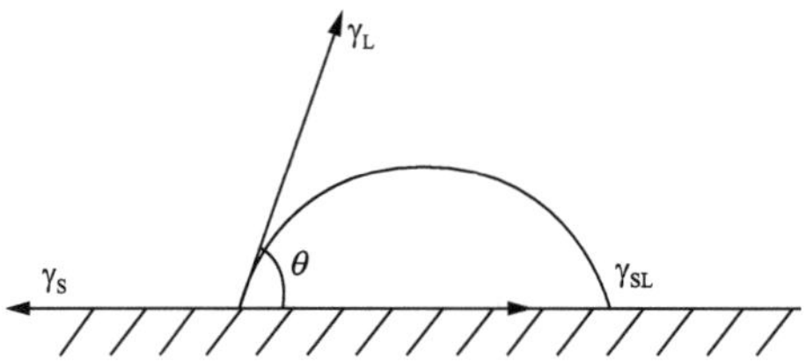

图 4.13 接触角示意图

从酸碱作用角度分析，固体和液体表面能还包括利夫希兹-范德瓦耳斯(Lifshitz-van der Waals)分量和路易斯(Lewis)酸碱分量。Lewis 酸碱分量又可进一步分为酸分量和碱分量。因此，固体和液体的表面能(γ_i)可以用式(4-6)来表示：

$$\gamma_i=\gamma_i^{\mathrm{LW}}+\gamma_i^{\mathrm{AB}}=\gamma_i^{\mathrm{LW}}+2\sqrt{\gamma_i^{+}\gamma_i^{-}} \tag{4-6}$$

式中，γ_i^{LW} 为固体和液体表面能的 Lifshitz-van dcr Waals 分量，MJ/m^2；γ_i^{AB} 为固体和液体表面能的 Lewis 酸碱分量，MJ/m^2；γ_i^{+} 和 γ_i^{-} 分别为固体和液体表面能的 Lewis 酸碱分量，MJ/m^2。

固液界面相互作用自由能和固体与液体的表面自由能关系可表示为式(4-7)：

$$\gamma_{\mathrm{SL}}=(\sqrt{\gamma_{\mathrm{S}}^{\mathrm{LW}}}-\sqrt{\gamma_{\mathrm{L}}^{\mathrm{LW}}})^2+2(\sqrt{\gamma_{\mathrm{S}}^{+}\gamma_{\mathrm{S}}^{-}}+\sqrt{\gamma_{\mathrm{L}}^{+}\gamma_{\mathrm{L}}^{-}}-\sqrt{\gamma_{\mathrm{S}}^{-}\gamma_{\mathrm{L}}^{+}}-\sqrt{\gamma_{\mathrm{S}}^{+}\gamma_{\mathrm{L}}^{-}}) \tag{4-7}$$

将式(4-6)和式(4-7)代入式(4-5)，得到固体和液体表面能与二者之间接触角的关系式为式(4-8)：

$$(1-\cos\theta)(\gamma_{\mathrm{L}}^{\mathrm{LW}}+2\sqrt{\gamma_{\mathrm{L}}^{+}\gamma_{\mathrm{L}}^{-}})=2(\sqrt{\gamma_{\mathrm{S}}^{\mathrm{LW}}\gamma_{\mathrm{L}}^{\mathrm{LW}}}+\sqrt{\gamma_{\mathrm{S}}^{-}\gamma_{\mathrm{L}}^{+}}) \tag{4-8}$$

式(4-7)中有 $\gamma_{\mathrm{S}}^{\mathrm{LW}}$、$\gamma_{\mathrm{S}}^{+}$、$\gamma_{\mathrm{S}}^{-}$ 三个未知量，因此，通过测量固体表面与已知 $\gamma_{\mathrm{L}}^{\mathrm{LW}}$、$\gamma_{\mathrm{L}}^{+}$ 和 γ_{L}^{-} 的三种液体间的接触角就可以得到固体表面能值。

2)表面自由能测试方法

以 Ni-Cu-P-PTFE 为例，本节首先采用 DSA100 光学接触角测量仪测量出 4 种 PTFE 粒子含量不同的 Ni-Cu-P-PTFE 镀层的接触角。在接触角测试试验前，要将 Ni-Cu-P-PTFE 镀层放入盛有酒精或丙酮的烧杯中进行 2min 的超声波清洗并吹干，以保证镀层表面的清洁度。同时，为保证试验测量的准确性，在测试过程中手指不得接触 Ni-Cu-P-PTFE 镀层待测表面。测量时，Ni-Cu-P-PTFE 镀层要求平稳地放在样品台上，选择合适的针头将液体在距离镀层表面 3～5mm 处垂直滴到镀层表面形成座滴。待液滴稳定后，再选取基线进行接触角的测量，每次测量时间不得超过 1min。4 种 Ni-Cu-P-PTFE 镀层表面均随机取 5 处不同区域进行接触角测量，并取 5 次接触角的平均值作为液体在该镀层表面的接触角。获得各镀层的接触角 θ 后，按照式(4-7)就可以计算得到各镀层的表面自由能。其中，试验使用的检测液体为蒸馏水、乙二醇和二碘甲烷，其表面参数见表 4.12。

表 4.12　检测液体的表面参数

检测液体	γ_L	γ_L^{LW}	γ_L^+	γ_L^-
蒸馏水	72.8	21.8	25.5	25.5
乙二醇	48.0	29.0	1.92	47.0
二碘甲烷	50.8	50.8	0	0

6. 抗垢性能

析晶污垢是换热器表面中常见的污垢类型。由于冷却水中存在着多种无机盐，其中的一些负溶解性盐(如 $CaCO_3$)的溶解度会随着温度的升高而下降。因此，在换热设备换热表面，当温度高于这些负溶解性盐的溶解度时，这些微溶性盐易于达到饱和状态而从水中析出晶体并沉积在换热表面。一般情况下，析晶污垢的形成需要一定的时间，要研究镀层的抗垢性能需要长时间的检测。图 4.14 为污垢沉积试验装置图。

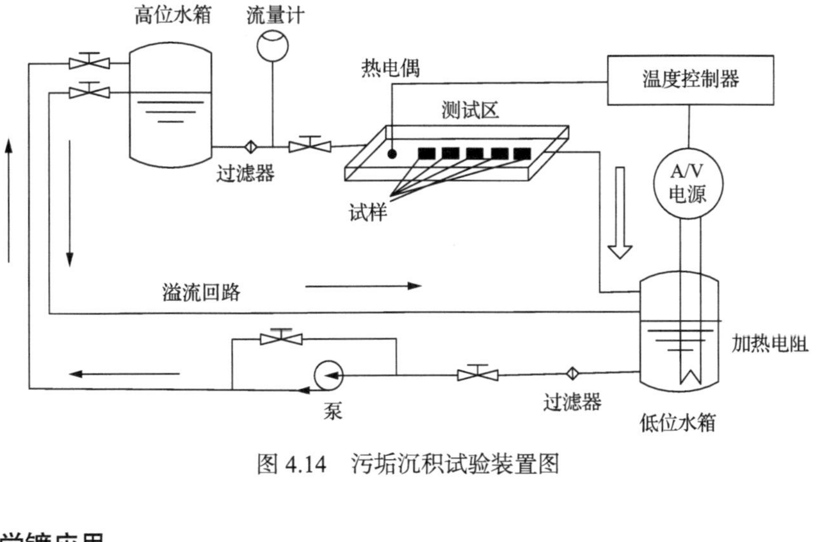

图 4.14　污垢沉积试验装置图

4.2.5　化学镀应用

化学镀的特性，使其在工业中获得了广泛的应用，特别是电子工业的迅速发展，为化学镀开拓了广阔的市场。

1. 化学镀镍的工业应用

由于化学镀镍层具有优秀的均匀性，以及良好的硬度、耐磨性和耐蚀性等综合物理化学性能，该项技术已经得到广泛应用，目前几乎难以找到一个行业不采用化学镀镍技术。世界工业化国家化学镀镍的应用经历了 20 世纪 80 年代空前的发展，平均年净增速率高达 10%～15%；预计化学镀镍的应用将会持续发展，平均年净增速率将降低至 6%左右，继而进入发展成熟期。在经济蓬勃发展的东亚和东南亚地区，化学镀的应用正处在上升阶段，预期仍将保持空前的发展速度。

2. 工程应用探索

对于二元 Ni-P 镀层在工业上防垢方面的应用，中国矿业大学装备节能与再制造研究所也进行了初步的探索。图 4.15 为二元 Ni-P 镀层管作为吹灰器在山西某煤矿热电厂进行腐蚀污垢现场试验的效果图。为方便进行比较，图 4.15(a)、(b)左边第一根管均为没有镀层的吹灰器。由图可以看出，无镀层的吹灰器由于污垢的黏附而导致吹灰器表面温度过高，在使用 3 个月后过早地出现了破坏，而其余三根带有镀层的吹灰器则均显示了良好的抗腐蚀污垢的性能。

(a)

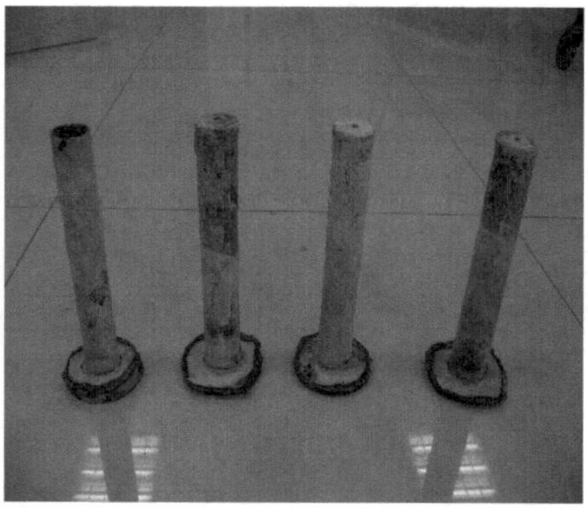

(b)

图 4.15　腐蚀污垢对加热套管的影响

(a)使用前的加热套管；(b)使用 3 个月后的加热套管

参 考 文 献

[1] 徐滨士. 再制造与循环经济[M]. 北京: 科学出版社, 2007.

[2] 马世宁. 纳米电刷镀修复技术[J]. 中国修船, 2003, 4: 41-44.

[3] 宾胜武. 刷镀技术[M]. 北京: 化学工业出版社, 2003.

[4] 姜晓霞, 沈伟. 化学镀理论及实践[M]. 北京: 国防工业出版社, 2006.

[5] 杨惠英, 王玉坤. 现代化学镀技术[M]. 北京: 清华大学出版社, 2024.

[6] 吴玉程. 现代化学镀技术[M]. 北京: 机械工业出版社, 2022.

[7] 胡文彬, 刘磊, 仵亚婷. 难镀基材的化学镀镍技术[M]. 北京: 化学工业出版社, 2003.

[8] 李宁, 袁国伟, 黎德育. 化学镀镍合金理论与技术[M]. 哈尔滨: 哈尔滨工业大学出版社, 2000.

[9] 胡信国. 化学镀镍的发展前景[J]. 电镀与精饰, 1995, 17(3): 3.

[10] 陈加福. 化学镀技术 1000 问[M]. 北京: 机械工业出版社, 2015.
[11] 李东光. 化学镀液配方与制备[M]. 北京: 化学工业出版社, 2017.
[12] 李宁. 化学镀实用技术[M]. 北京: 化学工业出版社, 2004.
[13] 程延海. 热交换器防垢理论与方法[M]. 北京: 科学出版社, 2013.
[14] 陈衡阳. Ni-Cu-P-PTFE 防垢镀层制备及性能研究[D]. 徐州: 中国矿业大学, 2014.

第5章　再制造表面覆层技术

金属表面覆层技术是指采用大功率密度的能量束对金属表面进行表面处理，在材料的表面形成一定厚度的处理层，从而改变材料表面的结构，获得理想的性能。本章主要介绍喷涂、堆焊和激光熔覆技术的基本原理、工艺流程、覆层材料、加工设备及技术应用。表面覆层技术可以显著提高材料的硬度、强度、耐磨性、耐蚀性等一系列性能，从而大大地延长产品的使用寿命并降低成本。金属表面覆层技术在再制造工程应用中显示出独特的优越性，在工业生产上得到了广泛的应用。

5.1　喷 涂 技 术

5.1.1　概述

喷涂(spraying)技术是通过喷枪或碟式雾化器，借助于压力或离心力，将喷涂材料分散成均匀而微细的雾滴，施涂于被涂物表面的涂装方法。喷涂技术可分为空气喷涂、无空气喷涂、静电喷涂以及上述基本喷涂形式的各种派生的方式，如大流量低压力雾化喷涂、热喷涂、自动喷涂、多组喷涂等。

1. 喷涂技术的发展

喷涂技术最早出现在20世纪早期的瑞士，主要以热喷涂技术为主，随后在苏联、德国、日本、美国等国得到了不断的发展。各种热喷涂设备的研制、新的热喷涂材料的开发及新技术的应用，使喷涂涂层质量不断提高并开拓了新的应用领域。在传统的热喷涂过程中，喷涂材料受不同形式的热源加热后形成熔融或半熔融状态，以一定的速度撞击基体后，在基体表面沉积并形成涂层[1]。由于在这一过程中，喷涂材料始终暴露于高温条件下，因此，不可避免地会发生氧化、相变、元素损失等现象，这将严重影响涂层的性能及致密度，使得对某些特殊材料的涂层制备无法通过热喷涂来实现[2]。

国内的热喷涂技术发展始于20世纪40年代左右，首次实际应用是上海瑞法喷涂机器厂应用电弧线材喷涂修复坦克内燃机的曲轴。70年代，我国热喷涂技术步入迅速发展期，相继研制了一系列先进的热喷涂设备。目前，国内热喷涂产业已经有了较完整的技术体系，建立了全国金属与非金属覆盖层标准化技术委员会和中国表面工程协会热喷涂分会。热喷涂技术作为表面工程的重要组成部分，被列入中国“十一五”规划和2020年远景规划中要大力发展的先进制造技术。因为热喷涂技术可以喷涂金属及合金、陶瓷、塑料及非金属等大多数固态工程材料，所以能制成具备各种性能的功能涂层，并且施工灵活，适应性强，应用面广，经济效益突出，尤其在提高产品质量、延长产品寿命、改进产品结构、节约能源、节约贵重金属材料、提高工效、降低成本等方面都有着重要作用。随着工业和科技的发展，人们对热喷涂技术提出了越来越高的要求，已有的热喷涂工艺不断得到改进，一些新的工艺也应运而生[3]。

2. 喷涂技术的分类和原理

1) 热喷涂技术

热喷涂(thermal spraying，TS)技术是利用热源将喷涂材料加热熔融或软化，依靠热源自身或外加的压缩气流，将熔滴雾化或推动熔滴形成喷射的粒束，以一定的速度喷射到经过预热处理的工件表面，从而形成有一定特殊性能的牢固涂层的加工方法[4,5]。热喷涂时，首先将喷涂材料加热熔化形成熔滴，接着对熔滴进行雾化，然后是熔融或软化的颗粒向前喷射，在飞行过程中，颗粒先被加速，而后随着飞行距离的增加而减速，最后颗粒凝固沉积，快速冷却[6]。这些基本过程，根据热喷涂工艺和设备的不同而有差别。影响涂层的组织、性能和缺陷等的因素有很多，主要包括在这些过程中粒子的温度、飞行速度和材料种类、凝固程度以及热源种类、喷枪结构和送粉方式等。其中，影响较大的参数是加热温度、飞行速度、凝固程度以及喷涂保护气体。当这些具有一定温度和速度的粒束接触基材表面时，以一定的动能冲击基材表面，不断地产生强烈的碰撞。在产生碰撞的瞬间，粒束的动能转化成热能传给基材，并沿凹凸不平的表面产生变形，变形的颗粒迅速冷凝并发生收缩，呈扁平状黏结在基材表面。喷涂的粒子束接连不断地冲击基材表面，重复“碰撞—变形—冷凝收缩”的过程，变形颗粒与基材表面之间以及颗粒与颗粒之间互相交错地黏结在一起，从而形成涂层，其基本过程如图 5.1 所示。

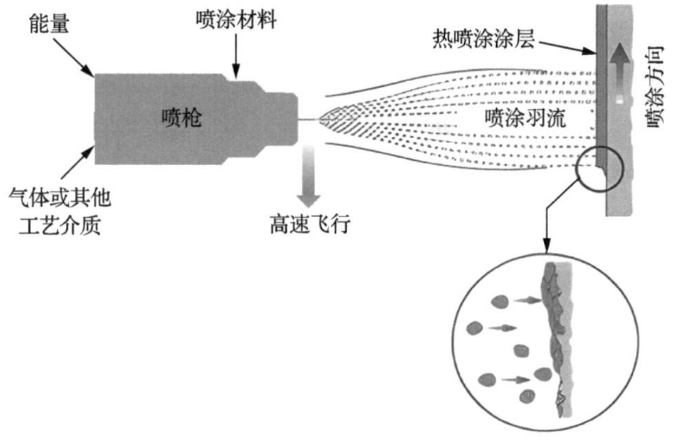

图 5.1　热喷涂层形成过程示意图

2) 火焰喷涂技术

火焰喷涂(flame spraying，FS)又称为燃烧法喷涂，其原理如图 5.2 所示。火焰喷涂时，利用火焰为热源，将金属与非金属材料加热到熔融状态，在高速气流的推动下形成雾流，喷射到基体上，喷射的微小熔融颗粒撞击在基体上时产生塑性变形，成为片状叠加沉积涂层的一种热喷涂方法。按喷涂焰流的形态又可分为普通火焰喷涂、超音速火焰喷涂、气体爆燃式喷涂等。常用的火焰工作气体是氧和乙炔的混合气体，通过二者不同比例的组合，火焰温度可以达到 3000～3500K，焰流速度在 80～100m/s 范围内。工作气体的流量和压力跟喷枪的类型有关[1]。由图 5.2 可知，火焰喷涂轴向喷出包括 3 部分：氧-乙炔混合气、送粉气和喷涂粉末。氧-乙炔混合气在喷嘴口处燃烧，喷涂粉末在此高温熔化，最后随着送粉气喷涂到基材表面，形成喷涂层[7]。

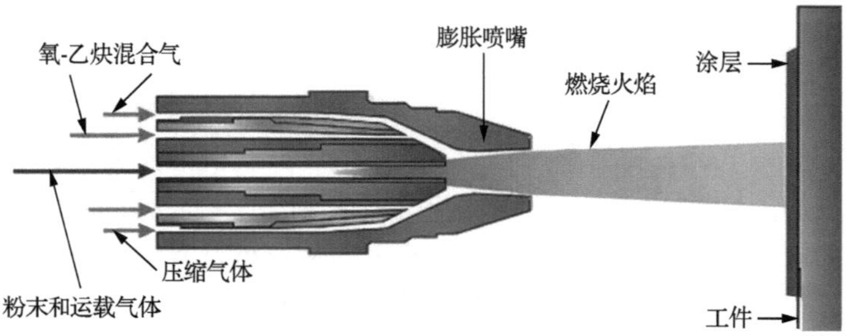

图 5.2　火焰喷涂的原理

3) 电弧喷涂技术

电弧喷涂(arc spraying，AS)是利用两根形成涂层材料的消耗性电极之间产生的电弧为热源，将消耗性电极丝顶端加热熔化，在压缩空气气流的作用下，熔融的金属喷涂丝料喷射并雾化，并且喷射到经预处理的基体表面而形成涂层的热喷涂工艺方法。

高速电弧喷涂(high velocity arc spraying，HVAS)是在普通电弧喷涂的基础上，通过优化喷涂枪的设计，将喷涂粒子的速度提高到亚音速以上，同时，改变喷涂粒子的雾化效果，提高涂层质量的电弧喷涂技术。如果喷涂粒子的速度提高到音速以上，就是超音速电弧喷涂[4]。

电弧喷涂的基本原理如图 5.3 所示。整个过程包括起弧、熔化、雾化、加速、喷射、沉积等阶段。喷涂材料是两根金属丝，由送丝装置通过送丝轮连续均匀地分别送进喷枪中的两个导电嘴内的。另外，两金属丝的端部会形成一定的角度，导电嘴分别接电源的正负极，并保证在两丝未接触前有可靠的绝缘。在喷涂过程中，两金属丝在送进端部接触的瞬间发生短路并且产生电弧，之后，控制送丝机构的速度，电弧便会稳定地运行[4]。

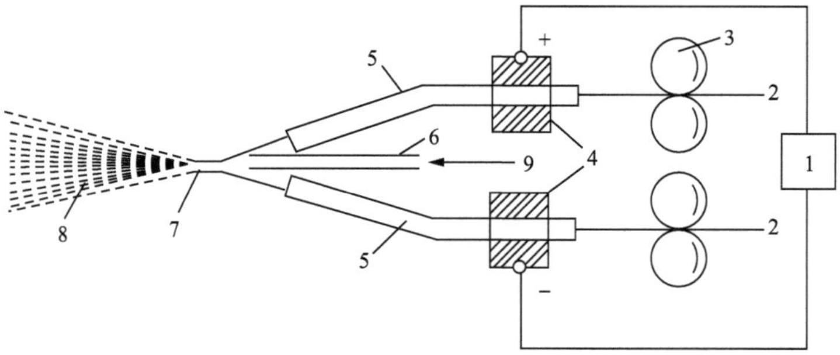

图 5.3　电弧喷涂原理图

1.直流电源；2.金属丝；3.送丝滚轮；4.导电块；5.导电嘴；6.空气喷嘴；7.电弧；8.喷涂射流；9.压缩空气

4) 等离子喷涂技术

等离子弧热喷焊(plasma arc thermal spraying，PATS)技术是 20 世纪 60 年代出现的一种表面防护与强化的热喷焊技术，是表面强化领域的技术。它是以等离子弧为热源，以一定成分的合金粉末作为填充金属的特种粉末喷焊工艺，具有施工效率高、喷焊材料范围广、成本低等优点，因此，近年来其技术和生产应用发展很快，现已广泛应用于航空、石化、机械等领域[8]。

等离子喷涂工艺原理示意图如图 5.4 所示。等离子喷涂技术是采用由直流电驱动的等离子电弧作为热源，将陶瓷、合金、金属等材料加热到熔融或半熔融状态，并以高速喷向经过预处理的工件表面而形成附着牢固表面层的方法[9]。首先，使用高频电压引燃非转移型等离子弧；其次，通过非转移弧引燃转移型等离子弧，转移型等离子弧作为主要能源，作用在基体材料的表面，并会在基体材料的表面形成熔池，喷焊粉末经过等离子弧焰流的作用，以熔融或半熔融态被高速喷射到熔池内，发生充分的熔化；最后，凝固结晶形成喷焊层[10]。

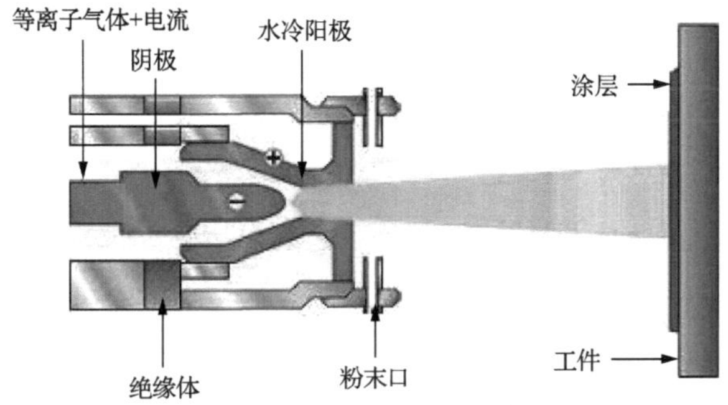

图 5.4　等离子喷涂工艺原理示意图

5）冷喷涂

冷喷涂(cold spraying)，又称冷空气动力学喷涂法(cold gas dynamic spraying method)，是近些年来发展起来的一种新型喷涂工艺。冷喷涂技术是在气体动力学原理的基础上开发出的一种新型喷涂技术，喷涂粒子经高压载气直接或经加热器预热后进入缩放的拉瓦尔喷嘴，在喷嘴内加速后形成超音速气流，粉末粒子通过送粉气体进入送粉装置内，直接或经适当的预热后沿轴向送入气流中，在气流的加速作用下，以较高的速度撞击基体，最终，大量的粒子沉积在基体表面形成冷喷涂涂层。图 5.5 为典型的冷喷涂系统工

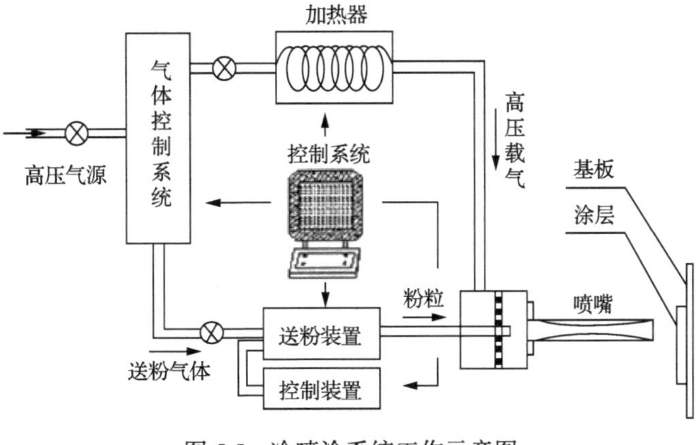

图 5.5　冷喷涂系统工作示意图

作示意图[2]。

冷喷涂技术在涂层形成机理上与传统的热喷涂技术有着本质的不同，其涂层的沉积主要是通过粒子的动能向塑性变形能的转变而实现的[2]。20 世纪 80 年代中期，苏联科学院在利用示踪粒子进行超音速风洞试验时发现，当粒子的速度超过某一临界速度时，示踪粒子对靶材表面的作用从冲蚀转变为加速沉积，由此，在 1990 年提出了冷喷涂的概念。2000 年，在加拿大召开的国际热喷涂会议上，组织了专门的冷喷涂讨论会，由此，冷喷涂在国际上引起了广泛的关注。近年来，美国与德国一部分研究机构也开展了冷喷涂技术的相关研究[5]。

图 5.6 为冷喷涂系统中常用的拉瓦尔喷嘴的结构示意图。从图中可以看到，冷喷涂系统中的喷嘴主要由预热室、喷嘴收缩段及喷嘴扩张段组成。高压气体经进气口进入预热室，在预热室内预热后进入喷嘴的收缩段，经过缩放喷嘴的充分加速后，气流的速度在喷嘴出口处达到超音速，最终，气流高速撞击到基体表面形成冲击射流。粉末粒子通过送粉装置直接送入喷嘴的收缩段内，在高速气流的拖拽下，以较高的速度撞击基体表面。在送粉过程中，为保证送粉的稳定性，送粉气流的压力必须高于喷嘴收缩段内的气流压力。另外，喷嘴入口处布置的测温、测压装置可以帮助操作人员准确地掌握气流的进口条件。

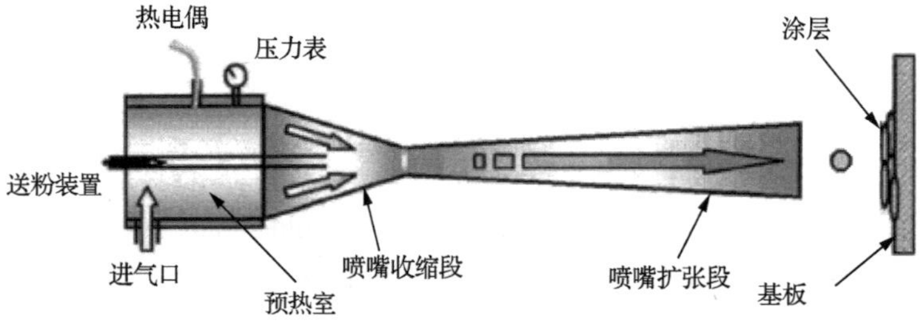

图 5.6　冷喷涂系统中拉瓦尔喷嘴的结构示意图

3. 喷涂技术的特点

自产生以来，热喷涂技术已被广泛应用，尤其是 20 世纪 80 年代以来，热喷涂技术的应用取得了很大的发展。表 5.1 给出了三种热喷涂方法及其技术特性[11-13]，与其他各种表面技术相比，热喷涂技术有其自身的特点：

(1) 喷涂材料的选用范围广泛，几乎包括所有的金属、合金、陶瓷以及塑料等有机高分子材料。

(2) 涂层的功能多，包括耐磨损、耐腐蚀、耐高温、抗氧化、隔热、导电、绝缘、密封、润滑等。

(3) 适用于各种基体材料，如金属、陶瓷、玻璃等无机材料和塑料、木材、纸等有机材料。

(4) 被处理零件变形小，涂层厚度容易控制，涂层中存在一定孔隙。

(5) 涂层与基体的结合机理主要为机械结合。

表 5.1　三种热喷涂方法及技术特性

喷涂方法	类型	温度 T/℃	粒子速度 v/(m/s)	力源	喷涂材料	参与气体	喷量 Q/(kg/h)	结合强度 P/MPa	孔隙率 δ/%
火焰喷涂	丝喷	3000	80～120	压缩空气	金属、复合材料、塑料丝		2.5～3.0	10～20	5～10
	瓷棒	3000	150～240	压缩空气	陶瓷棒	燃气+氧气	0.5～1.0	5～10	2～8
	粉末	3000	30～90	焰流	金属、陶瓷、复合材料粉	乙炔气、氢气、其他	3.5～10.0	10～20	5～20
	爆炸	3000	700～1000	气流	金属、陶瓷、复合材料粉	燃气+压缩空气	—	>70	<1
	高速	3000	1000～1400	气流	金属、陶瓷、硬质合金粉		20～30	>70	<1
电弧喷涂	丝喷	4000	100～200	压缩空气	金属、药芯丝	压缩空气	10～35	10～30	5～15
	高速	5000	200～400	压缩空气	金属、药芯丝		10～38	20～60	<2
等离子喷涂	粉末	12000	300～350	等离子焰流	金属、陶瓷、硬质合金粉	离子气氩、氮、氢	3.5～10	30～60	3～6
	低压	—	—	等离子焰流	金属、陶瓷、硬质合金粉		—	>60	<1
	高速	18000	3600	等离子焰流	金属、陶瓷、硬质合金粉		—	40～80	<1

但是，作为一种表面处理技术，它也存在许多不足之处，主要体现在涂层中存在孔隙和夹杂；涂层和基体的结合强度较低；热效率低，能耗和成本较高；对于形状复杂的工件和凹陷部位不易获得均匀的理想涂层。

由于传统热喷涂存在一定的缺陷，而随之产生的冷喷涂正好弥补了传统热喷涂的某些缺陷。冷喷涂以高压气体为动力，可以实现低温下的涂层沉积。冷喷涂与传统的热喷涂工艺在喷涂过程中的差别，决定了冷喷涂具有以下技术特点：温度低，对基体的热影响小；沉积率高，经济性好，设备相对简单；可以制备复合涂层；形成的涂层承受压应力；涂层孔隙率低；具有较高的结合力[14]。

此外，由于等离子喷焊其弧焰流具有极高的温度和能量，基本可以熔化任何粉末材料，特别是一些高熔点的陶瓷材料；粉末的利用率高，能够节约生产成本；等离子喷焊层与基体之间结合强度高，并且具有较低的稀释率；喷焊层的宽度和高度可以控制；喷焊层具有光滑平整、宽度均匀的表面；将计算机系统与喷焊设备结合，可以实现自动化操作等优点，所以等离子喷焊也比传统热喷焊具有更好的应用前景[10]。

5.1.2 喷涂工艺流程及特点

1. 工艺流程

喷涂生产主要包括四个基本工序：工件表面预处理、预热、喷涂、涂层后续处理。热喷涂层形成过程如图 5.7 所示。

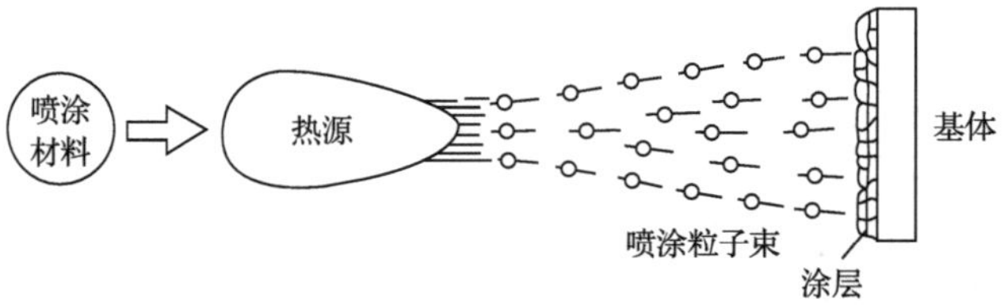

图 5.7 热喷涂层形成过程示意图

1) 工件表面预处理

为了使涂层和基体可以满足喷涂工艺需求，必须在喷涂前对基材表面进行预加工。一般在喷涂之前需要对工件进行车削或磨削等表面预加工，从而可以保证基体表面和工件喷涂后的尺寸精度。为了除去工件表面的污物，需要进行净化处理，同时还要进行粗化处理以保证涂层和基体间的接触面足够大，从而增大涂层和基体之间的结合力，最后需要对底层进行黏结。

2) 预热

预热是为了消除工件和基体表面的水分，使表面干燥，同时也可以减少基材与涂层材料的热膨胀差异造成的残余应力，从而有利于提高基体与涂层材料的结合强度。

3) 喷涂

喷涂是整个喷涂工艺中最关键的工序。喷涂工艺主要是选择喷涂方法和确定喷涂参数。喷涂方法有许多种，选取的依据主要是喷涂材料、工件的工况以及对涂层质量的要求。为了获得较高质量的涂层并尽量提高喷涂效率，应该正确选择和优化喷涂的条件，这就需要视涂层的材料、喷枪的性能以及工件的具体情况而定。

4) 涂层后续处理

一些涂层在完成喷涂后不能直接使用，需要各种后续的处理，主要有对防腐蚀的涂层进行封孔处理，防止腐蚀介质渗入腐蚀基体。对于某些有尺寸精度要求的涂层，需要进行适当的机械加工。另外，还有一些工件在喷涂后需要进行烘干处理等。

2. 工艺特点

热喷涂技术在应用上已由制备装饰性涂层发展为制备各种功能性涂层，如耐磨、抗氧化、隔热、导电、绝缘、减摩、润滑、防辐射等涂层，着眼于改善表面的材质，这比起整体提高材质要经济得多，广泛应用于修复和制造。由于涂层材料优异，用其再制造后零件的寿命不仅达到了新产品的寿命要求，还对产品质量起到了改善作用，因此，在新产品设计时就应考虑到应用热喷涂这一表面工程技术。表 5.2 和表 5.3 分别列出了热喷涂工艺的特点及其与其他方法的比较。

表 5.2　热喷涂工艺特点

参数	等离子喷涂法	火焰喷涂法	电弧喷涂法	气体爆燃式喷涂法
冲击速度/(m/s)	400	150	200	1500
近似温度值/℃	12000	3000	5000	4000
典型涂层孔隙率/%	1～10	10～15	10～15	1～2
典型涂层结合强度/MPa	30～70	5～10	10～20	80～100
优点	孔隙率低，结合性好，多用途，基材温度低，污染少	设备简单，工艺灵活	成本低，效率高，污染低，基材温度低	孔隙率非常低，结合性极佳，基材温度低
缺点	成本较高	通常孔隙率高，结合性差，对工件要加热	只应用于导电喷涂材料，通常孔隙率较高	成本高，效率低

表 5.3　常用表面处理技术的比较

参数	热喷涂法	焊接法	电镀法
尺寸	手工操作时无限制，否则受装置的限制	无限制	受电镀槽尺寸的限制
几何形状	通常只适用于简单形状	对小孔有困难	范围很广
零件的材料	几乎不受限制	金属	导电物
表面材料	几乎不受限制	金属	金属、简单合金
厚度/mm	1～25	≤25	≤1
孔隙率	1%～15%	通常无	通常无
结合强度	一般	高	良好
热输入	低	通常很高	无
预处理	喷砂	机械清洁	化学清洁和刻蚀
后处理	通常不需要	消除应力	消除应力和脆性
公差	相当好	差	良好
可达到的表面光洁度	相当好	一般	极佳
沉积率/(kg/h)	1～30	1～70	0.25～0.5

5.1.3　喷涂材料

涂层的性能与涂层材料的性能密切相关，所以，喷涂技术的发展和应用与喷涂材料的发展互相促进、紧密相连。喷涂材料需要满足一些特定的要求：①涂层材料需要具有一定的稳定性，热膨胀系数要与基体相近；②喷涂材料还应具有高致密度和较好的流动性，材料的致密度越高，相应地由其制备的涂层也越致密，这样的涂层力学性能会更好。

金属是最常用的喷涂材料，已广泛应用于钢构件在苛刻环境条件下的腐蚀保护。目前，喷涂金属材料研究较多的是一些合金材料。英国的 Leater 等学者最新开发的线材电弧喷涂 Zn-15%Al(质量分数)合金涂层的防腐蚀能力明显优于单一金属的涂层[15]。有研究发现，用冷喷涂技术可以制备出表面致密的 NiCoCrAlY 高温合金涂层，喷涂后原始粉末颗粒没有发生熔化现象，而是通过塑性变形紧密结合在一起形成涂层[16]。

陶瓷材料具有耐高温、耐腐蚀、耐磨损等特殊功能，因此陶瓷材料也是喷涂涂层材料的重要组成部分。表 5.4 列出了部分陶瓷涂层的性能和应用情况[15]。

表 5.4　部分陶瓷涂层的性能和应用情况

涂层	制备方法	性能	应用
ZrO_2-SiO_2 陶瓷涂层	大气等离子喷涂	优异的防腐和抗氧化性能	恶劣工况下防腐和抗氧化保护
Cr_3O_2-(NiCr) 金属陶瓷涂层	空气等离子喷涂和爆炸喷涂等方法	高温稳定性好、硬度高，热膨胀系数与钢接近，在高温各种载荷和速度下均表现出优异的抗磨性和摩擦系数稳定性	高温抗氧化，磨损和腐蚀，如高温密封系统和汽轮机耐冲刷、高能铁道制动器等部件
WC-Co 基金属陶瓷涂层 (如 WC-Co-Cr 涂层)	等离子喷涂	较强的抗磨性和抗腐蚀性	切削刀具
TiC 基复合涂层	等离子喷涂	高的合金稳定性和与金属相黏结性，高的抗氧化性	航天设备零部件
ZrO_2-B_4C-Al 复合涂层	等离子喷涂	高密度、高热冲击抗性和抗氧化性	固体火箭喷嘴、飞船鼻锥盖和机翼前缘等高温极端环境下
Al-Al_2O_3 陶瓷基复合涂层	冷喷涂	优异的耐磨性、耐腐蚀性	车辆零部件

单一结构涂层已难以满足不断提高的材料性能需求，因此关于复合涂层材料的研究日益增多。复合涂层不仅具有单一结构涂层的性能，还能通过不同复合材料的组合设计，赋予其特殊功能或多用途特性，从而极大地拓展了其应用前景。目前常见的复合涂层主要包括金属基陶瓷复合涂层、陶瓷复合涂层、多层复合涂层及梯度功能复合涂层等[15]。

传统的喷涂材料的尺寸一般在微米级。随着纳米技术的不断发展，将纳米材料与等离子喷涂技术相结合来制备纳米涂层已成为近年来的发展趋势。然而，因为纳米效应的存在，纳米粒子过于活泼，纳米粉末在喷涂过程中会出现烧结长大的问题，同时由于纳米颗粒细小而不规则，其形貌不利于喷涂层的流动。这两个问题导致了纳米粉末不能直接用于热喷涂制备纳米涂层。而冷喷涂过程中粒子的温度比较低，可以弥补热喷涂的不足，能够有效避免喷涂过程中粒子烧结、氧化、相变等影响涂层组织结构的不利因素，能够将纳米结构这类热敏感的材料结构从粉末移植进入涂层。因此，与热喷涂制备纳米涂层相比，冷喷涂具有明显的优势[16]。

热喷焊所用的材料主要是自熔性合金粉末。自熔性合金粉末是指熔化时合金成分能自行脱氧并形成低熔渣，从而与基材形成良好的结合的合金粉末。粉末材料的主要特点是：可喷焊材料的范围特别广，调整合金基涂层成分比较容易；粉末的形状、粒度及粒度分布、湿度等因素对粉末材料的性能会产生不同的影响。自熔性合金粉末的突出特点是粉末的熔点较低，具有良好的自熔性。在熔融状态下与基材有良好的润湿性，液-固相线之间的温度范围较宽，可以制备耐磨、耐腐蚀、抗氧化和耐热等表面强化和表面防护涂层[11]。

5.1.4　喷涂设备

1. 火焰喷涂设备

氧-乙炔火焰喷涂技术是以氧-乙炔火焰作为热源，将喷涂材料加热到熔化或半熔化状态，高速喷射到经过预处理的基体表面上，从而形成具有一定性能涂层的工艺。

由于常规的火焰喷涂按照其使用喷涂材料的形态不同分为丝材火焰喷涂、棒材火焰喷涂、粉末火焰喷涂。其火焰喷涂设备也有所差别，供气及其控制系统基本相同，而差别主要体现在喷枪和送粉装置。

本节主要对粉末火焰喷涂进行说明。粉末火焰喷涂设备包括氧气、乙炔和压缩空气的气源供给和控制系统、喷枪和送粉装置[17]。粉末火焰喷涂典型装置示意图如图 5.8 所示。

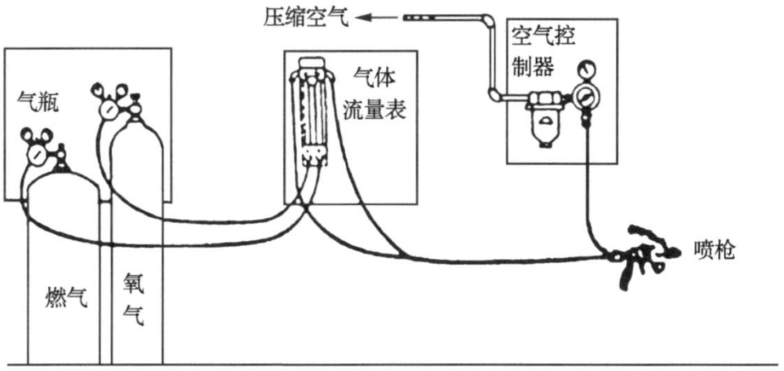

图 5.8　粉末火焰喷涂的装置图

图 5.9 为氧-乙炔火焰丝材喷涂原理示意图。它是以氧-乙炔火焰作为加热金属丝材的热源，使金属丝端部连续被加热达到熔化状态，借助压缩空气将熔化状态的丝材金属雾化成微粒，喷射到经过预处理的基体表面而形成牢固结合的涂层。氧-乙炔火焰丝材喷涂与粉末材料喷涂相比，装置简单，操作方便，容易实现连续均匀送料，喷涂质量稳定，

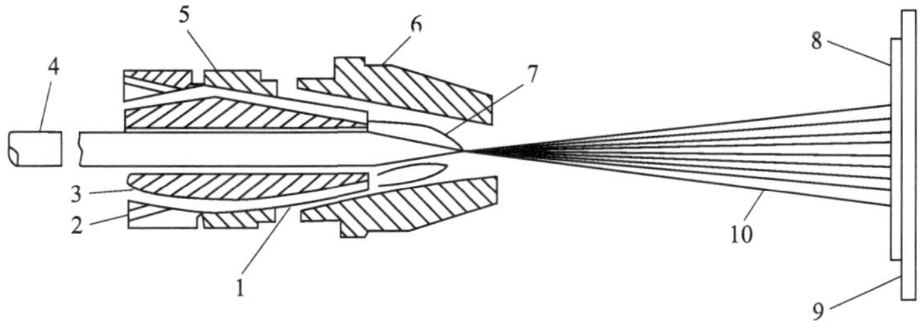

图 5.9　氧-乙炔火焰丝材喷涂原理示意图

1.空气通道；2.燃料气体；3.氧气；4.丝材或棒材；5.气体喷嘴；6.空气罩；7.燃烧气体；8.喷涂层；9.制备好的基材；10.喷涂射流

喷涂效率高，耗能少，涂层氧化物夹杂少，气孔率低，对环境污染少。该技术可用于在大型钢铁构件上喷涂锌、铝或锌铝合金，制备长效防护涂层；在机械零部件上喷涂不锈钢、镍铬合金及有色金属等，制备防腐蚀涂层；在机械零件上喷涂碳钢、铬、钼钢等，用于恢复尺寸并赋予零件表面以良好的耐磨性。

图 5.10 为氧-乙炔火焰粉末喷涂简图。由图可知，喷枪通过气阀分别引入乙炔和氧气，经混合后，从喷嘴环形孔或梅花孔喷出，产生燃烧火焰。喷枪上设有粉斗或进粉管，利用送粉气流产生的负压与粉末自身重力作用，抽吸粉斗中的粉末，使粉末颗粒随气流从喷嘴中心进入火焰，粒子被加热熔化或软化成为熔融粒子，焰流推动熔滴以一定速度撞击在基体表面形成扁平粒子，不断沉积形成涂层。为了提高熔滴的速度，有的喷枪设置有压缩空气喷嘴，由压缩空气给熔滴以附加的推动力。对于与喷枪分离的送粉装置，借助压缩空气或惰性气体，通过软管将粉末送入喷枪。氧-乙炔火焰粉末喷涂具有设备简单、工艺操作简便、应用广泛灵活、适应性强、经济性好、噪声小等特点，是目前普遍应用的一种热喷涂技术。该方法广泛用于在机械零部件和化工容器、辊筒表面制备耐蚀、耐磨涂层。在无法采用等离子喷涂的场合(如现场施工)，用此法可方便地喷涂粉末材料。对喷枪喷嘴部分做适当变动后，还可用于喷涂塑料粉末。

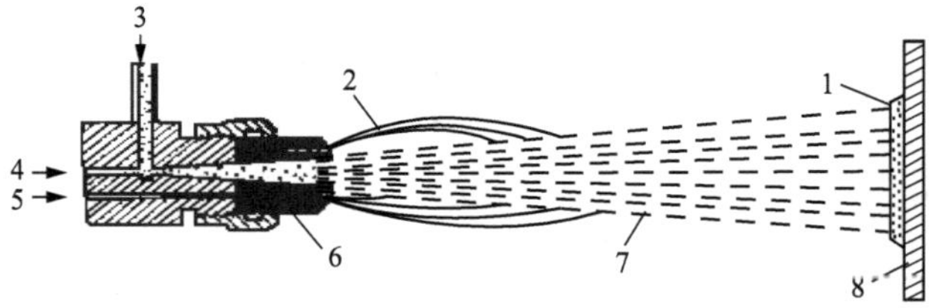

图 5.10　氧-乙炔火焰粉末喷涂简图

1.涂层；2.燃烧火焰；3.粉末；4.氧气；5.乙炔气体；6.喷嘴；7.喷涂射流；8.基体

2. 电弧喷涂设备

高速电弧喷涂是以电弧为热源，将熔化的金属丝用高速气流雾化，并以高速喷射到工件表面形成涂层的一种工艺。图 5.11 是高速电弧喷涂示意图。该技术可赋予工件表面优异的耐磨、防腐、防滑、耐高温等性能，在机械产品修复和再制造领域中获得了广泛的应用。

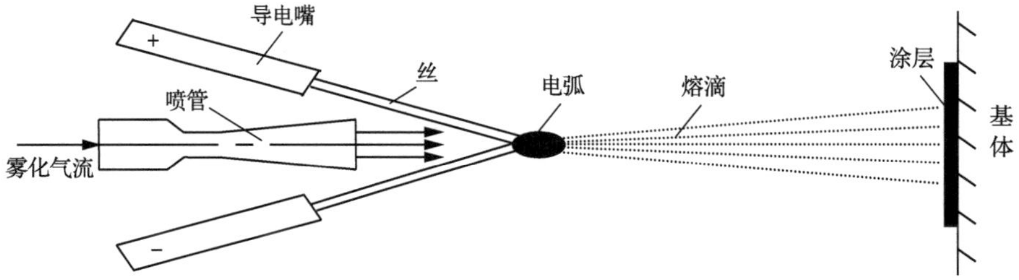

图 5.11　高速电弧喷涂示意图

高速射流电弧喷涂是利用新型拉瓦尔喷管设计和改进喷涂枪，采用高压空气流作雾化气流，可加速熔滴的脱离，使熔滴加速度显著增加并提高电弧的稳定性。

电弧喷涂设备由电源系统、送丝系统、电弧喷涂枪、供气系统、控制系统等组成。喷涂枪是电弧喷涂设备中的关键组件，可以连续准确地送丝，并维持电弧的连续稳定燃烧，同时还可以使金属丝材熔融和雾化。电弧喷涂枪通常有固定式和手持式两种[4]（图 5.12、图 5.13）。

图 5.12　固定式电弧喷涂枪

图 5.13　手持式电弧喷涂枪

送丝系统保证将两根相互绝缘的金属丝稳定地经喷枪导电嘴送到电弧区。其主要由送丝机构、送丝软管和丝盘组成。电弧喷涂的电源性能对电弧燃烧的稳定性、喷涂过程的稳定性和涂层质量都有直接的影响，因此，主电源的特性需满足一定要求。电弧喷涂设备的控制系统主要对喷涂电流、喷涂电压、气路和操作程序进行调节和控制。

1）工艺特点

新型高速电弧喷涂与普通电弧喷涂相比，主要有以下优点。

（1）熔滴速度显著提高，雾化效果明显改善。在距喷涂枪喷嘴轴向 80mm 范围内的气流速度达 600m/s 以上，而普通电弧喷涂枪仅为 200～375m/s；最高熔滴速度达到 350m/s。熔滴平均直径为普通喷涂枪雾化粒子的 1/8～1/3。

(2)涂层的结合强度显著提高。通电弧喷 Al 涂层，改用高速后达到了 35MPa，提高了 2.2 倍；普通电弧喷 3Cr13 涂层，改用高速后达到了 43MPa，提高了 1.5 倍。

(3)涂层的孔隙率低。高速电弧喷涂 3Cr13 涂层的孔隙率小于 2%，而普通电弧喷涂层的孔隙率大于 5%。

2) 技术应用

高速电弧喷涂技术在腐蚀防护以及设备零件的再制造、维修等领域都得到了广泛的应用，在车辆的再制造中，高速电弧喷涂技术可用于下列零件。

(1)轴类零件。车辆再制造中有许多较大的轴类零件，例如，发动机曲轴、变速箱的各个传动轴等，这类零件的轴颈常因磨损而失效。当其磨损量较大时，即可用高速电弧喷涂技术进行再制造。例如，发动机曲轴承受冲击载荷和循环应力，轴颈处磨损量较大，对恢复涂层要求具有良好的耐磨性、较高的结合强度和硬度，因此，采用高速电弧喷涂 3Cr13 耐磨涂层进行再制造。经过表面预处理后，为了提高结合强度，根据曲轴材料，选用 Φ3mm 铝青铜作为喷涂打底材料、Φ3mm 3Cr13 作为工作涂层，恢复轴颈尺寸。喷涂后用专用车刀车削加工，留下磨削余量，然后在曲轴磨床上磨削至标准尺寸。经检验，磨削后的涂层表面致密无气孔和砂眼，无裂纹、起皮和剥落，表面粗糙度达到使用要求。

(2)箱体、轴承座、盘、壁类零件。发动机、变速箱、传动箱等箱体类零件所用材料为铸铝合金，恶劣的工况会造成上下箱体配合面磨损或划伤，从而导致其内部零件无法正常运转。对这些配合面进行磨削加工后，即可利用高速电弧喷涂技术进行再制造。一些轴承座类零件也存在同样的问题，例如，传动箱中的主、被动齿轮轴承座，其与密封环配合处会磨损出槽或者划伤而使密封效果下降。行星转向机的行星框架、大制动鼓密封盖、左右轴承盖、压缩轮盘等盘、壁类零件均会存在类似缺陷，也都可以用该技术进行再制造。

(3)汽缸套、活塞。发动机中的汽缸套处于高温工作环境中，其外部的冷却水会对缸套外壁造成水冷穴蚀。活塞裙部与汽缸在高温磨损作用下也很容易失效。通过喷涂不同的涂层，可以恢复这两类零件的性能。

另外，高速电弧喷涂技术还可以提高零部件耐磨性能，如某化工厂一台蒸汽锅炉的引风机在工作过程中，由于空气中含有灰尘等物质，造成高速运转的叶片在进口处严重磨损，使得引风机叶轮的平均寿命只有一年左右。采用高速电弧喷涂技术对一台新引风机叶轮的叶片进行了耐磨处理，喷涂层为“低碳马氏体 + 3Cr13”复合涂层体系，涂层厚度为 0.5mm，表面未经任何机加工处理，其寿命得到成倍增加。

3. 等离子喷涂设备

等离子喷涂是在高能等离子喷涂的基础上，利用非转移型等离子弧与高速气流混合时出现的“扩展弧”得到稳定聚集的超音速等离子射流进行喷涂的方法。图 5.14 为该喷枪的原理示意图。

如图 5.15 所示，等离子喷涂设备的构成包括喷枪、整流电源、控制系统、送粉器、热交换系统、水电转换箱、压缩气体供给系统和工作用气供给系统等。

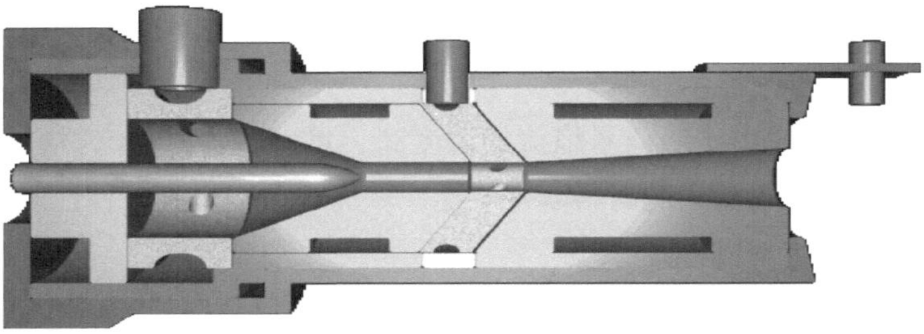

图 5.14　双阳极、外送粉超音速等离子喷枪的原理图

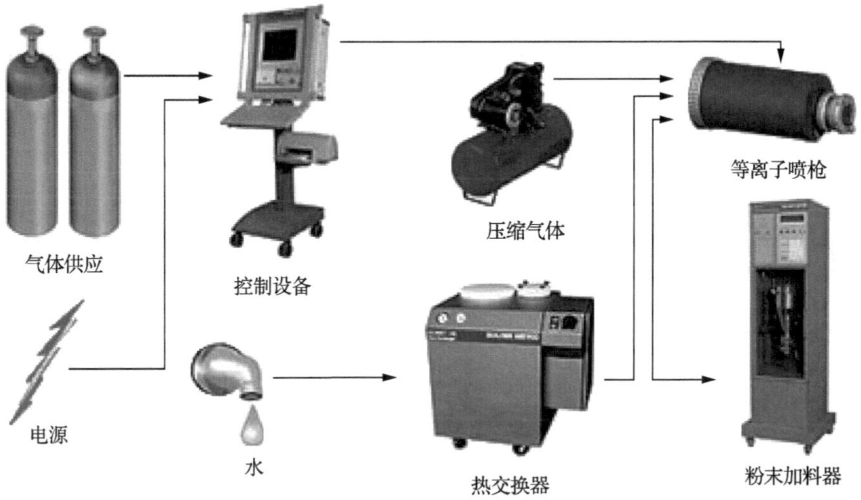

图 5.15　等离子喷涂设备的构成

(1) 喷枪。等离子喷枪是整个系统的关键部分，喷枪的质量直接影响喷涂能否正常进行以及涂层质量的好坏。喷枪组成包括喷嘴、电机杆、电极和绝缘体等。其中，喷嘴是喷枪的关键部位，使用的过程中，局部热负荷高、易烧损，需要冷却水对电极进行冷却。

(2) 整流电源。整流电源是提供电能的装置，目前使用的主要是晶闸管整流，由变压器、电抗器、整流器和接触器等组成。

(3) 控制系统。控制系统是整套设备的中心系统，由电气控制系统、气路控制系统和工作状态控制系统组成。控制电路主要有固定程序继电器、可编程序控制器和计算机控制系统。

(4) 送粉器。送粉器是喷涂过程中为喷枪提供粉末的装置，主要有流化床式和容积式两种，通常要求粉粒度范围为 5～200μm，送粉精度为±0.1%。

(5) 热交换系统。热交换系统可分为水泵式制冷热交换系统和氟利昂制冷系统两种[9]。

1) 技术特点

微纳米超音速等离子喷涂具有一般热喷涂技术的特点，如零件尺寸不受严格限制、基体材质广泛、加工余量小、可用于喷涂强化普通基材零件表面等优点。另外，由于形成了微纳米结构涂层，该技术还具有以下主要特点。

(1)零件无变形，不改变基体金属的热处理性质。因此，对一些高强度钢材及薄壁零件、细长零件可以实施喷涂。

(2)涂层的种类多。由于等离子焰流的温度高，可以将各种喷涂材料加热到熔融状态，因而可提供等离子喷涂用的材料非常广泛，从而也可以得到多种性能的喷涂层。特别适用于喷涂陶瓷等难熔材料。

(3)工艺稳定，涂层质量高。涂层的结合强度和硬度显著提高，在耐磨、耐蚀、耐高温等方面的应用得到广泛拓展。

2)技术应用

在车辆零部件的再制造中，微纳米超音速等离子喷涂技术与高速电弧喷涂技术一样，可被用于轴类零件、箱体、轴承座、盘、壁类零件配合面的耐磨涂层，气缸套、活塞等零件的耐高温磨损涂层和耐热蚀涂层。不同之处在于，微纳米结构涂层的性能要好于高速电弧喷涂涂层，但该技术所用设备、涂层材料的成本等均要高于电弧喷涂，其经济性不如高速电弧喷涂技术。因此，在针对具体的零部件进行处理时，要综合考虑各种因素，选用合适的技术。

除此之外，由于该技术能够喷涂陶瓷材料，因此，可以对发动机排气管喷涂热障涂层，有效控制排气管的热腐蚀，这是微纳米超音速等离子喷涂技术与高速电弧喷涂技术的不同之处。

4. 等离子弧喷焊设备

基于等离子弧喷焊工艺的特点和基本原理，喷焊设备由图 5.16 所列几个主要部分组成[18]。

- 等离子弧喷焊设备
  - 电路、气路、水路部分
    - 直流弧焊电源
    - 焊接主回路
    - 电源控制系统
      - 电流调节器
      - 高频振荡器
      - 调整装置
      - 程序控制电路
    - 气路及水路系统
  - 机械部分
    - 摆动机构
    - 旋转工作台和焊枪调整机构
    - 防护通风装置
    - 机架
  - 送粉器
  - 喷焊枪

图 5.16　等离子弧喷焊主要组成部分

喷焊枪是等离子喷焊设备的核心部分。喷焊枪汇集水、气、电、粉，产生等离子弧热源，并把合金粉末通过枪体送入熔池而熔焊在工件上。因此，喷焊枪性能的好坏直接影响工艺的稳定性、效率和质量。喷焊枪的结构形式较多，至今尚未实现标准化和系列化。在总体结构上，等离子喷焊枪主要由枪体、喷嘴、电极三部分组成。

枪体一般由下枪体(前枪体)、上枪体(后枪体)和绝缘体构成。下枪体固定喷嘴，上枪体固定电极，通过绝缘体将上下枪体定位连接，同时，要保证一定的绝缘性和同心度。喷嘴和电极的冷却水可采用两路冷却水和一路冷却水。如采用后者可有两种冷却方式：一种是喷嘴和电极的冷却水在枪外通过水管连通，另一种是通过绝缘体在枪内连通；前者称为外走水式，后者称为内走水式。图 5.17 为一种喷焊枪的结构形式[18,19]。

随着等离子弧喷焊技术的发展和推广应用，其喷焊设备的研制和生产近几年来也有较大的发展，图 5.18 为金属粉末喷焊炬。国内已研制出多种型号的等离子弧喷焊机，有的已批量生产，目前正在逐步完善之中，并朝着定型化和系列化生产发展。

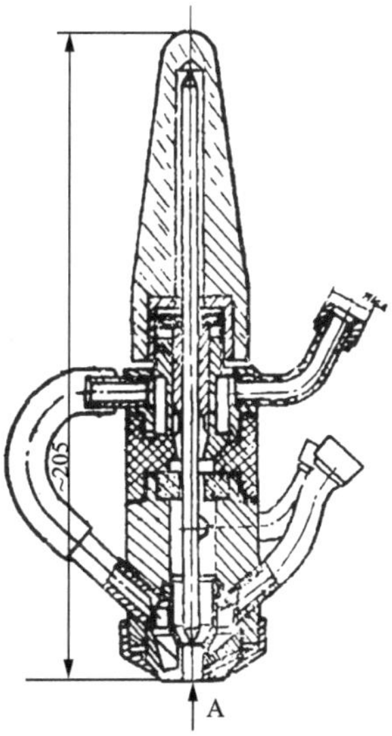

图 5.17　等离子弧喷焊枪

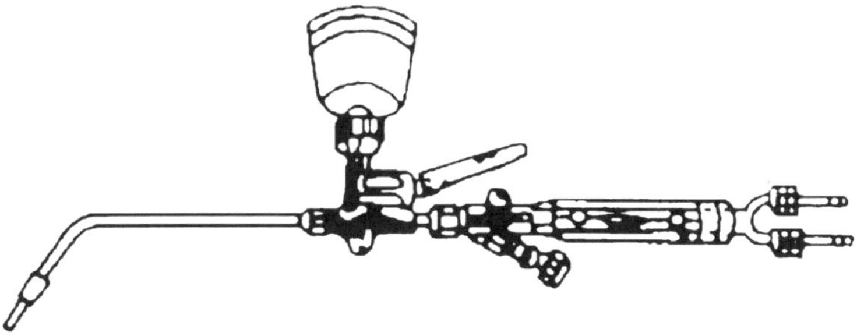

图 5.18　金属粉末喷焊炬

5. 冷喷涂设备

冷喷涂实验装置主要包括喷枪、送粉器、气体加热装置、气体参数控制装置、高压气源、载物台及持枪机械手、其他辅助设备等[16]。

国际上第一套台式冷喷涂装置由俄罗斯科学院西伯利亚分院理论与应用力学研究所(ITAM)设计制造(图 5.19)，装置主要包括高压气体源、气体加热器、送粉器、超音速喷嘴、载物台及喷涂参数控制柜和粉末收集装置。后来，为了便于现场使用，设计了便携式装置及手提喷枪(图 5.20)[20]。该装置可以将颗粒尺寸在 1～50μm 范围内的粉末加速到 300～1200m/s，高速金属颗粒碰撞不同基体(金属、陶瓷、玻璃等)均可形成致密的涂层，涂层厚度可达 10mm 以上。工作气体可以用氦气、氮气、空气以及上述气体的混合气体。

冷喷涂装置的关键部分是超音速喷枪与喷嘴(图 5.21)[20]。喷涂颗粒与加速气体在喷枪系统中混合，并加速到一定速度，撞击基板形成涂层。因此，要求喷枪系统能实现喷涂颗粒以超声速较均匀地喷出。

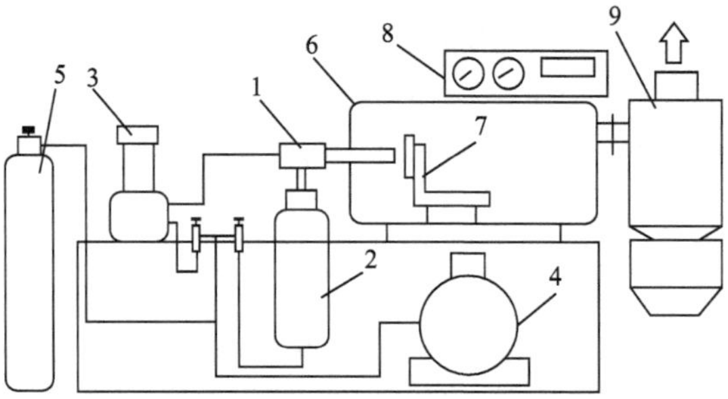

图 5.19　冷喷涂装置示意图

1.前置室与矩形平面超音速喷嘴；2.螺旋管式气体加热器；3.转鼓式送粉器；4.空气压缩机；5.瓶装氮气或氦气；6.喷涂操作室；7.工件及移动装置；8.喷涂参数监测与控制系统；9.粉末收集装置

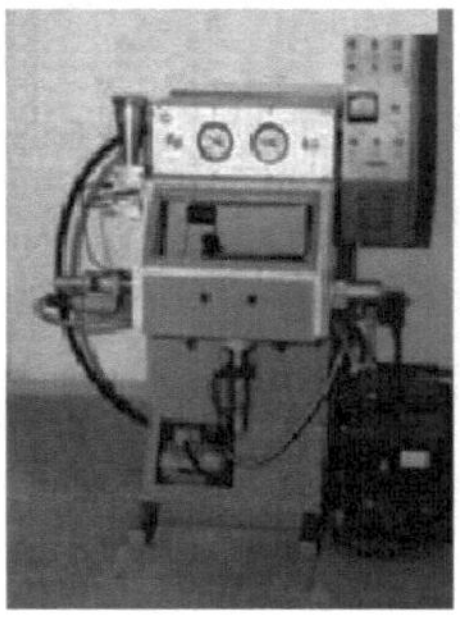

(a)

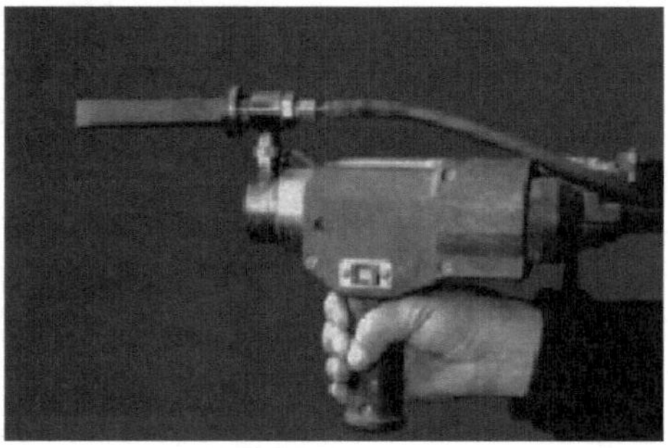

(b)

图 5.20　喷涂装置

(a)便携式冷喷涂装置；(b)手提式喷枪

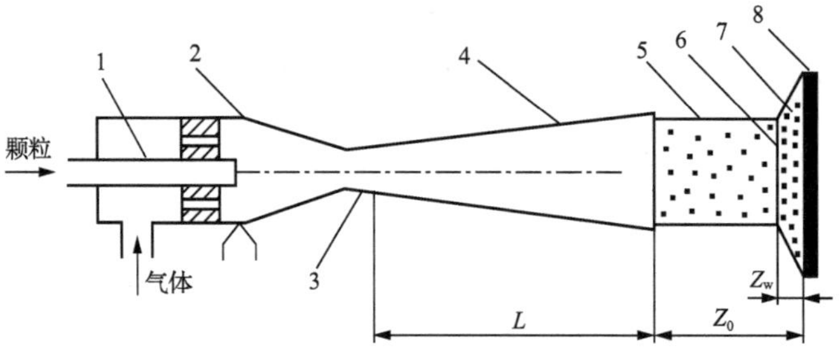

(a) 超音速喷枪

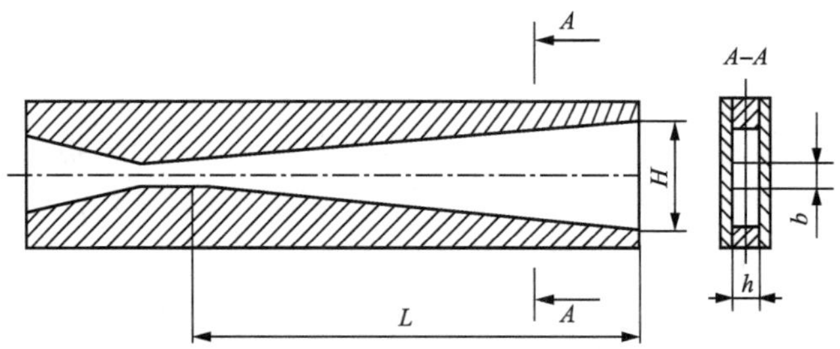

(b) 矩形喷嘴

图 5.21　超音速喷枪与喷嘴

1.粉末进入前置室射入管；2.前置室；3.喉部；4.喷嘴扩散段(超音速部分)；5.自由喷射；6.弓激波；7.压缩层；8.基体。L 为扩散段(超音速段)长度；b 为喉部；H 为出口宽边长；h 为出口窄边长

5.1.5　喷涂技术的应用与展望

火焰喷涂是最早发明和工业化应用的热喷涂技术，也是其他热喷涂技术的基础。随着各种热喷涂技术的不断出现，火焰喷涂工艺本身也衍生出很多新的喷涂方法。在应用方面，由于陶瓷火焰喷涂涂层具有比金属涂层更高的硬度及耐磨性，经常被用于制备缸体、活塞和叶轮等耐磨件的表面涂层。另外，热喷涂的塑料涂层还可用于绝缘涂层方面，广泛用于电器行业中的大型整流器、马达等需要局部绝缘的工件表面。塑料火焰喷涂技术还能够进行尼龙和塑料喷涂，达到密封的目的。在某些结构接触碰撞的部位，也可进行塑料喷涂，达到减震降噪的目的。而超音速火焰喷涂（high-velocity oxygen-fuel，HVOF）主要应用于航空航天、冶金、机械制造以及其他工业领域。航天发动机的服役条件苛刻，高温高压使其高温部件经受严重的高温磨损和高温燃气腐蚀，因此，其表面需要制备高温防护涂层。

等离子喷涂技术中，由于等离子焰流特有的高温、高速的特点，使得等离子喷涂在机械零件的修复方面有着重要的用途。例如，在飞机发动机的引擎部件、高效燃气轮机的涡轮叶片以及核反应容器等方面已经广泛地采用等离子喷涂技术制备热障涂层。同时，采用等离子喷涂技术修复导轨的局部磨损部位，不仅可以使其复原使用，还可以提高耐磨性。等离子喷涂技术在纳米涂层的制备方面具有效率高、成本低、涂层结合强度高、适于工业化生产等优势，因此，常利用等离子喷涂技术制备致密且耐磨的纳米涂层。采用该技术在金属表面进行羟基磷灰石的喷涂可以制备出生物涂层，不仅保留了金属材料优异的力学性能，还避免了羟基磷灰石的脆性和疲劳敏感的缺陷。

氧-乙炔火焰喷焊主要用于对承受高应力载荷和承受冲击磨损的部件进行强化，提高工件的耐磨性，增加工件的使用寿命，如对汽车中的各种齿轮、花键轴、活塞销、气门、变速杆拨叉等进行喷焊强化或修复，不仅能使报废零件修复后继续使用，还可以使新制零部件的寿命延长。上述汽车零部件经喷焊强化后，其寿命可提高 2～5 倍[11]。

在等离子喷焊应用方面，中国航发西安航空发动机有限公司利用自制的电源设备配以进口的等离子焊枪，实现了某航空发动机工艺的改进。南京中远海运船舶设备配件有限公司从美国引进的等离子粉末喷焊机对气阀阀面、阀座阀面进行了有效的强化处理，并对杆身、端部进行各种强化，以保证可靠的性能，并且取得了良好的效果[8]。

冷喷涂技术作为一种先进的表面工程与加工工艺已受到各个行业的广泛关注。目前，ASB 工业公司（ASB Industries）已经成功地将冷喷涂技术推广到实际工程的应用中，仅在航空航天工业领域就有数项实际应用，并且大多数都拥有专利。例如，惠普太空推进公司（Pratt & Whitney Space Propulsion）与 ASB 工业公司合作，改进了 RL60 火箭发动机不锈钢燃料出口总管的制造工艺，通过引入冷喷涂技术，成功地在燃料出口总管表面制备了一层铜热管涂层，提高了发动机的性能。

鉴于冷喷涂技术的上述优点及所制备涂层的组织与性能特点，冷喷涂技术在制备复杂结构部件上也有着广阔的应用空间。该技术可用来制备航空航天器发动机特殊保护涂层、制备航空航天武器的特殊功能涂层，以及通过喷涂成形直接制造复杂结构、形状的航空航天部件。相信在不久的将来，冷喷涂技术一定能够更为广泛地应用于航空航天工业的各个领域[21]。

冷喷涂医用涂层的相关研究，多聚焦于涂层微观结构、力学行为、腐蚀抗力和基本的生物性能表征等方面，尚缺乏在动物体、器官、细胞、亚细胞方面，甚至分子水平上对涂层表界面特性及涂层与外部生理环境相互作用机理的基础研究。国内外针对冷喷涂生物涂层的应用主要侧重于硬组织替换和抗菌等领域，未来冷喷涂技术在功能化载药涂层低温制备和个性化医疗器械增材制造（3D 打印）等方向有一定的发展空间。随着表面涂层技术的不断发展以及冷喷涂制备技术的逐步完善，冷喷涂生物医用材料将在生物医疗领域得到更多的关注和进一步的发展[22]。

喷涂所使用的很多燃料气体和金属粉尘等，在一定条件下都有燃爆的可能，因此在现场生产中，必须注意防火防爆的安全操作。此外，在喷涂现场的空气中会有金属和非金属的粉末飞扬，有进入机电设备而造成短路或零件磨损的危险，所以需要尽可能使机电设备远离喷涂现场[4]。

在喷涂作业过程中，操作人员会接触高温、弧光、烟尘、有毒气体、噪声等各类有害环境和介质，受到红外线、紫外线、强烈可见光及各种不同频率电磁波的辐射，这些情况都会给操作人员的身体健康带来很多不良的影响，因此，必须采取足够有效的人身安全防护措施，确保操作人员和周围人员的健康和安全[4]。

5.2　堆焊技术

5.2.1　概述

堆焊（surfacing welding，SW）是为增大或恢复尺寸，或使焊件表面获得具有特殊性能的熔覆金属而进行的焊接［《焊接术语》（GB/T 3375—1994）］。在美标（AWS A3.0）中，主要用于增大或恢复尺寸的堆焊被称为“Buildup”，主要用于改善耐热、耐蚀性能的堆焊被称为“Cladding”，主要用于提高耐磨性能的堆焊被称为“Hardfacing”，主要用于调整表面成分并起隔离作用的堆焊被称为“Buttering”。因此，堆焊的目的与一般焊接方法不同，不是为了连接工件，而是对工件表面进行改性，以获得所需的耐磨、耐热、耐蚀等特殊性能的熔覆层，或恢复工件尺寸，这两方面的应用在表面工程学中称为表面强化与修复[23]。

堆焊作为制造与再制造的重要分支，借助热源手段将具有一定性能的合金材料熔覆于母材表面，使母材具有特殊性能或恢复原有的尺寸。堆焊层与母材能够实现冶金结合，使得堆焊层在应用中使用寿命长，不易剥落。堆焊制造与再制造技术工艺过程兼具减材（去除有缺陷或失效部分）和增材（恢复尺寸或赋予特殊性能要求）过程，可以根据部件对耐磨、耐蚀、耐高温等性能的不同要求，选择合适的堆焊合金，在工艺上具有非常大的灵活性。堆焊制造与再制造技术的研究与发展，对推动工业可持续发展和绿色发展至关重要。图 5.22 为堆焊处理部概念图。

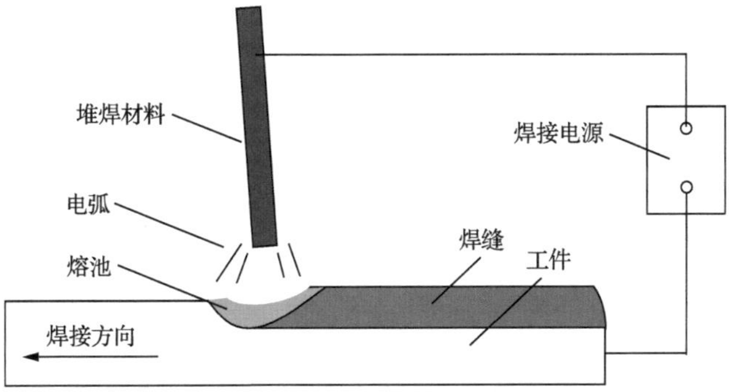

图 5.22　堆焊处理部概念图(等离子堆焊)

1. 堆焊技术的发展

1923 年，斯托迪发明了堆焊技术。20 世纪 50 年代末，堆焊技术作为一门传统高效的表面工程技术，主要应用于表面修复领域。60 年代，堆焊技术开始应用于强化零件表面，实现零件表面改性。70 年代，粉末等离子弧堆焊的开发与应用有了新突破，等离子弧堆焊、低真空熔结、CO_2 保护堆焊以及氧-乙炔喷熔工艺等也在这一时期相继得到发展。80 年代，高碳高铬耐磨合金粉块碳弧堆焊技术得到开发，大面积耐磨复合钢板堆焊制造技术也在这一时期广泛应用于化工、冶金等行业。90 年代，堆焊技术有了突破性的发展。当时提倡先进制造技术理念，近净成形技术由堆焊技术和智能控制技术及精密磨削技术结合而形成，堆焊技术的这一进展推进了制造业的快速发展。进入 21 世纪后，随着高端智能再制造产业的加快发展，一些智能化堆焊装备、激光熔覆、增材制造技术在再制造领域应用广泛，经过多年的研究和工程实践，形成一系列先进的堆焊材料和智能化装备技术。多年的实践应用证明，堆焊技术减少了由于材料磨损、断裂等带来的损失，促进了我国经济的可持续发展[24]。

在堆焊材料的使用形式方面，已从堆焊发展初期的以焊条为主转向焊条、实心焊丝配焊剂、焊带配焊剂、药芯焊丝及粉末等多种使用形式，而且药芯焊丝的使用比例呈逐年增长趋势。上个世纪随着国外堆焊药芯焊丝大量进入国内市场，带动了国内堆焊药芯焊丝研发及应用的迅速发展。

20 世纪 60 年代，郑州机械研究所(以下简称“郑机所”)利用苏联巴顿焊接研究所的管状焊丝单滚筒拔丝机开展了药芯焊丝的研究，“钢轧辊耐磨堆焊材料、工艺和设备”研制了十余种堆焊材料。20 世纪 70 年代郑机所自主研发国内第一条无缝药芯焊丝制作工艺及生产线并实现产业化，技术引进国内第一条细丝药芯焊丝生产线，在北京电焊条厂实现量产，推动了国内药芯焊丝行业的发展。1988 年郑机所研制出系列埋弧无缝药芯焊丝，率先成功应用于中信重工机械股份有限公司(前身为洛阳矿山机器厂)开发的国产辊压机挤压辊面上，实现了辊压机堆焊焊丝国产化。随后依据应用要求，自主开发了现场辊面修复再制造材料及技术。到了 2000 年前后，为了满足市场日益增加的需求，郑机所进行了从无缝药芯焊丝向有缝药芯焊丝的技术转化，这一转变使产能得以大幅提高。

在政府项目支持方面，1996～1999 年机械工业部立项支持了哈尔滨焊接研究所开展的“大型冷压成形部件堆焊新材料的合金化及堆焊工艺研究”。2000～2006 年，哈尔滨焊接研究所先后承担了“高性能堆焊药芯焊丝新材料研制及系列化研究”“高锰钢堆焊自保护药芯焊丝研制开发”等多项国家部委攻关及国际合作项目。2000～2015 年，除政府立项支持外，各高校、科研院所、企业也开展了大量自主研究开发工作，如北京工业大学、郑机所、中冶焊接科技有限公司、北京嘉克新兴科技有限公司、天津雷公焊接材料有限公司、无锡哈德焊接技术有限公司等开发的多种堆焊药芯焊丝都取得了良好的应用业绩[25]。

据统计，2021 年我国药芯焊丝产量为 51 万 t，焊丝产量为 498 万 t。初步估计，堆焊材料占焊接材料年总消耗量的 5%以上。

2. 堆焊技术的特点

堆焊多属于熔焊范畴(熔焊：将待焊处的母材金属熔化以形成焊缝的焊接方法)，堆焊层与基体金属的结合是冶金结合，结合强度高。

堆焊前必须分析零件服役条件及失效的原因，进而合理地选择堆焊层材料，以便充分发挥堆焊层的功能，在不同的工况条件下，可以通过调节堆焊层金属的成分和性能设计出各种合金体系以满足使用性能要求。由于堆焊合金层与母材大多属于异种材料，并且要求充分发挥表面堆焊合金的性能，所以堆焊有如下特点：

(1) 堆焊层的合金成分是决定堆焊效果的主要因素。堆焊材料种类繁多、工作环境复杂、基体材料几乎包括了所有类型的金属。针对不同的工作条件和磨损类型，应合理选择堆焊合金，达到预期的使用要求。

(2) 尽量降低稀释率。稀释率表示堆焊层含有母材金属的百分率，又被称为熔合比。例如，稀释率 10%表示堆焊合金中含有母材金属 10%，含有堆焊合金 90%。堆焊层金属一般含有较多的合金元素，为了获得具有理想使用性能的表面堆焊层成分，应尽量减少母材在堆焊金属中的熔入量，即降低稀释率，在焊材耗损较少的情况下达到所需的焊缝金属成分。

(3) 堆焊合金与基体金属之间的匹配堆焊层与基体成分往往相差较大，为防止堆焊时或焊后热处理及零件使用过程中堆焊接头产生过大的热应力，使堆焊层开裂甚至产生剥离的现象，要求堆焊合金和基体金属有相近的线膨胀系数和相变温度等热物理性能。

(4) 梯度设计。考虑到结合性、稀释率、成分偏差、工况要求以及表面性能等多种条件，通常会采用梯度设计的理念，使成分、性能等梯度过渡至要求。如郑机所辊压机系列堆焊材料，通过止裂过渡层—缓冲隔离层—耐磨层—花纹层的梯度变化实现耐磨性能。

(5) 提高堆焊生产率。生产实践中，堆焊零部件往往数量很多，要求选用生产率较高的堆焊方法和堆焊工艺。

(6) 降低成本。当工件的基体采用普通材料制造，在表面用高合金堆焊层时，不仅降低了制造成本，还可以节约大量贵重金属。如在工件维修过程中，合理地选用堆焊合金，对受损工件的表面加以堆焊修补，可以有效延长工件寿命，降低生产成本。

根据堆焊技术的特点，在选择应用堆焊方法时，应考虑：①堆焊层的性能和质量要求；②堆焊件的结构特点和操作可行性；③经济性。

5.2.2　堆焊方法及设备

目前包括电弧堆焊、电渣堆焊、等离子堆焊、激光熔覆堆焊及复合技术堆焊等在内的各种堆焊制造与再制造技术都得到了长足发展，应用最为广泛的堆焊技术是电弧堆焊。常用热源的主要特征如表 5.5 所示，常用堆焊方法的主要特点如表 5.6 所示。

表 5.5　常用热源特点比较

热源	电弧	等离子弧	电子束	激光束
最小加热面积/m^2	10^{-8}	10^{-9}	10^{-11}	10^{-12}
最大功率密度/(kW/cm^3)	10^{-6}～10^{6}	1.5×10^{5}	10^{-9}～10^{-7}	10^{-9}～10^{-7}

表 5.6　常用堆焊方法特点比较

堆焊方法		稀释率/%	熔覆速度/(kg/h)	最小堆焊厚度/mm	熔覆效率/%
氧-乙炔焰堆焊	手工送丝	1～10	0.5～1.8	0.8	98～100
	自动送丝	1～10	0.5～6.8	0.8	98～100
	手工送粉	1～10	0.5～1.8	0.2	85～95
焊条电弧焊堆焊		10～20	0.5～5.4	3.2	65
钨极氩弧焊堆焊		10～20	0.5～4.5	2.4	98～100
熔化极气体保护堆焊		10～40	0.5～40	1.0	98～100
埋弧堆焊	单丝	30～60	4.5～11.3	3.2	95
	多丝	15～25	11.3～27.2	4.8	95
	串联电弧	10～25	11.3～15.9	4.8	95
	单带极	10～20	12～36	3.0	95
	多带极	8～15	22～68	4.0	95
等离子弧堆焊	自动送粉	5～15	0.5～6.8	0.25	85～95
	手工送丝	5～15	0.5～3.6	2.4	98～100
	自动送丝	5～15	0.5～3.6	2.4	98～100
	双热丝	5～15	13～27	2.4	98～100
电渣堆焊		10～	15～75	15	95～100

注：表中稀释率为单层堆焊结果。

1. 堆焊方法

1) 电弧堆焊

电弧堆焊是发展最早、应用最为广泛的堆焊技术，包括焊条电弧堆焊、埋弧堆焊、熔化极气体保护电弧堆焊、自保护堆焊等。电弧堆焊技术在易磨损部件制造与再制造行业中得到了广泛的应用。

(1) 焊条电弧堆焊。

焊条电弧堆焊(electrode arc surfacing，EAS)利用焊条或电极熔覆在基材表面堆焊，如图 5.23 所示。EAS 采用的是量大面广的焊条电弧焊机。设备简单、移动灵活、成本低，几乎所有的实芯和药芯焊条均能使用，对形状不规则的工件表面及狭窄部位进行堆焊的适应性好。焊条电弧焊主要用于生产小批量堆焊件和修复已磨损的零件，目前，焊条电弧焊在冶金机械、矿山机械、石油化工、交通运输、模具及金属构件的制造和维修中得到了广泛应用。

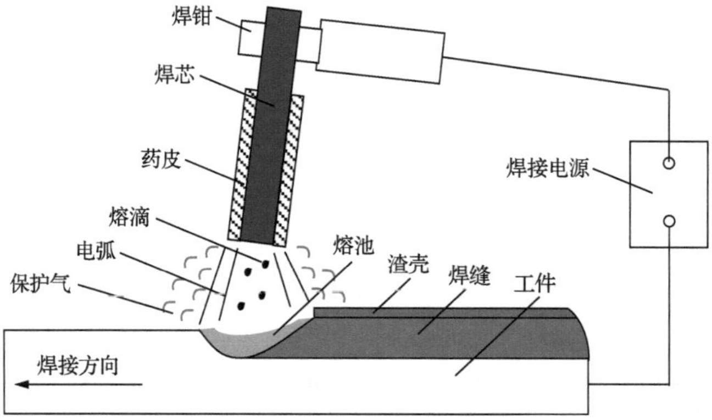

图 5.23　焊条电弧堆焊示意图

(2) 埋弧堆焊。

埋弧堆焊(submerged-arc welding, SAW)是电弧在焊剂层下燃烧并进行焊接的焊接方法。埋弧堆焊可分为埋弧自动焊和埋弧半自动焊两种。因埋弧半自动焊劳动强度大，目前已很少应用。埋弧堆焊通过埋弧焊丝及焊剂配合实现熔覆金属成分和性能要求，主要有两种配合方法，一是实心焊丝+合金化焊剂，二是药芯焊丝+非合金化焊剂。

埋弧堆焊在熔渣层下面进行，可减少金属飞溅，消除弧光对工人的伤害，且产生的有害气体量少，从而改善了劳动条件；埋弧自动焊主要用于焊接厚板各种接头形式的直缝、环缝和平面圆缝，亦可用于堆焊，适用于低碳钢、低合金钢、不锈钢、铜及其合金的焊接。埋弧堆焊层中存在着残余压应力，可提高修复零件的疲劳强度[26]。

目前，埋弧堆焊都是机械化、自动化生产，通常采用比焊条电弧堆焊、振动电弧堆焊高得多的电流，因而生产率高，比焊条电弧焊或氧-乙炔火焰堆焊的效率高 3～6 倍，特别是针对较大尺寸的工件时，埋弧堆焊的优越性更加明显。埋弧堆焊在冶金、矿山机械、电力、核工业等产业部门中的应用日趋广泛并引起人们的重视。

为了降低稀释率和提高熔覆速度，埋弧堆焊方法已发展出多种类型。除了电极有单丝、多丝、带极的区别外，电极的连接方式上还有串列、并列和串联电弧、旁路电弧等差别。如图 5.24(a)所示，单丝埋弧堆焊适用于堆焊面积小或者需要对工件限制热输入的场合。一般使用的焊丝直径为 1.6～4.8mm，焊接电流为 160～500A，交流、直流电源均可。如图 5.24(b)所示，多丝埋弧堆焊包括串列双丝双弧埋弧堆焊、并列多丝埋弧堆焊和串联电弧堆焊等多种形式。采用串列双丝双弧埋弧堆焊时，第一个电弧电流较小，而后一个电弧采用大电流，这样可使堆焊层及其附近冷却较慢，从而可减少淬硬和开裂倾向。采用并列多丝埋弧堆焊时，可加大焊接电流，提高生产效率，熔深比较浅。图 5.24(c)为带极埋弧堆焊，其带极厚度为 0.4～0.8mm，宽约为 60mm，可进一步提高熔覆速度。带极埋弧堆焊焊道宽而平整，熔深浅而均匀，稀释率低，最低可达 10%。图 5.24(d)为串联电弧埋弧堆焊，电弧发生在焊丝之间，熔深浅，稀释率低，熔覆系数高。此时，为了使两焊丝均匀熔化，宜采用交流电源[23]。

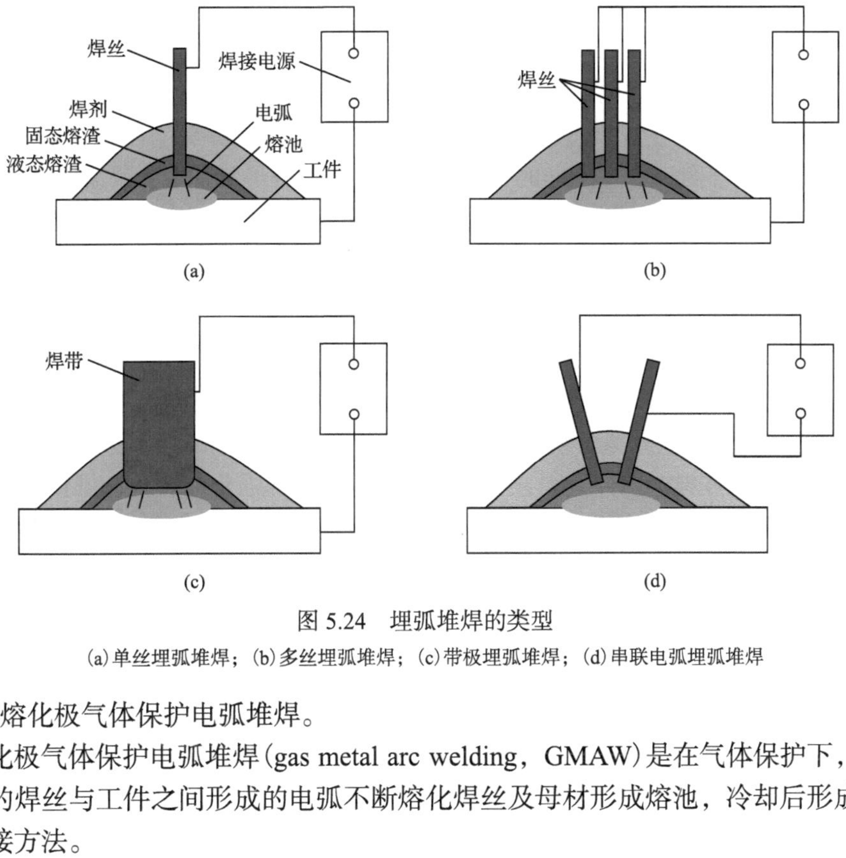

图 5.24　埋弧堆焊的类型

(a)单丝埋弧堆焊；(b)多丝埋弧堆焊；(c)带极埋弧堆焊；(d)串联电弧埋弧堆焊

(3)熔化极气体保护电弧堆焊。

熔化极气体保护电弧堆焊(gas metal arc welding，GMAW)是在气体保护下，利用连续送进的焊丝与工件之间形成的电弧不断熔化焊丝及母材形成熔池，冷却后形成焊缝的一种焊接方法。

如图 5.25 所示，熔化极气体保护电弧堆焊时焊接电弧、熔池和工件表面主要用氩气、二氧化碳气体或加入少量氧气的混合气体保护。当用氩气保护时，堆焊过程中合金元素不会烧损，常用于钴基、镍基合金的堆焊，堆焊低合金钢的质量较稳定，同时是自动化堆焊铝青铜最合适的方法。二氧化碳气体保护电弧堆焊成本较低，但堆焊层质量较差，只适合于堆焊性能要求不苛刻的工件，如堆焊机车和车辆轮毂内孔、球墨铸铁轴瓦以及泥浆泵的修复。混合气体保护电弧堆焊可改善熔滴的过渡特性、电弧的稳定性、焊缝质量和接头质量等。

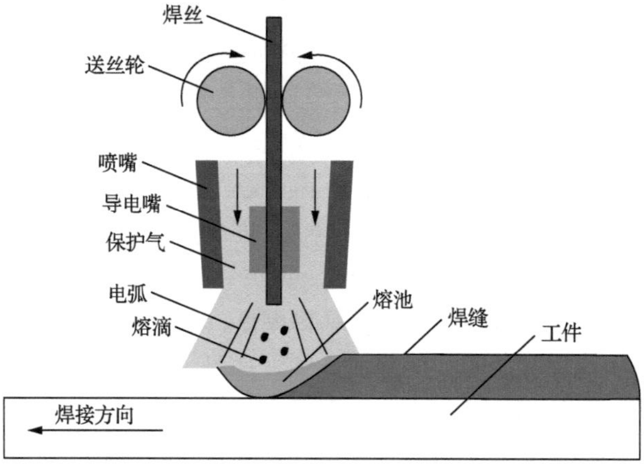

图 5.25　熔化极气体保护电弧堆焊

熔化极气体保护电弧堆焊是半自动或全自动的堆焊过程，生产率较高，对焊工操作技术要求较低。熔覆速度与单丝埋弧堆焊相当，可见度好，特别适合堆焊区域小、形状不规则的工件或小工件，堆焊同样的工件与焊条电弧焊堆焊相比，熔覆速度快一倍以上；熔化极气体保护电弧堆焊一般采用平特性的直流电源，氩气保护采用直流反接，CO_2 气体保护焊采用直流正接。但是，熔化极气体保护电弧堆焊用的设备价格较高，而且需要定期维修，堆焊时必须配有气源，设备的携带性比焊条电弧焊差[23]。

2) 等离子弧堆焊

等离子弧堆焊是利用焊炬的钨极作为电流的负极和基体作为电流的正极之间产生的等离子体作为热量，并将热量转移至被焊接的工件表面，并向该热能区域送入焊接粉末，使其熔化后沉积在被焊接工件表面，从而实现零件表面的强化与硬化的堆焊工艺。

等离子电弧分为非转移弧、转移弧和联合型电弧三种。三种电弧形式均是钨极接电源负极，工件和喷嘴接电源正极。等离子堆焊设备包括焊接电源、电气控制系统、冷却水系统、送粉系统、数控行走系统等。枪体部分处于工作状态时设备断面图如图 5.26

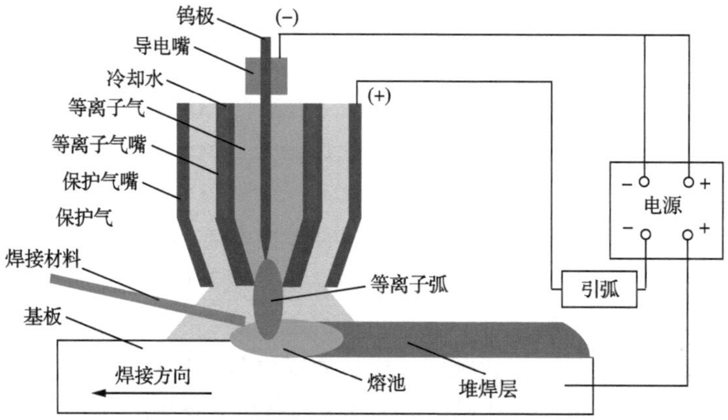

图 5.26　等离子堆焊设备

所示[27]。

等离子弧堆焊技术具有生产率高、成形美观以及堆焊过程易于实现机械化及自动化等优点，是现代工业生产中唯一能适应各种高合金钢以及高性能材料（如 CoCrW 等）堆焊要求的电弧堆焊方法。与其他堆焊技术相比，等离子堆焊过程中基体材料与堆焊材料的互熔较少，堆焊材料特性变化小；另外采用粉末作为堆焊材料可提高合金设计的自由度，使堆焊难熔材料成为可能，从而大幅度提高工件的耐磨、耐高温、耐腐蚀性[28]。等离子弧堆焊具有熔深浅而宽的特点，因此，相比电弧堆焊可以制备出较薄的堆焊层。

由于等离子堆焊的特点和优越性，其已广泛应用于石油、化工、工程机械、矿山机械等行业，如阀门密封面堆焊、石油化工装备、采煤机截齿等。

3) 激光熔覆堆焊

激光熔覆堆焊技术是指在金属表面利用激光作为热源熔化专用熔覆材料（粉末、丝、带、箔等），利用堆焊原理熔覆一定厚度具有特殊性能材料的工艺过程，如图 5.27 所示。近十年，国内开展了许多有关激光修复技术方面的应用基础研究和工程应用。

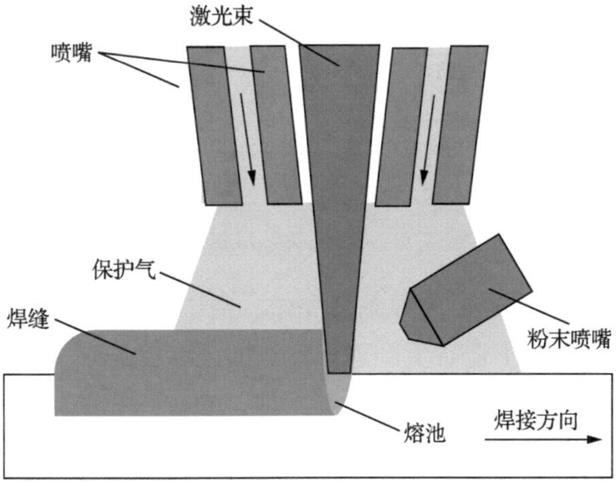

图 5.27 激光熔覆堆焊工作原理

激光熔覆堆焊技术具有其他堆焊技术无法比拟的优点：可准确控制热输入量；激光扫描速度快；工件加热速度、冷却速度快；热畸变小，厚度、成分和稀释率可控性好；可获得组织致密、性能优越的堆焊层；节省贵重金属材料，可实现在普通材料上覆盖高性能（耐磨、耐高温、耐蚀等）的堆焊层；堆焊工艺一旦确定，堆焊质量易于保证，堆焊可靠性高，故易于实现自动化；在覆层质量上优于传统的堆焊和热喷涂工艺。激光熔覆堆焊可以获得高性能（耐磨、耐腐蚀、抗氧化、热胀、抗气蚀和冲蚀磨损等）的合金堆焊层，因此在工业应用中展现了广阔的应用前景，激光堆焊修复方法在轴类等部件的修复中发挥着日渐突出的作用。

2017 年后，（超）高速激光熔覆技术得到了长足发展，加之激光熔覆设备的成本降低，激光熔覆技术在煤矿机械、冶金设备等领域得到了工程化应用，成为替代电镀铬的一项优选技术。

4) 氧-乙炔焰堆焊

氧-乙炔焰堆焊(oxygen-acetylene fame braze，O-AFB)火焰温度低，堆焊后可保持材料中硬质合金的原有性能，氧-乙炔焰堆焊设备如图 5.28 所示。其设备简单，可随时移动，操作工艺简便，灵活、成本低，可调整火焰能率，尤其是堆焊需要较少热容量的中小工件时，具有明显的优越性。该工艺具有熔深浅、母材熔化量少的特点，能获得非常小的稀释率，且获得的堆焊层薄，表面平滑美观、质量良好。目前，氧-乙炔焰堆焊主要用于要求表面光洁、质量要求高、结构精密的工件堆焊，以及在批量不大的中小型工件上进行的小面积堆焊，如阀门、犁铧等各种农机具堆焊，以及石油化工耐磨设备上堆焊碳化钨、钴基硬质合金等。

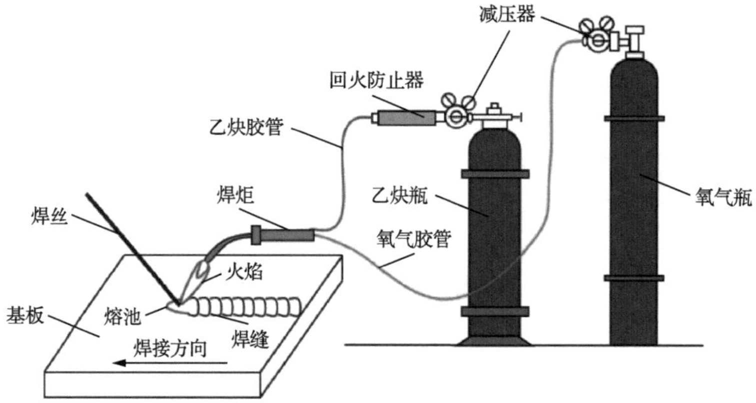

图 5.28　氧-乙炔焰堆焊设备

氧-乙炔焰堆焊材料形状主要为焊条及焊丝，由于氧-乙炔焰堆焊是手工操作，堆焊劳动强度大、熔覆速度低，不适合于高效率的大面积堆焊。

2. 堆焊设备

目前，我国的堆焊设备主要有改装和专用两种形式。以轧辊等回转体工件堆焊设备为例，改装的堆焊设备由轧辊装夹、回转系统和焊机系统组成。轧辊装夹和回转系统由堆焊厂家自己设计制造，焊机采用埋弧自动焊机，将普通埋弧机头改装成堆焊机头，电源采用直流弧焊电源。另一种是专用堆焊设备，可分为轧辊夹持系统、焊接系统、控制系统和辅助系统四个部分。轧辊夹持系统包括轧辊转动及支承机构、焊接机头轴向移动机构、机头垂直升降系统和导前距离调整机构等；焊接系统包括焊接电源、焊接机头、机头焊接控制箱、单丝(双丝)焊枪等；控制系统包括主控制台、主轴驱动调速控制、机头升降驱动控制、焊剂送给与回收电控系统等；辅助系统包括轧辊加热与保温装置、除尘系统等。

堆焊通用焊机的类别与品种繁多，各类产品的特点及用途又各不相同，堆焊选用焊机时应注意下列因素。

1) 堆焊对象的技术要求

堆焊对象的技术要求一般是指堆焊工件的材料、结构形状、尺寸大小、精度高低及堆焊工件使用要求等。若堆焊或修复低碳、中碳及低合金钢耐磨表面，其形状不规则，又在可达性差的部位施焊，一般选用手工电弧焊机。

堆焊结构尺寸的大小，也是选用堆焊设备必须考虑的。对于厚度大、面积大的堆焊件，应选用埋弧自动焊机或电渣焊机；若遇到难熔活性金属、耐热合金和耐蚀合金堆焊，通常选用等离子弧焊机或惰性气体保护焊机；对于外形尺寸固定、生产批量大的堆焊件，应选用或改装专用堆焊机较理想。

2）经济效益

焊接设备的能源消耗较大，在选用焊机时，在保证堆焊质量和满足工艺要求的情况下，应尽可能地采用节能设备，处理好一次投资与长期使用耗电费用的关系，以获得最佳的经济效益。

3）实际的使用情况

不同类型的焊机都可堆焊某一个零件时，要根据实际情况来选用焊机。例如，一个低碳钢薄件需要堆焊，与几种焊接工艺方法比较，以选用 CO_2 气体保护焊机最合适，若无 CO_2 气源和焊丝供应，则不能选用，这时，选用弧焊变压器或弧焊整流器为好。又如在野外施工，缺乏电源和气源，就只能选用柴（汽）油机驱动直流弧焊发电机、履带拖拉机驱动直流弧焊发电机和汽车驱动直流弧焊发电机作为手工电弧堆焊的电源。

5.2.3　堆焊材料

堆焊作业工件的工作条件复杂多变，对堆焊填充材料使用性能除了耐磨性要求外，对耐冲击性、耐腐蚀性及在高温下的使用性等均有要求。耐磨损是堆焊熔覆金属最重要、最广泛的应用要求，但也常常对其他几种性能同时有要求。选择堆焊材料时，首先要考虑满足的工作条件和要求；其次还要考虑经济性、母材的成分、工件的批量以及拟采用的堆焊方法。但在满足工作要求与堆焊合金性能之间并不存在简单的关系，如堆焊合金的硬度并不能直接反映堆焊金属的耐磨性，因此堆焊合金的选择在很大程度上要靠经验和实验来决定。

堆焊材料依据不同的分类标准类别不同。从化学成分组成来看，堆焊材料具体主要可分为铁基堆焊金属、钴基堆焊金属、镍基堆焊金属、铜基堆焊金属和碳化钨基堆焊金属五大类。从物理形态来看，堆焊材料主要分为丝状、条状、片状、粉状等。

1. 铁基堆焊金属

铁基堆焊合金的性能变化范围广，韧性和耐磨性配合好，并且成本低、品种多，所以使用十分广泛。铁基堆焊金属按其金相组织的不同，可分为珠光体钢、奥氏体高锰钢、马氏体钢和合金铸铁四类[29]。

珠光体钢堆焊金属，一般 $w(C)<0.25\%$，其堆焊金属的金相组织以珠光体为主（包含索氏体和屈氏体），其洛氏硬度为 20～38HRC。含合金元素总量在 5%以下，以 Mn、Cr、Mo、Si 为主要合金元素，焊后自然冷却。当合金元素含量偏高且冷却速度较快时，能产

生部分马氏体组织，硬度也增高[29]。

奥氏体高锰钢堆焊金属，$w(C)$=0.7%～1.1%，$w(Mn)$=10%～14%。其强度高、韧性好，但容易产生热裂纹，焊后布氏硬度约为 170HBW。经冷作硬化后，布氏硬度可达 450～500HBW。一般用于修复严重冲击荷载下金属间磨损和磨料磨损的零件，如矿山料车、铁道道岔等。

马氏体钢堆焊金属的含碳量一般为 0.1%～1.7%，合金元素含量为 5%～15%，焊态下的组织为马氏体，有时也有少量珠光体、屈氏体、贝氏体和残余奥氏体。加入 Mn、Mo、Ni 能提高淬硬性，促使马氏体形成，加入 Mo、Cr、W、V，可形成抗磨的碳化物；加入 Mn、Si 可改善焊接性，堆焊层的洛氏硬度在 25～65HRC 范围内，主要取决于 C 和 Cr 的含量[30]。

合金铸铁堆焊金属可分为马氏体合金铸铁、奥氏体合金铸铁和高铬合金铸铁三种。其中，马氏体合金铸铁堆焊金属，$w(C)$=2%～5%，并加入其他合金元素，有铬、钨、镍和硼等，其总的质量分数不超过 20%，属亚共晶合金铸铁，其金相组织为马氏体+残留奥氏体+莱氏体合金碳化物。马氏体合金铸铁堆焊层洛氏硬度为 50～66HRC，具有很强的抗磨料磨损能力，耐热、耐蚀和抗氧化性能也较好，还能耐轻度冲击，但在堆焊时易出现裂纹，主要用于农机设备、矿山设备等零件的堆焊。

奥氏体合金铸铁堆焊金属，$w(C)$=2%～4%，$w(Cr)$=12%～28%，同时含有锰、镍、钼、硅等合金元素，金相组织为奥氏体+网状莱氏体的共晶体。其堆焊层洛氏硬度为 45～55HRC，耐低应力磨料磨损性能高，但耐高应力磨料磨损性能比马氏体合金铸铁堆焊层低；耐腐蚀性和抗氧化性较好，有一定韧性，能承受中等冲击，对开裂或剥离的敏感性比马氏体合金铸铁和高铬合金铸铁堆焊层都小，主要用于有中度冲击和中等磨料磨损的场合，如粉碎机辊、挖掘机斗齿等零件的堆焊。

高铬合金铸铁堆焊金属，$w(C)$=1.5%～6%，$w(Cr)$=15%～35%，为进一步提高耐磨性、耐热性、耐蚀性和抗氧化性，加入 W、Mo、Ni、B、Si 等合金元素。高铬合金铸铁堆焊金属可分为奥氏体型、可热处理硬化型（马氏体型）和多元合金型三种，其共同特点是含有大量初生的针状 Cr_7C_3。这种极硬的碳化物分布在基体中，从而大大提高了堆焊层耐低应力磨料磨损的能力，但耐高应力磨料磨损的性能还取决于基体对 Cr_7C_3 的支撑作用，其中奥氏体型的最差，多元合金型的最好[27]。高铬和高硼铁基耐磨合金是目前市场应用得最多的抗磨粒磨损堆焊材料。有关高铬合金理论研究和工程应用较为成熟，为进一步降低堆焊材料成本和提高性能，近十年来，针对高硼铁基耐磨堆焊材料开发了高硼铁基合金系列：Fe-Cr-B-C、Fe-Cr-B、Fe-Cr-Mo-B、Fe-Cr-B-Nb-C、Fe-Cr-B-Ti-C、Fe-Cr-B-Si-C 等[31]，高硼铁基耐磨堆焊材料可用于冲击小的严重磨粒磨损部件的堆焊，如混凝土输送管内壁、布料溜槽、撕解刀等。

2. 钴基堆焊金属

钴基堆焊合金又称司太立（Stellite）合金，以 Co 为主要成分，加入 Cr、W、C 等元素，主要成分为 $w(C)$=0.7%～3.3%、$w(W)$=3%～21%、$w(Cr)$=26%～32%，其余为 Co，堆焊层的金相组织是奥氏体和共晶组织。碳质量分数低时，堆焊层由呈树枝状晶的 Co-Cr-W

固溶体(奥氏体)和共晶体组成，随着碳质量分数的增加，奥氏体数量减少，共晶体增多，因此，改变碳和钨的含量可改变堆焊合金的硬度和韧性。在钴基合金中，有时会添加 WC、TiC、VC、Al_2O_3 等陶瓷材料作为增强相，来提高硬度和耐磨耐蚀性。

钴基堆焊合金具有以下特点：

(1)高温性能优异。具有良好的高温强度和热稳定性，在高温下保持较好的力学性能。

(2)耐磨性强。能够抵抗磨损、磨粒磨损和冲蚀磨损等多种磨损形式。

(3)耐腐蚀性好。在酸碱、海水、氧化剂等腐蚀介质中表现出良好的耐蚀性。

(4)焊接性能良好。具有良好的可焊性和可加工性，能够满足不同焊接和加工要求。

钴基合金堆焊对加热、工艺要求比较严格，堆焊过程中容易出现弧坑裂纹与横向裂纹。在钴基合金堆焊工艺中一般通过控制焊前预热、焊接中的工艺参数、后热及焊后热处理等控制堆焊过程中裂纹的产生。

钴基堆焊合金广泛应用于航空发动机的高温部件、石油钻头和石油管道等耐蚀、耐磨的设备、化工领域的反应器、换热器等高温腐蚀部件。

3. 镍基堆焊金属

镍基堆焊合金是指由镍合金为基体，经过一定配方和工艺制作而成的用于堆焊的合金材料，可以制成焊丝、粉末、带状等多种形状。镍基堆焊合金同时还可以添加其他元素以达到特定的性能要求，如改善耐腐蚀性、耐高温性和力学性能等。

镍基堆焊合金具有以下特点：

(1)耐高温性强。具有优异的耐高温性能，可以在高温下长时间稳定工作。

(2)耐腐蚀性强。能抵御酸、碱、盐等多种腐蚀介质的侵蚀，具有良好的耐腐蚀性能。

(3)焊接性能好。可方便地与其他异种金属材料进行焊接，形成牢固的连接。

镍基堆焊合金分为含硼化物合金、含碳化物合金和含金属间化合物合金三大类。这类堆焊合金的抗金属间摩擦磨损性能最好，并具有很高的抗氧化性、耐蚀性和耐热性。此外，由于镍基合金易于熔化，有较好的工艺性能，所以尽管比较贵，但仍广泛应用于航空航天、石油化工等领域，常用于高温高压蒸汽阀门、化工阀门、泵柱塞等的堆焊[32]。

4. 铜基堆焊金属

堆焊用的铜基合金主要有青铜、纯铜、黄铜、白铜四大类，其中，应用比较多的是青铜类的铝青铜和锡青铜。

铝青铜强度高，耐腐蚀、耐金属间磨损，常用于堆焊轴承、齿轮、蜗轮及耐海水腐蚀工件，如水泵、阀门、船舶螺旋桨等。锡青铜具有一定强度且塑性好，能承受较大的冲击载荷，减摩性优良，常用于堆焊轴承、轴瓦、蜗轮、低压阀门及船舶螺旋桨等[33]。

5. 碳化钨基堆焊金属

这类堆焊合金由大量碳化钨颗粒分布于金属基体(如碳钢、低合金钢、镍基合金、钴基合金和青铜等)上构成，堆焊层中，钨的质量分数在45%以上、碳的质量分数为1.5%～2%。碳化钨由WC和W_2C组成，有很高的硬度和熔点。碳质量分数为3.8%的碳化钨的维氏硬度达2500HV，熔点接近2600℃。

碳化钨颗粒具有硬度高、熔点高、热膨胀系数小、耐磨性好，并且碳化钨与铁的润湿角几乎为零，因此母材能够完全包裹碳化钨颗粒，界面结合能力强，不易产生裂纹等特点，使以碳化钨颗粒作为硬质相的碳化钨基堆焊材料得到了快速发展和应用。

5.2.4 堆焊质量

在对工件进行堆焊作业前，通常需要进行堆焊工艺评定。依据堆焊材料及目的的不同，试验和检验项目有所不同，以此综合评价该堆焊工艺下的堆焊质量并进行验收。部分堆焊评定标准见表5.7。

表5.7　部分堆焊评定标准

标准号	标准类型	标准名称
GB/T 40740—2021	国家标准	《堆焊工艺评定试验》
GB/T 22652—2019	国家标准	《阀门密封面堆焊工艺评定》
EJ/T 1027.14—1996	核工业行业标准	《压水堆核电厂核岛机械设备焊接规范 奥氏体不锈钢耐蚀堆焊工艺评定》
EJ/T 1027.15—1996		《压水堆核电厂核岛机械设备焊接规范 镍基合金耐蚀堆焊工艺评定》
EJ/T 1027.16—1996		《压水堆核电厂核岛机械设备焊接规范 阀门耐磨堆焊工艺评定》
HG/T 3179—2023	化工行业标准	《尿素高压设备堆焊工艺评定和焊工技能评定》

主要检测项目根据破坏形式分为两大类：一是无损检测，包括但不限于目视检查、表面裂纹检测和缺陷检查(探伤，如超声波检测、渗透检测、磁粉检测)等；二是破坏性试验，包括但不限于化学分析、金相检验、硬度试验、侧弯试验、铁素体含量测定等。

除非技术要求上另有规定，耐蚀堆焊和耐磨堆焊应按照表5.8的基础规定进行验收[主要参考《堆焊工艺评定试验》(GB/T 40740—2021)]，异种材料之间的过渡层堆焊应同时遵循其他相关标准要求[《钢、镍及镍合金的焊接工艺评定试验》(GB/T 19869.1—2005)]，部分行业、企业标准要求更为苛刻，验收标准可参照相关标准。

表5.8　耐蚀堆焊和耐磨堆焊评定标准

<table>
<tr><th>类别</th><th>项目</th><th>耐蚀堆焊</th><th>耐磨堆焊</th></tr>
<tr><td rowspan="5">无损检测</td><td rowspan="2">目视检查</td><td>不允许有裂纹和其他线状缺陷</td><td>不允许有线状和面状缺陷</td></tr>
<tr><td>不允许有表面气孔</td><td>允许有2mm以下的表面气孔</td></tr>
<tr><td>渗透检测</td><td colspan="2">按照GB/T 26953—2011的验收等级2验收</td></tr>
<tr><td>磁粉检测</td><td colspan="2">按照GB/T 26952—2011的验收等级2验收</td></tr>
<tr><td>超声波检测</td><td colspan="2">按照产品标准规定进行验收</td></tr>
</table>

续表

<table>
<tr><th>类别</th><th>项目</th><th>耐蚀堆焊</th><th>耐磨堆焊</th></tr>
<tr><td rowspan="5">破坏性试验</td><td rowspan="2">金相检验</td><td>不允许有裂纹和其他线状缺陷</td><td>对线状缺陷作出规定</td></tr>
<tr><td colspan="2">准许 2mm 以下的单个气孔或气孔群</td></tr>
<tr><td rowspan="2">硬度试验</td><td colspan="2">母材和热影响区的硬度值不超过 GB/T 40740—2021 要求</td></tr>
<tr><td>—</td><td>对堆焊层表面的最低硬度有规定</td></tr>
<tr><td>侧弯试验</td><td>试验过程中，试样不应在任何方向出现大于 3mm 的缺陷。评估时在试样边角出现的缺陷可以忽略</td><td>不适用</td></tr>
</table>

通过堆焊工艺评定试验评定合格的预焊接工艺规程，采用相同的技术和质量控制方式在车间或现场进行堆焊作业均有效。

5.2.5　堆焊应用及发展趋势

1. 堆焊技术的应用

堆焊作为制造和再制造的重要技术手段，被广泛应用于矿山、冶金、建筑、工程机械、车辆、石油化工、航空航天等领域装备零件的制造或修复，并取得了显著的经济和社会效益。近十年，国家大力发展循环经济，助力实现碳达峰碳中和目标，各部委先后出台了与再制造相关的政策指导性文件及法规，以支持企业开展机动车零部件、工程机械、机床等产品的再制造。我国作为制造大国，机电产品保有量巨大，堆焊作为制造或再制造技术的重要支撑，迎来了前所未有的发展机遇。近十年，仅在“堆焊”“修复”“再制造”相关领域就制定了 40 余项标准(包括 10 项国家标准、22 项行业标准、6 项团体标准和 3 项地方标准)，且多数与激光修复、激光再制造、核电设备堆焊相关，表明激光加工技术用于修复和再制造，以及核电设备的堆焊需求增多[34-36]。

近十年来，随着全国城镇生活垃圾无害化处理设施建设的快速推进，垃圾焚烧锅炉和生物质锅炉受热面管壁的高温腐蚀防护问题极为突出，国内采用冷金属过渡(CMT)、脉冲 MIG、激光熔覆或感应熔覆技术在锅炉受热面管壁上熔覆以镍基材料为主的研究和工程应用已取得了良好的效果。采用 CMT 技术可以获得较低的稀释率，有效降低堆焊层中铁的含量，减少炉管变形。图 5.29 为某公司采用 CMT 冷焊技术堆焊修复的炉管。目前，该技术已经大量应用于垃圾焚烧炉管排的防护，使其使用寿命提高 6～8 倍。

针对模具工作条件，采用两种或两种以上焊材堆焊模具型腔不同位置，制造双金属或多金属模具，不仅能延长其使用寿命，降低制造成本，还能节约资源和能源，符合可持续发展的内在要求。因此，模具堆焊制造与修复已成为模具制造领域的重要方法。近十年，随着现代工业技术发展，人工作业的模具堆焊工艺逐渐被机器自动作业，即基于 3D 打印原理实施的“电弧增材制造技术”所代替。采用电弧增材制造技术制造模具不仅使劳动环境有较大改善，还促使堆焊效率和产品质量显著提高。

“模具电弧增材(再)制造”是以电弧为热源，焊枪以点—线—面—体的规划路径，在程序的控制下，以机器人操控焊枪实施模具增材制造的方法。该方法无需人为操控，

图 5.29　CMT 冷焊技术堆焊炉管

操作者不接近预热后的灼热模具，模具堆焊不用注满，可随形(仿形)焊接，是一种自动化堆焊制造过程。模具电弧增材(再)制造技术主要包括：缺陷探测与清理技术；修复区快速测量与重构技术；分层切片、路径规划与姿态调整软件设计技术；微渣气体保护模具专用焊材研制技术；焊接工艺与成形控制技术等。曲轴热锻模具修复过程如图 5.30 所示[37]。

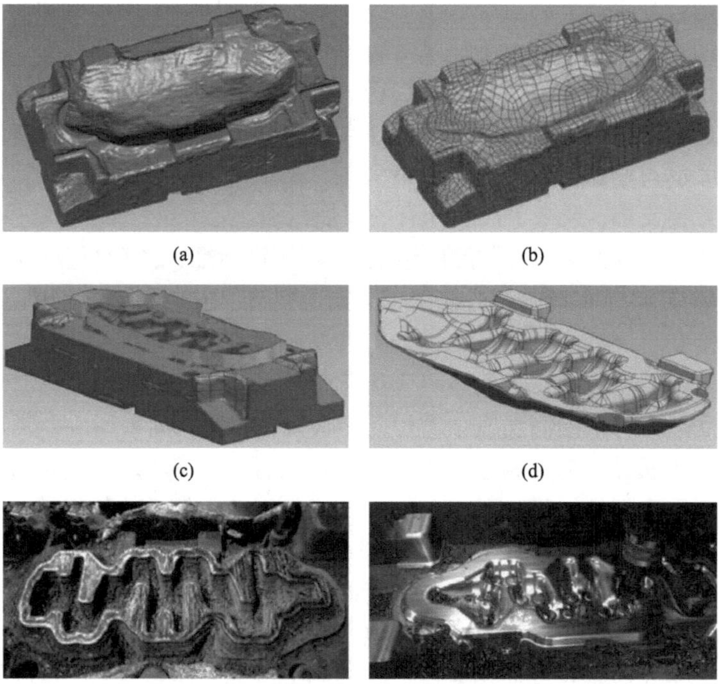

(a)　(b)　(c)　(d)　(e)　(f)

图 5.30　曲轴热锻模具修复

(a)扫描点云；(b)曲面三维重建；(c)损伤模型和标准模型对齐；(d)目标模型；(e)修复完成的模具；(f)精加工产品

2. 堆焊技术的发展趋势

我国正由制造大国向智造大国发展，堆焊技术作为制造和再制造技术的重要支撑，正面临前所未有的发展机遇[38]。

(1) 随着设备的大型化和技术成熟度的提高，堆焊制造和修复再制造的行业竞争激烈。目前多专业融合复合技术处于快速发展中，如复合材料开发、复合热源研究、粉末冶金-堆焊复合技术等。激光修复技术、增材制造修复技术会成为关键装备制造与再制造表面改性技术的强增长点。

(2) 由于零部件的几何构型复杂化、材质复杂化、尺寸大型化或精细化，对热加工过程材料和工艺控制、堆焊技术研究和应用提出了更高的要求，需要从前期堆焊固态相变和焊接应力应变的模拟、执行过程堆焊数据库的建立和大型部件堆焊后的自动降低焊接残余应力及组织应力的手段和方法进行更深入的研究，为资源节约和高质量再制造提供技术支撑。实现堆焊修复成形控制系统的集成化，提高修复系统的智能化和柔性化程度，发展堆焊修复流程管理和过程监控平台。

(3) 国内目前有些高端堆焊材料（尤其是 Ni 基、Co 基高温合金堆焊材料）和先进装备还存在"卡脖子"问题，如适用于"三深一极"（深空、深海、深地、极地）极端环境的材料体系，仍需不断强化适用于超高温、极寒、强腐蚀、强磨损等环境的材料性能。

5.3　激光熔覆技术

5.3.1　概述

激光熔覆（laser cladding, LC），也称激光包覆或激光熔覆，是一种先进的表面改性技术。通过在基体表面添加熔覆材料，利用高能量密度激光束，使熔覆材料与基体表面薄层一起熔凝的方法，在基体的表面快速凝固，形成与基材具有完全不同成分和性能的合金层。激光熔覆是一种涉及光、机、电、计算机、材料、物理、化学等多门学科的跨学科高新技术。

1. 激光熔覆技术的发展

激光熔覆的发展可以追溯到 20 世纪 60 年代。当时，许多学者致力于在低熔点基体上熔覆抗磨材料，这些材料包括：钨及其碳化物，钼、铼、铌、钛及其碳化物和氧化铝。大部分采用等离子或火焰喷涂的方法，将熔覆材料预置在基体材料上，随后进行熔覆。由于激光器相关技术的限制，激光熔覆在 70 年代中期经历了一段相对缓慢的发展时期。进入 80 年代后，激光熔覆技术迅速发展，结合 CAD 技术兴起的快速成形加工技术，为激光熔覆技术注入了新的活力。在 90 年代，激光熔覆技术逐步进入工业应用，特别是在修复和强化高价值零部件方面。同时，计算机控制技术的发展使得激光束的运动和粉末供给得到了精确控制，提升了熔覆层的质量和一致性。美国海军将激光熔覆技术应用于"洛杉矶"级核潜艇"普罗维登斯"号导弹垂发系统的维修，不仅将发射管的腐蚀处理时间缩短了 62.5%，还显著延长了使用寿命，同时提升了防腐蚀性能。进入 21 世纪后，超高速激光熔覆技术的概念逐渐成形，研究人员开始集中于提高激光熔覆的速度和效率，开发出更高功率的激光器和更精确的控制系统。

超高速激光熔覆技术由德国的弗劳恩霍夫激光技术研究所(Fraunhofer ILT)提出，并由德国 ACunity 公司于 2017 年率先实现了超高速激光熔覆设备的产业化。这是一种以更高激光功率密度和更快扫描速度进行熔覆的新技术，使得材料的沉积速率大幅提高，通常可达到 100m/min 甚至更高。超高速激光熔覆技术特别适用于需要高耐磨性、高耐蚀性和高强度的回转体零部件加工，如盾构滚刀刀圈、汽车发动机气门座圈、石油钻头、液压支架立柱等。随着超高速激光熔覆技术的不断进步，其在航空航天、汽车制造、石油化工、船舶制造等领域的应用前景将更加广阔，正在引领激光加工技术的新趋势。

经过六十多年的发展，激光熔覆已成为材料表面工程领域的前沿和热门课题。激光熔覆适用于局部易磨损、冲击、剥蚀、氧化腐蚀，以及局部要求特殊性能(局部光敏、热敏、超导、强磁性能要求)的零部件，且材料的成分不受通常的冶金热力学条件限制，应用相当广泛[39]。随着激光系统、控制系统精准度的提高，激光熔覆技术作为激光再制造及激光 3D 制造技术的重要支撑技术，不仅可以满足成形、成性一体化需求的增材制造技术，还兼顾精确成形和高性能的成性。集激光技术、计算机技术、数控技术及材料技术等多种现代先进技术于一体，激光熔覆已逐渐发展成为可实现智能制造的先进技术。同时，激光熔覆能够解决传统制造方法难以克服的挑战，是国家重点支持和推动的一项高新技术。

2015 年 5 月，国务院印发了强化高端制造业的国家战略规划《中国制造 2025》，该战略旨在到 2025 年将中国转型为世界领先的制造业强国。在新一轮科技革命和产业变革中，加快转变经济发展方式，实施制造强国战略，实现从制造业大国向制造业强国的转变，关键在于智能制造。激光技术作为典型的智能制造技术，凭借其高精度、高柔性、绿色化及开放性等先天优势，在工业制造升级中扮演着重要角色[40]。

2. *激光熔覆技术的原理*

激光熔覆技术采用的激光功率密度的分布区间为 $10^4 \sim 10^6 W/cm^2$。高功率激光束以较高的功率入射到要改善的零件表面上，一部分入射光被反射，一部分光被吸收，当瞬时被吸收的能量超过临界值后，熔化的熔覆材料及基材表面薄层产生熔池，之后快速凝固形成冶金结合。激光束根据应用程序给定的路线来回扫描，从而逐线逐层进行熔覆。

激光熔覆原理如图 5.31 所示，激光器、反射镜构成激光系统，提供粉末及基体熔化的热源，数控系统、检测单元构成闭环控制系统，进行实时监控及调整，提高熔覆层表面精度；送粉喷嘴、粉末束流分束及合成装置、送粉器构成送粉系统，以保证熔覆粉末量的供给；最终，基体表面熔池快速凝固后形成稀释率低并与基体呈冶金结合的表面熔覆层，从而达到表面改性或修复的目的，既满足了对材料表面特定性能的要求，又节约了大量的贵重合金元素。

超高速激光熔覆与普通激光熔覆工艺的不同之处在于，粉末在离工件一定距离处熔化，并高速喷射到工件表面形成极薄的冶金层。此过程大幅提高了熔覆速率，并显著改善了基体材料表面的耐磨、耐蚀、耐热和抗氧化等特性。与传统激光熔覆相比，超高速激光熔覆能够在更短时间内完成更大面积的处理，且熔覆层更加均匀致密。

在激光熔覆技术中，若要了解其原理及熔覆层的特性，先要从以下三个基础理论进

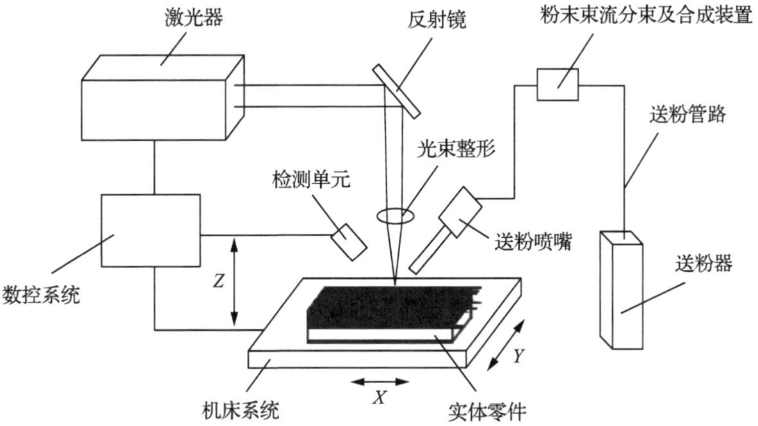

图 5.31　激光增材制造技术制备实体零件原理图

行讨论：激光与金属的相互作用、急冷非平衡凝固特点、熔池中的对流现象。

1) 激光与金属的相互作用

激光与金属的相互作用由激光与粉末、激光与基体的相互作用构成。当激光束穿越粉末时，部分能量被粉末吸收，使基体表面的能量衰减；而粉末在进入金属熔池之前，由于激光的加热作用使其形态发生改变，依据所吸收能量的大小，有熔化态、半熔化态和未熔化态。激光与粉末作用衰减后的能量使基体熔化产生熔池，该能量大小决定了基体熔深，进而影响熔覆层的稀释率。

激光在材料表面的反射、透射和吸收本质上是光波的电磁场和材料相互作用的结果。金属中存在大量的自由电子，当激光照射到金属材料表面时，由于光子能量特别小，通常只对金属中的自由电子发生作用，也就是说，能量的吸收是通过金属中的自由电子这个中间体，然后电子将能量传递给晶格。由于金属中自由电子数目密度特别大，因而透射光波在金属表面能被吸收。对于波长为 0.25μm 的紫外光到波长为 10.6μm 的红外光的测量结果表明：光波在各种金属中的穿透深度为 10nm 左右，吸收系数为 10^5～$10^6 cm^{-1}$。

金属对激光的吸收与激光的波长、功率密度、材料特性及表面状态有关，这里只阐述激光的波长及功率密度对吸收率的影响。一般而言，随着波长的缩短，金属对激光的吸收增加[41]。实际加工时用的激光器有 YAG 和 CO_2 两种，其波长分别为 1.06μm 和 10.6μm，不同的材料必须选定不同的激光器。图 5.32 为部分金属材料表面反射率与激光波长的关系，随着波长增加，金属对激光能量的吸收率降低。大多数金属对波长 10.6μm 的 CO_2 激光器的吸收率大概只有 10%，而对 1.06μm 的 YAG 激光的吸收率为 30%～40%。当激光波长大于临界波长时，金属表面对激光束的反射率陡然上升，90%以上的激光能量将被反射，因此，激光加工时，激光波长应该小于被辐照金属的临界波长。

激光能量密度是指单位光斑面积内的功率大小。不同功率密度的激光作用在材料表面会影响材料对激光的吸收率。当激光密度较低时，金属吸收能量只会引起材料表层温度的升高，随着温度的升高，吸收率将会缓慢增加。

对于实际的金属零件表面，金属是以粉末形式存在的，熔化并不总是随着吸收率的

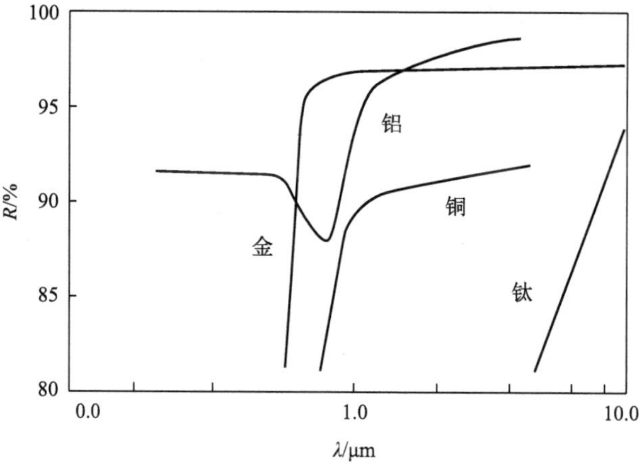

图 5.32 部分金属材料表面反射率(R)与激光波长(λ)的关系

增加而提高，相反可能导致吸收率降低。因为若激光功率密度达到 10^6W/cm^2 数量级时，材料表面将在激光束的照射下强烈汽化并形成小孔，金属对激光的吸收率急剧提高，可达到 90%左右；当激光功率密度超过 10^7W/cm^2 数量级时，将会出现等离子体对激光的屏蔽现象。因此，激光功率密度的选择对激光熔覆有关键作用。

2) 急冷非平衡凝固特点

由于激光熔覆层熔化时，熔池温度可达到 1000～2000℃，熔池与基体的热传导作用使得熔池冷却速度可达 1000℃/s，因此，熔覆层的凝固过程为非平衡凝固模式[42]。在激光束的辐照下，熔覆层的温度呈径向分布，使得熔覆区组织呈现为定向生长的组织形态。根据成分过冷理论，非平衡下凝固组织，从熔合线到表面，依次为平面晶、胞状晶、树枝晶。图 5.33 为胞状晶及树枝晶的示意图。图 5.34 为铁基熔覆粉末的凝固组织，熔覆层组织具有取向性，枝晶的生长方向与温度梯度方向相反。

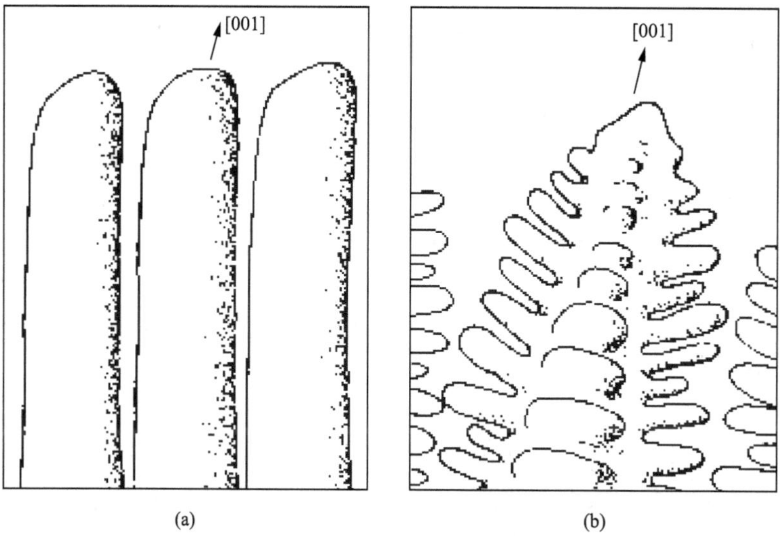

图 5.33 胞状晶(a)和树枝晶(b)

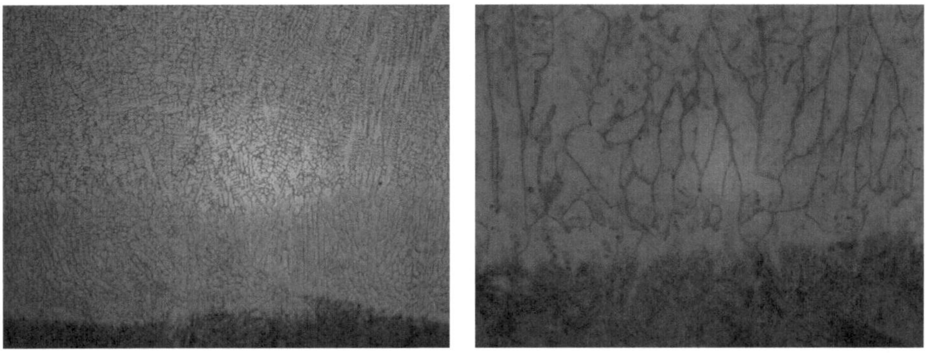

扫码见彩图

图 5.34　铁基熔覆粉末的凝固组织

3）熔池中的对流现象

激光熔覆中流体的流动状态对熔覆层的质量有重要影响。一方面，激光熔覆过程中，熔池中会产生大量氧化物与过饱和气体（如氮、氢、氧等），这些氧化物若不能从熔池中逸出，便会在熔覆层中产生夹杂物和气孔，降低熔覆层的机械性能和致密性。熔池中气泡或氧化物区域的流体速度方向是否与其上浮方向一致，决定气泡与夹杂物逸出熔池的可能性。另一方面，熔池中流体的流动状态与熔覆层合金元素的稀释、微观组织结构的演变存在密切的关系。大量计算和实际测量结果表明，液态金属的流动使熔池中温度重新分布，导致热流方向改变，进而影响熔覆层微观组织结构的演变。同时，熔池液态金属的流动方向直接影响熔覆层合金元素的稀释程度，从而影响熔覆层的成分变化。

目前，国内外学者对熔池中液态金属流动特征的实验测量和计算做了一些研究工作，并提供了一些方法。在熔池流动特征的实验测量方面，主要是借助于高速摄像设备对熔池进行实时观测，观察熔池中预先加入的标记物的运动状态或熔池形状的周期性变化，以推测熔池的流动状态，或者是根据熔覆层合金元素的分布，分析熔池中的流动状态。计算方面，主要是通过数值模拟方法建立熔池流动的数值模型。

目前，以 Heiple 为首的学者认为，熔池中主要的对流形式是以马兰戈尼（Marangoni）流为主导的双环涡流，模型如图 5.35 所示。熔池上表面靠近激光束作用区域附近的液体温度高于远离激光束作用区域的液体温度。当表面张力温度系数为负数时（即$\partial\sigma/\partial T<0$），该液态金属表面张力随着温度的升高而降低，此时，熔池边缘表面张力大于熔池中心，熔池自由表面流体在表面张力梯度的驱动下由熔池上表面中心流向熔池边缘；随后，在熔池边缘处液态金属流动方向发生变化，液体金属沿着熔池边界流入熔池底部；最后，在靠近激光束作用区中心线附近垂直向上流动形成回流。与此同时，熔池内部熔体也在表面流体的液态黏性剪切力的驱动下依次流动，最终使熔池横截面上激光束中心线左侧形成逆时针环流，右侧形成顺时针环流。反之，当表面张力温度系数$\partial\sigma/\partial T>0$时，液态金属表面张力随着温度的升高而升高，熔池边缘表面张力小于熔池中心，熔池自由表面流体由熔池上表面边缘向熔池中心流动，随后，在熔池中心处，由于重力和惯性的作用，在激光束作用区中心线两侧垂直向下流向熔池底部，形成与表面张力温度系数为负数时完全相反的环流。

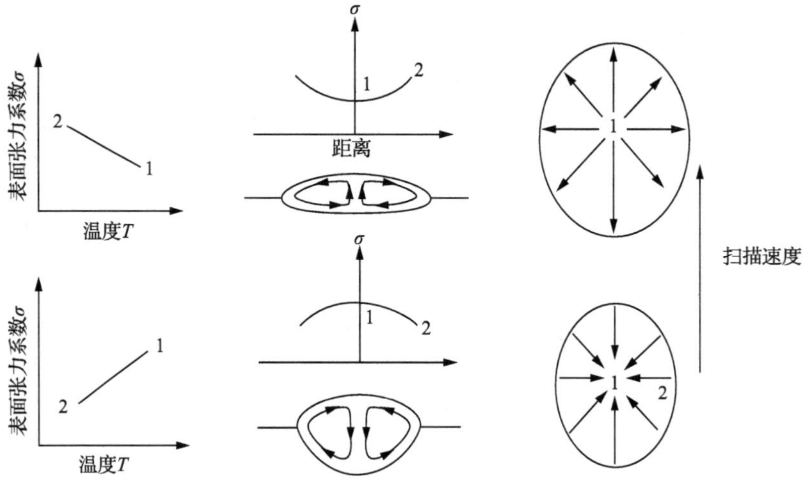

图 5.35　Heiple 表面张力学说的模型

3. 激光熔覆特点

激光熔覆根据工件的工况要求，熔覆各种设计成分的金属或者非金属，制备耐热、耐蚀、耐磨、抗氧化、抗疲劳或者具有光、电、磁特性的表面覆层。与工业中常用的堆焊、热喷涂和等离子喷涂相比，激光熔覆有下列特点[43]：①熔覆热影响区小，工件变形小，熔覆层稀释率小，与基体呈牢固冶金结合或界面扩散结合，通过对激光工艺参数的调整，可以获得低稀释率的良好熔覆层，并且熔覆层成分和稀释率可控；②冷却速度快（高达 10^5～10^6K/s），产生快速凝固组织特征，容易得到细晶组织或产生平衡态所无法得到的新相，如亚稳相、非晶相等；③合金粉末选择几乎没有任何限制，许多金属或合金能熔覆到基体表面上，特别是能熔覆高熔点或低熔点合金；④能进行选区熔覆，材料消耗少，具有优异的性价比；⑤光束瞄准可对复杂或难以接近的区域进行激光熔覆，工艺过程易于实现自动化。

超高速激光熔覆技术是激光熔覆技术的一种创新和发展。它具有如下特点：①扫描速度可达数百米每分钟，比传统激光熔覆快数倍到数十倍，使大面积覆盖和高效率成为可能；②由于其极高的扫描速度，冷却速率也相应提高，进一步细化了晶粒组织，有助于获得更优异的机械性能；③能够实现微米级的薄层熔覆，大大降低了材料消耗，同时确保了熔覆层的均匀性和致密性；④热输入更均匀，热影响区更小，从而减小了工件变形和残余应力。

通过不断优化和创新，激光熔覆及超高速激光熔覆技术，正在为现代制造业提供更加高效、精准和可靠的表面工程解决方案。

5.3.2　激光熔覆工艺流程及特点

激光熔覆主要的工艺流程为：基材熔覆表面预处理—预热—送料/预置熔覆材料—熔覆堆积过程（—层间加热）—后处理。下面详细叙述。

1. 基材熔覆表面预处理

基材熔覆表面预处理是熔覆过程中的关键步骤，旨在确保基材表面清洁并具备良好的表面状态，以适应后续的前置熔覆材料或同步供料熔覆的需求。有效的表面预处理能够显著提高熔覆层的附着力和整体性能，从而延长工件的使用寿命。

在实际操作中，基材表面常常会覆盖油污、氧化物、锈蚀等污染物，这些污染物会影响熔覆材料与基材之间的结合力，甚至可能导致熔覆层的脱落或性能劣化。为了解决这一问题，通常采用喷砂的方法进行预处理。其工作原理是通过高速喷射磨料颗粒，使其冲击基材表面，借助机械力去除表面锈蚀、氧化层及其他污染物。喷砂不仅能够清除基材表面的杂质，还能在基材表面形成一定的粗糙度。这种粗糙度有利于增加熔覆层的机械咬合力，从而增强熔覆层的附着力和耐久性。

不同的基材和熔覆材料对表面预处理的要求可能有所不同，选择适当的喷砂磨料和工艺参数尤为重要。例如，钢铁材料常采用钢砂或钢丸进行喷砂处理，而较为柔软的有色金属则可能需要使用玻璃珠或氧化铝等较为柔和的磨料。此外，喷砂压力、磨料粒径和喷射角度等工艺参数也需要根据实际情况进行优化，以达到最佳的预处理效果。

2. 预热

预热是指将基材整体或者表面加热到一定的温度，从而使激光熔覆在热的基材上进行熔覆，以防止基材的热影响区发生马氏体相变从而导致熔覆层产生裂纹。因此，适当减少基材与熔覆层之间的温差来降低熔覆层冷缩产生的应力、增加熔覆层液相滞留时间能利于熔覆层气泡和夹渣的排除。实际生产过程中，常采用预热的方法消除或减少熔覆层的裂纹，特别是对于易于开裂的基材必须预热，在熔覆层裂纹倾向较小的情况下，有时也采用预热来减小熔覆应力和提高熔覆质量。但预热降低了表面的冷却速度，因此，可能引起熔覆层的硬度降低，可通过后续热处理恢复其硬度。预热的方式主要有火焰枪加热、感应炉加热和火炉加热等，其中，前两种加热方式常用于基材表层一定范围内的预热，并可实现预热和激光熔覆同步进行。

3. 送料/预置熔覆材料

送料/预置熔覆材料是指将熔覆材料输送到基体上的过程。激光熔覆常用的材料为粉末状，根据激光熔覆过程添加材料的方式不同，可将激光熔覆分为预置送粉式激光熔覆和同步送粉式激光熔覆。

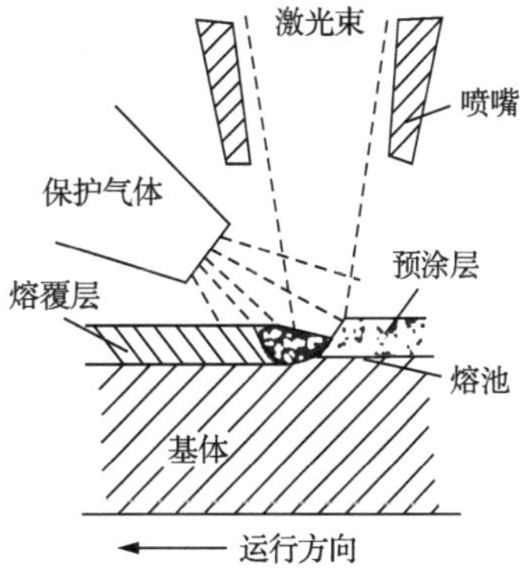

图 5.36　预置送粉式激光熔覆

预置送粉式激光熔覆(图 5.36)是指将熔覆的合金材料以一定方法预先覆盖在材料表面，然后采用激光束在合金覆盖层表面扫描，使整个合金覆盖层及一部分基材熔化，激光束离开后熔化的金属快速凝固而在基体表面形成冶金结合的合金熔覆层。其方式有前置涂覆层、前置涂覆片两种。

前置涂覆层通常是用手工涂覆，方便经济，它是用黏结剂将涂覆层的粉末调成糊状放置于工件表面，干燥后再进行熔覆处理；前置涂覆片是将熔覆材料的粉末加进少量黏结剂模压成片，放置于工件表面进行熔覆处理，而板类合金材料主要采用黏结法或者将合金材料与基材预先压在一起。

预置激光熔覆法研究得较早，其优点是经济方便，不受材料的限制，易于进行复合成分粉末的熔覆，工艺简单，操作灵活。研究表明：在激光加热预置粉末时，首先在表层形成熔化区，由于粉末导热率低，熔池在接近基体前几乎不向基体传递能量。当熔化前沿到达覆层与基体界面时，热传导增加，随之产生的熔池因能量向基体迅速传导而很快凝固。为获得冶金结合的界面，必须连续加热以重熔该涂层，并使基体发生微熔。预置式激光熔覆典型的加热过程决定了该工艺必然存在着先天不足，例如，加热过程中存在熔覆材料的烧损、飞溅等损失。采用黏结方法时表现得更加显著：熔覆层易产生气孔、变形、开裂、夹渣等现象，难以获得光滑的熔覆层，增加了机械加工量，此外，还存在着覆层稀释率不易控制、过程难以实现自动化和粉末材料在激光辐照下定位难等缺陷，严重影响熔覆材料的性能。

同步式激光熔覆是指采用专门的送料系统，在熔覆过程中将合金材料直接送入激光作用区，随着送粉器与激光束的同步移动，合金材料与基体同时熔化，然后冷却结晶形成熔覆层。按同步送粉方式不同分为同轴送粉（图 5.37）和旁轴送粉（图 5.38）。

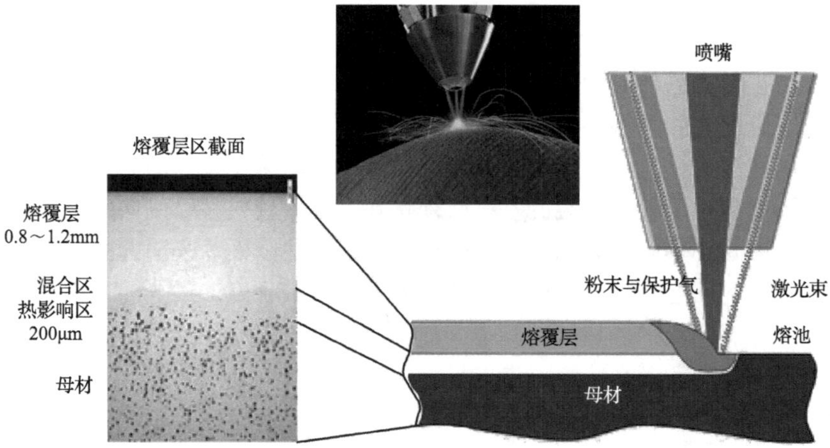

图 5.37 同轴送粉示意图

同步送粉激光熔覆最显著的特征是激光束和熔覆材料、基体在动态下同时相互作用，粉末粒子在激光束中的分布状态、运动时间和激光束的位相关系，对熔覆材料和基体材料的加热过程产生巨大的影响，熔覆材料和基体同时加热且加热温度相当，程度可控。这是同步送粉激光熔覆区别于预置法的显著特征。在送粉激光熔覆过程中，可通过调节粉末流速、粉末喷嘴与激光束聚焦点相对基体表面的距离等参数，实现与其他工艺参数的良好匹配，获得界面为冶金结合的熔覆层。同步送粉法具有工艺参数可控、激光能量吸收率高、稀释率可控、覆层材料范围广和利用率高、过程易于实现自动化控制等优点。对于激光熔覆金属陶瓷而言，采用同步送粉法可大大提高熔覆层的抗开裂性能，促进硬质陶瓷相在覆层内均匀分布，多道搭接时效果更加显著。因此，同步送粉法是未来激光

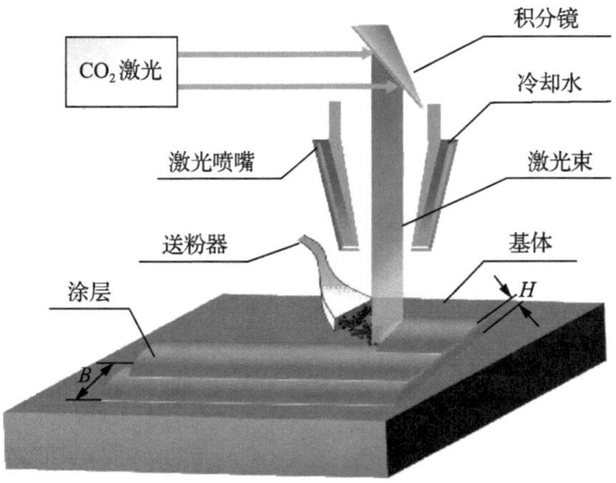

图 5.38　旁轴送粉熔覆过程

H 为熔高；*B* 为熔宽

熔覆发展的主流。但目前同步送粉法在理论和设备上都存在着一些问题，还有待于进一步的解决。同步送粉法要求混合粉末中各成分比重基本一致，且对固态流动性要求高，对于熔覆金属陶瓷型粉末，其硬质相与黏结金属在密度、颗粒度等方面往往存在着差异，限制了它的优势发挥。

4. 熔覆堆积过程

激光熔覆堆积过程是一个复杂的物理、化学冶金过程，也是一种对裂纹特别敏感的工艺过程，其裂纹现象和行为牵涉到激光熔覆的每一个因素，包括基材、合金粉末、前置方式、预涂厚度、送粉速率、激光功率、扫描速率、光斑尺寸等多种因素各自和相互间的影响。因此，合理选材及最佳的工艺参数配合是保证熔覆层质量的重要因素。

在激光熔覆中，影响熔覆层质量的工艺因素有很多，例如，激光功率 P、光斑尺寸（直径 D 或面积 S）、激光输出时光束构型和聚焦方式、工件移动速度或激光扫描速度 v、多道搭接系数 α，以及不同填料方式确定的涂层材料添加量（如预置厚度 d 或送粉量 g）等。这些因素中，可调节的工艺参数并不多，这是因为激光器一旦选定，激光系统特性也就确定了。在熔覆过程中，激光熔覆的质量主要靠调整基激光功率 P、扫描速度 v、激光束直径 D 三个重要参数来实现。

激光功率越大，熔化的金属越多，产生气孔的概率越大。随着激光功率增加，熔覆层厚度增加，周围的液体金属剧烈波动，动态凝固结晶，使气孔数量逐渐减少甚至得以消除，裂纹也逐渐减少。当熔覆层厚度达到极限后，随着功率提高，基体表面温度升高，变形和开裂现象加剧；当激光功率过小，仅表面涂层熔化，基体未熔，此时，熔覆表面出现局部起球、空洞等。图 5.39 为扫描速度为 5m/s，激光功率分别为 3kW、5kW、8kW 的熔覆层形貌[44]。

激光扫描速度 v 与激光功率 P 有相似的影响。熔覆速度过高，合金粉末不能完全熔化，未起到优质熔覆的效果；熔覆速度太低，熔池存在时间过长，粉末过烧，合金元素损失，同时，基体的热输入过大，会增加变形量。

(a)　(b)　(c)

图 5.39　激光熔覆表面形貌

(a) 激光功率为 3kW；(b) 激光功率为 5kW；(c) 激光功率为 8kW

激光束一般为圆形，熔覆层的宽度主要取决于激光束的光斑直径，光斑直径增加，熔覆层变宽。光斑尺寸不同会引起熔覆层表面能量分布变化，所获得的熔覆层形貌和组织性能有较大的差别。一般来说，在小尺寸光斑下，熔覆层质量较好，随着光斑尺寸的增大，熔覆层质量下降；但若光斑直径过小，不利于获得大面积的熔覆层尺寸。

激光熔覆参数不是独立地影响熔覆层宏观和微观质量，而是相互影响的。为了说明激光功率 P、光斑直径 D 和熔覆速度 v 三者之间的综合作用，提出了比能量 E 的概念：

$$E=P/(D\cdot v)$$

即单位面积的辐照能量，可将激光功率密度和熔覆速度等因素综合在一起考虑。E 越大，熔池热输入越大，使粉末充分熔化，但易发生合金元素烧损，并使得熔覆层稀释率增加。反之，热输入小，熔覆层吸热少，粉末易发生球化现象，因此，需要通过调整激光功率、激光扫描速度、光斑尺寸这三个因素将比能量控制在合理范围内。

比能量是控制熔覆层质量的重要参数，稀释率是表征熔覆层质量的重要因素之一。稀释率 η 是指激光熔覆时，由于熔化基体材料的混入而引起的熔覆合金成分的变化程度，用基体材料合金在熔覆层中所占的百分率表示，计算公式为熔池面积 A_m 除以熔覆层面积 A_c 和熔池面积 A_m 之和（图 5.40）：

$$\eta=A_m/(A_c+A_m)$$

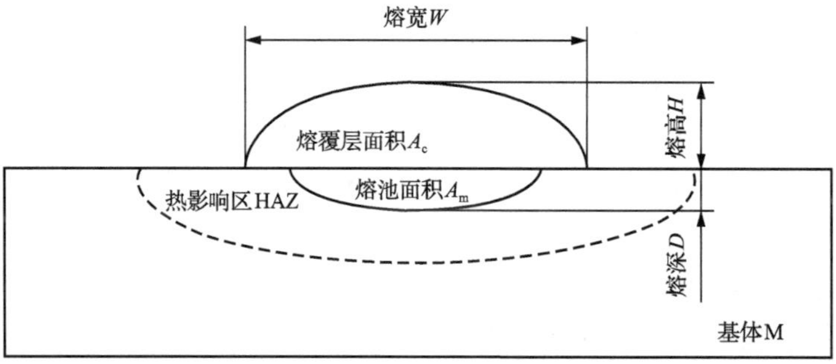

图 5.40　激光熔覆单道涂层几何形貌示意图

激光熔覆过程的稀释率主要取决于激光参数、材料特性、加工工艺和环境条件等。研究表明，对于同步送粉激光熔覆，送粉速率对稀释率起着决定性的作用，送粉速率越大，稀释率越小。在激光熔覆过程中，为获得冶金结合的熔覆层，必须使基体材料表面发生局部熔化。因此，基体材料对熔覆合金的稀释是不可避免的。但为保持熔覆合金的优良性能，又必须尽量减少基体材料对熔覆层稀释的影响，将稀释率控制在适当的程度。实验表明，不同的基体材料与覆层合金化时，所能得到的最低稀释率并不相同，如铁基熔覆 Stellite 6 合金的最低稀释率为 10%，而镍基熔覆最低稀释率为 30%。一般认为，稀释率保持在 10%以下为宜。

宽高比是衡量熔覆层成形形貌的重要指标，在多道熔覆中可表征熔覆层整体的平整度和搭接的熔覆层的熔合程度。宽高比过大则熔高不高，对于规定层厚的激光熔覆工件则导致熔覆效率低，过小则有可能出现相邻搭接熔覆层之间未咬合的现象。影响宽高比的工艺参数主要有激光功率、光斑直径、送粉率和扫描速度。其中，光斑直径直接影响熔宽，送粉率直接影响熔高。一般而言，当送粉率较小，激光功率越大，则熔宽越大、熔高越小，宽高比则越大；当送粉率过大，激光功率越大，则熔宽越大、熔高越大，宽高比反而越小。扫描速度越大，比能量则越小，则熔宽越大、熔高越小。一般认为，宽高比保持在 3 为宜。

在激光熔覆过程中，熔覆层可能出现气孔、裂纹、偏析和硬质相添加物分布不均匀等缺陷。为减少这些缺陷，可以在熔覆堆积过程中引入电磁场、超声振动场或机械振动场等能场辅助熔覆。这些能场主要作用于熔池，其效果包括促进熔池流动、加剧熔池的相起伏从而提高形核率、促进元素和硬质添加相的均匀分布、加速气体排出、打碎枝晶、细化晶粒等。

超声场对熔池产生的效应包括空化效应、声流效应和热效应。空化效应是指超声在熔池中产生的气泡膨胀、压缩并破裂引发的一系列物理作用。在超声交变声压的负压半周期内，空化核会膨胀形成局部低压的空化泡；在正压半周期内，当空化泡周围的声强达到熔体张力阈值时，空化泡会迅速收缩溃灭并猛烈爆炸。气泡迅速收缩时，内部气体或蒸汽被压缩，导致温度急剧升高，空化泡溃灭瞬间，周围局部区域会产生瞬时高温和高压，产生微射流，形成局部激振波，热量以极高的速率向四周扩散。空化泡膨胀时从气泡壁周围的熔池中吸收大量热量，降低熔池温度，增加局部过冷度，降低形核能，促进晶核形成。同时，空化泡破裂加剧熔池的相起伏和能量起伏，提高晶核形成的概率。空化泡随超声振动周期性地膨胀和破裂形成的高温微射流和高速冲击波，对枝晶产生交替的剪切力，导致枝晶疲劳断裂，从而破碎枝晶、细化晶粒。声流效应是指超声波在液体中传播时，受到液体黏度和超声衰减的影响形成一定的声压梯度，引起流体稳定流动。超声的空化效应和声流效应可加速熔池流动，促进元素和硬质相的均匀分布，加速气体排出。随熔池流动传导的热量使初生枝晶重熔并产生大量枝晶碎片，阻碍柱状晶生长。枝晶碎片扩散到熔池中成为新的形核点，进一步促进晶粒细化。研究表明，采用超声辅助激光熔覆工艺的涂层，孔隙减少、残余应力降低、晶粒细化、表面粗糙度下降，性能显著提升，如图 5.41 所示。

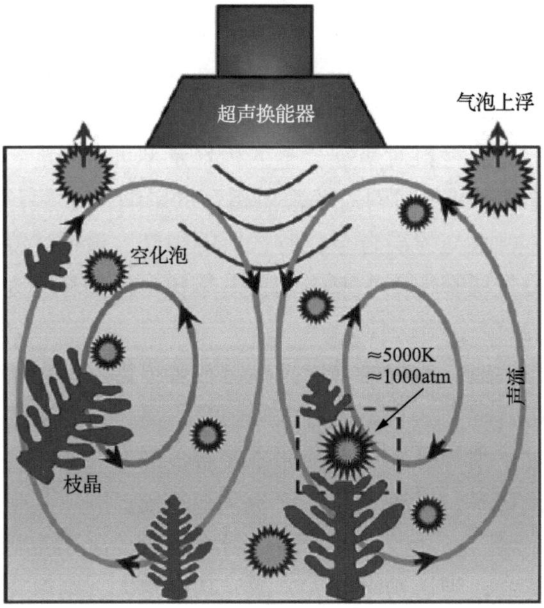

图 5.41　超声空化和声流作用机理示意图[45]

1atm=0.101325MPa

电磁场对熔池的效应主要包括电磁搅拌效应、电磁制动效应、热电磁流体效应和电迁移效应[46]。电磁搅拌效应是指电磁力作用下对熔池产生机械搅拌作用。电磁力也能破碎晶粒，细化组织。导电熔体在磁场作用下产生感应电流，感应电流与磁场作用产生与熔体运动方向相反的洛伦兹力，造成电磁制动效应。热电磁流体效应源于泽贝克(Seebeck)效应，不同电导体的温差会产生电压差，形成热电流[47]。晶体生长会将热量排到熔池中，基体与熔池存在温差，热电流与磁场作用产生热电磁力，影响熔池流动。电磁制动效应和热电磁流体效应之间存在拮抗作用。以上效应促进熔池流动，加速气体排出、提高形核率、促进硬质添加相的均匀分布。电迁移效应是指熔池中的离子在电场作用下定向移动，促进溶质扩散，减少偏析。电磁场辅助激光熔覆的涂层性能比一般激光熔覆工艺更优，气孔和裂纹减少，晶粒细化。

机械振动对激光熔覆的效应相对简单，振动台迫使基体与振动台同步振动，通过熔池壁面作用到熔池中，促进熔池流动[48]。垂直方向上的振动会引起离焦量改变，基体上的光斑直径变化，激光对熔池表面产生周期性压力。由于激振器激发的振动频率低于超声发生器，设备要求较低，但可激发较大的激振力，直接振断枝晶的脆弱部位。机械振动的熔池搅拌作用不如电磁场和超声场，其主要作用是破碎枝晶、细化晶粒。破碎枝晶可打断晶间搭桥，使液体及时补缩，减少裂纹。当振频处于亚共振区时，还具有振动时效、降低残余应力的作用。

5. 后处理

激光熔覆结束后，可以通过后处理的方式消除和减少熔覆层的有害残余应力，提高熔覆层表面质量等。常见的后处理方式有：后热处理、振动时效、超声冲击和超声波滚压(uSRE)等。

后热处理是一种保温处理，可以用于消除和减少熔覆层的残余应力，消除或减少熔覆产生的有害热影响，并且可以防止冷淬火的影响区发生马氏体相变。后热处理通常采用炉火内加热保温，经过充分的保温后，随火炉冷却或降到某一温度出炉空气冷却。加热温度、保温时间和冷却方式都要视后处理的目的、基材和熔覆层的特性而定。

振动时效是通过专业的振动时效设备，使熔覆层产生共振，并通过这种共振方式将一定的振动能量传递到熔覆层的所有部位，使熔覆层内部发生微观的塑性变形。位错重新滑移并钉扎，从而使熔覆层内部的残余应力得以消除和均化，最终防止熔覆层在加工和使用过程中变形和开裂。它的实质是以共振的形式给熔覆层施加附加动应力，当附加动应力与残余应力叠加后，达到或超过材料的屈服极限时，工件发生微观或宏观塑性变形，从而降低和均化熔覆层内部的残余应力，并使其尺寸精度达到稳定。该技术具有投资少、使用方便、适应性强、操作简单、避免金属零件在热时效过程中产生翘曲变形和硬度降低等缺陷的特点。

超声冲击技术是一种高效的消除熔覆层表面或焊缝区有害残余拉应力、引进有益压应力的方法。超声冲击设备利用大功率的能量推动冲击头以每秒约 2 万次的频率冲击金属物体表面，高频、高效和聚焦下的大能量使金属表层产生较大的压缩塑性变形；同时超声冲击改变了原有的应力场，产生有益的压应力；高能量冲击下金属表面温度急速升高又迅速冷却，使作用区表层金属组织发生变化，冲击部位得以强化。超声冲击最大的问题是能量输出不稳定，导致性能稳定性差。超声冲击处理激光熔覆镍基复合涂层的表面微观结构如图 5.42 所示[49]。

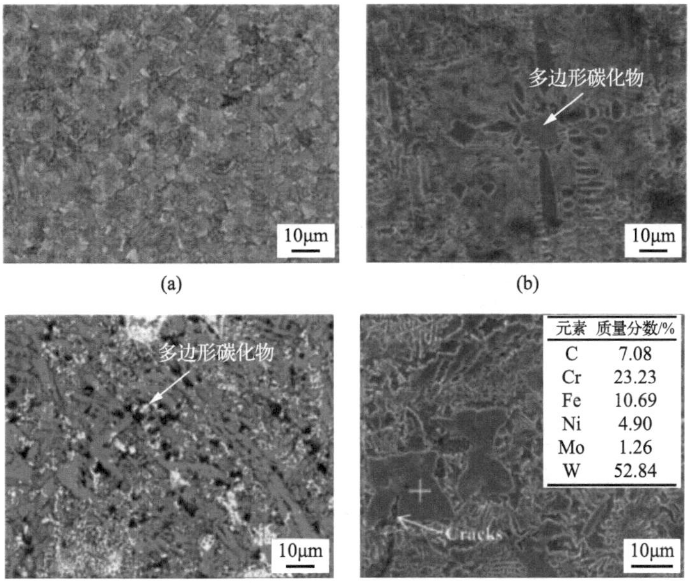

图 5.42　超声冲击处理前后镍基复合涂层的表面形貌

(a)熔覆层；(b)树突；(c)冲击层；(d)破碎的碳化物

超声滚压的原理是利用金属在常温下冷塑性的特点，运用超声波对金属表面进行高频率的冲击研磨，每秒高达几万次的高频冲击对金属表面微观构造中的高峰低谷进行“削峰填谷”的作用，加工后金属表面可以达到 Ra0.2(Ra 表示算术平均粗糙度)甚至更低的镜面效果，实现了理想的表面粗糙度。同时，这种高频率的表面冲击对工件产生一定的压应力，同时消除部分有害的拉应力，让工件硬度显著提高，疲劳强度增加，大大延长工件的使用寿命。与传统工艺相比，超声滚压具有以下优点：对工件作用力小，对机床无不良影响；产生的表面强化层和材料内部连续过渡，无剥离现象；可加工细长杆、薄壁件等刚性差的零件等。图 5.43 为在 AlCoCrFeNi 高熵合金涂层上分别以 100N、200N 和 300N 的静载荷进行表面超声滚压处理前后的涂层表面形貌[50]。

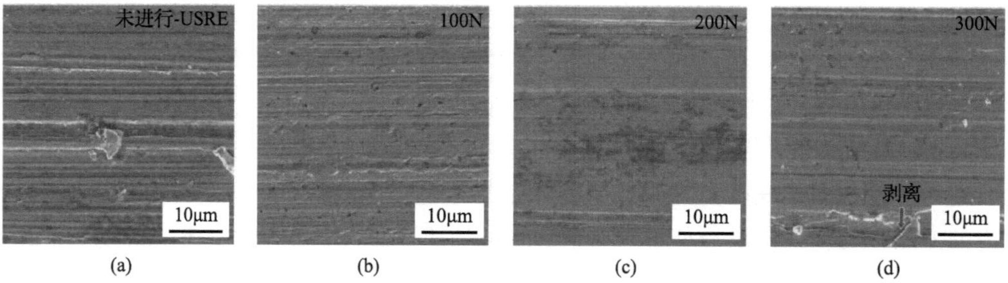

图 5.43　不同静载荷下表面超声滚压处理前后 AlCoCrFeNi 高熵合金涂层的表面形貌

5.3.3　激光熔覆材料

1. *激光熔覆材料的分类*

激光熔覆层的构成材料通常为特殊合金，目前主要以合金粉末作为原料。由于尚未有专门针对激光熔覆的合金粉末，熔覆过程中主要采用的合金粉末为热喷涂和热喷焊类材料。根据熔覆材料的初始供应状态，可以将其分为粉末状、膏状、丝状、棒状和薄板状，其中应用最广泛的是粉末状材料。按照材料成分，激光熔覆粉末材料主要分为金属粉末、陶瓷粉末和复合粉末。金属粉末包括镍基、钴基、铁基等合金粉末，这些粉末提供了优异的耐磨性、耐腐蚀性和高温性能；陶瓷粉末主要包括氧化物、碳化物和氮化物，能够显著提高熔覆层的硬度和耐磨性；复合粉末则将金属与陶瓷混合，以提高熔覆层的综合性能，如硬度、韧性和耐磨性[51]。

随着材料科学的不断进步，一些新型的激光熔覆粉末材料也开始被研究和应用。例如，纳米材料因其颗粒尺寸小、表面活性高，在提高熔覆层硬度和耐磨性方面表现出色；自润滑材料通过在合金粉末中添加润滑成分，如二硫化钼或石墨，显著改善熔覆层的摩擦性能，降低摩擦系数和磨损率；高熵合金，由多种元素组成，具有优异的机械性能、抗腐蚀性和高温稳定性；非晶合金因其独特的无序结构，表现出极高的硬度和耐磨性，通过激光熔覆技术，可以在基材表面形成致密且无晶界的非晶合金层，显著提升表面性能。

总体来看，激光熔覆材料的发展方向是多样化和高性能化，通过不断优化材料成分和工艺，进一步提升熔覆层的性能，以满足各类工程应用的需求。这些新材料的研究和应用，开拓了激光熔覆技术在不同领域中的广阔前景。

1) 自熔性合金粉末

自熔性合金粉末是指加入具有强烈脱氧和自熔作用的 Si、B 等元素的合金粉末。在激光熔覆过程中，Si 和 B 等元素具有造渣功能，它们优先与合金粉末中的氧和工件表面氧化物一起熔融生成低熔点的硼硅酸盐等覆盖在熔池表面，防止液态金属过度氧化，从而改善熔体对基体金属的润湿能力，减少熔覆层中的夹杂和含氧量，提高熔覆层的工艺成形性能。自熔性合金材料的硬度与合金的含 B 量和含 C 量有关，硬度随着硼、碳含量的增加而提高。自开展激光熔覆技术研究以来，人们最先选用的熔覆材料就是 Fe 基、Ni 基和 Co 基自熔性合金粉末，如图 5.44 所示。这几类自熔性合金粉末对碳钢、不锈钢、合金钢、铸钢等多种基材有较好的适应性，能获得氧化物含量低、气孔率小的熔覆层。

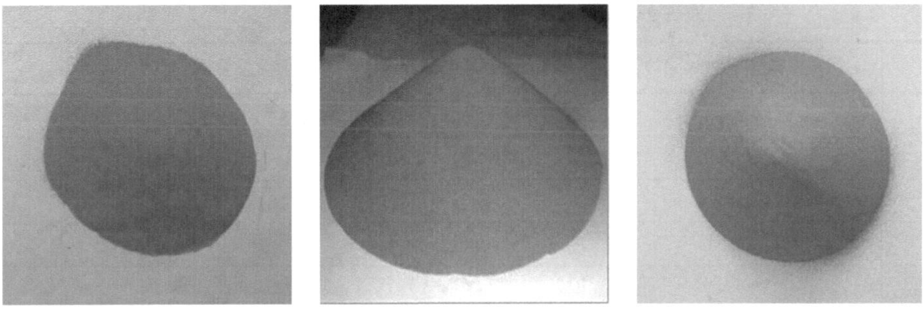

扫码见彩图

(a)　(b)　(c)

图 5.44　自熔性合金粉末

(a) Fe 基；(b) Ni 基；(c) Co 基

(1) Fe 基合金粉末。

Fe 基自熔性合金粉末适用于要求局部耐磨且容易变形的零件，基体多为铸铁和低碳钢，其最大的优点是成本低且抗磨损性能好。但与 Ni 基、Co 基自熔性合金粉末相比，Fe 基自熔性合金粉末存在自熔性较差、熔覆层易开裂、易氧化、易产生气孔等缺点，Fe 基熔覆层组织如图 5.45 所示。在 Fe 基自熔性合金粉末的成分设计上，通常采用 B、Si 及 Cr 等元素来提高熔覆层的硬度与耐磨性，用 Ni 元素来提高熔覆层的抗开裂能力。

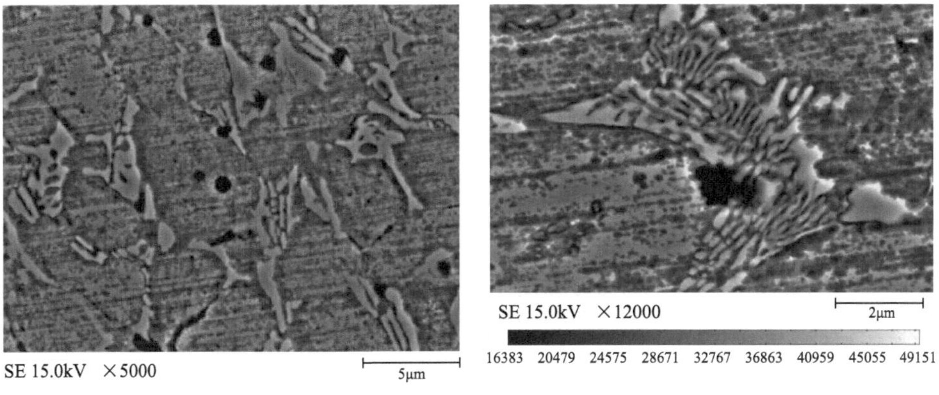

图 5.45　Fe 基熔覆层组织

某公司研发的激光熔覆专用铁基合金粉末 JG-2、JG-3，为熔炼雾化法所获得，粉末粒度为 100～270 目。激光熔覆时均采用大功率横流 CO_2 激光器，工艺参数为：激光功率 P=7kW；激光扫描速度 V=7mm/s；熔覆层厚度 h=1.5mm；各熔覆道搭接率 50%。利用着色探伤法显示各熔覆层中的裂纹并测量各裂纹的长度，通过单位熔覆面积上的各裂纹的长度之和来衡量熔覆层开裂敏感性的大小。下面进一步给出特定元素对熔覆层性能的影响。

①B 含量对熔覆层性能的影响。

Fe1～Fe5 各粉末中的 B 含量见表 5.9，各合金粉末中的其余化学成分(质量分数)基本相同:Cr 为 15.0%～17.0%;Si 为 1.0%～1.5%;C 为 0.10%～0.15%;Mn 为 0.3%～0.7%;Ni 为 3.5%～4.0%；Mo 为 1.5%～1.9%；Fe 为余量。

表 5.9　B 含量对熔覆层性能的影响

类别	B 质量分数/%	熔覆层硬度/HRC	熔覆层开裂敏感性/(mm/cm²)
Fe1	2.5	58	17
Fe2	2.0	58	10
Fe3	1.5	57	3
Fe4	1.0	55	0
Fe5	0.5	49	0

表 5.9 中的试验结果表明：在 Fe 基合金粉末体系中，B 含量的提高能增加熔覆层的硬度，但也增加了熔覆层的开裂敏感性。

②Si 含量对熔覆层性能的影响。

a. Si 含量对熔覆层硬度和开裂敏感性的影响。

Fe4、Fe6 和 Fe7、Fe8 各粉末中的 Si 含量见表 5.10,各合金粉末中的其余化学成分(质量分数)基本相同:Cr 为 15.0%～17.0%;Si 为 1.0%～1.5%;B 为 0.9%～1.1%;C 为 0.10%～0.15%；Mn 为 0.3%～0.7%；Ni 为 3.5%～4.0%；Mo 为 1.5%～1.9%；Fe 为余量。

表 5.10　Si 含量对熔覆层性能的影响

类别	Si 质量分数/%	熔覆层硬度/HRC	熔覆层开裂敏感性/(mm/cm²)
Fe6	2.8	58	2
Fe7	2.0	56	0
Fe4	1.4	55	0
Fe8	0.4	47	0

表 5.10 中的试验结果表明：在 Fe 基合金粉末体系中，Si 含量的提高能增加熔覆层的硬度，但也增加了熔覆层的开裂敏感性；在 Fe 基合金粉末体系中，硅含量在一定范围内不会使熔覆层产生裂纹。

b. Si 含量对熔覆层拉伸性能的影响。

拉伸试验是最重要而基本的力学试验，可以测定和反映材料的许多力学性能指标。在常规拉伸试验的基础上进行了一定的改进，未采用圆棒状试样，而采用矩形拉伸试样，这主要是为了便于高硬度熔覆层的机械加工。通过纯熔覆层的试样可以得知纯熔覆层的抗拉强度和断面收缩率等这些强度和塑性方面的重要力学性能数据。采用矩形拉伸试样进行试验，可以迅速而相对准确地反映熔覆层的综合力学性能。

拉伸用试样的制作：激光熔覆分别采用 Fe4 和 Fe7，在 27SiMn 钢基板上熔覆约 5.5mm 厚的熔覆层，离基材 1mm 线切割取纯熔覆层，再机械加工至尺寸。

表 5.11 中的试验结果表明：在 Fe 基合金粉末体系中，Si 含量在一定范围内的提高会降低熔覆层的抗拉强度和断面收缩率。

表 5.11　Si 含量对熔覆层拉伸性能的影响

类别	Si 质量分数/%	抗拉强度 σ_b/(MN/m^2)	断面收缩率 ψ/%
Fe7	2.0	1200	4
Fe4	1.4	1400	7

(2) Ni 基合金粉末。

Ni 基自熔性合金粉末以其良好的润湿性、耐蚀性、高温自润滑作用和适中的价格，在激光熔覆材料中的研究最多、应用最广。它主要适用于局部要求耐磨、耐热腐蚀及抗热疲劳的构件，所需的激光功率密度比熔覆 Fe 基合金的略高。Ni 基自熔性合金的合金化原理是运用 Fe、Cr、Co、Mo、W 等元素进行奥氏体固溶强化，运用 Al、Ti 等元素进行金属间化合物沉淀强化，运用 B、Zr、Co 等元素实现晶界强化。

某公司研发的激光熔覆专用 Ni 基合金粉末 Ni50 是在热喷涂用 Ni 基合金 Ni80 的基础上演变而来的，适当调整合金成分含量，添加了大比例的高硬度碳化钨硬质合金(约 2500HV)颗粒以增强熔覆层的耐磨性。

矿用耐磨涂层所使用的粉末为：Ni50(35%，质量分数)+WC(65%，质量分数)，其中，Ni50 Ni 基粉末为熔炼雾化法所获得，粉末粒度为 100～270 目，而 WC 为球形铸造碳化钨，粉末粒度为 100～325 目。激光熔覆时，均采用大功率横流 CO_2 激光器，工艺参数为：激光功率 P=7kW；激光扫描速度 V=7mm/s；熔覆层厚度 h=1.5mm；各熔覆道搭接率 50%。利用着色探伤法显示各熔覆层中的裂纹并测量各裂纹的长度，用单位熔覆面积上的各裂纹的长度之和来衡量熔覆层开裂敏感性的大小。

①B 和 Si 含量对熔覆层性能的影响。

采用热喷焊用自熔合金粉末 Ni60 和自行研制的粉末 Ni50 作为对比试验，Ni50 在 Ni60 的基础上进行了一定的改进，具体来说，就是在其他元素含量不变的情况下，减少了 B 和 Si 的含量。Ni60 和 Ni50 均为熔炼雾化法所获得，粉末粒度为 100～270 目，两种粉末除 B 和 Si 含量(表 5.12)外，其余元素含量(质量分数)如下：Cr 为 19%～21%；C 为 0.6%～0.8%；Fe 为 4%～6%；Ni 为余量。

表 5.12　B 和 Si 含量对熔覆层性能的影响(Ni60 和 Ni50)

类别	B 质量分数/%	Si 质量分数/%	熔覆层硬度/HRC	肉眼是否能看到裂纹	熔覆层开裂敏感性/(mm/cm^2)
Ni60	2.5～3.1	3.6～4.3	58	是	11
Ni50	1.2～1.8	2.0～2.5	50	否	2

由表 5.12 可见，在热喷焊用自熔合金粉末 Ni60 基础上降低 B 和 Si 的含量可明显降低激光熔覆层的开裂敏感性，采用改进后获得的 Ni50 粉末熔覆层裂纹很少。

②镍基碳化钨粉末激光熔覆研究。

分别在 Ni50 粉末中添加质量分数为 30%和 65%的球状 WC，激光熔覆层的开裂敏感性如表 5.13 所示。

表 5.13　WC 质量分数对熔覆层开裂敏感性的影响

材料	肉眼是否能看到明显裂纹	熔覆层开裂敏感性/(mm/cm^2)
70%Ni50+30%WC	是	18
35%Ni50+65%WC	否	5

由表 5.13 可见，当熔覆层中的 WC 质量分数较小时(30%)，熔覆层开裂敏感性很大；而当熔覆层中的 WC 质量分数较大时(65%)，熔覆层开裂敏感性小。这种现象的产生原因在于：当熔覆层中的 WC 质量分数较小时，由于镍基熔覆层中存在可以作为裂纹萌生位置的第二相 WC 颗粒，熔覆层的开裂敏感性显著增加；而当 WC 质量分数较大时，由于 WC 的热膨胀系数(约 7×10^{-6})显著小于镍基熔覆层的热膨胀系数(约 15×10^{-6})和 16Mn 钢基体的热膨胀系数(约 13×10^{-6})，可以显著降低整个熔覆层的热膨胀系数，从而使得整个熔覆层处于压应力状态，显著降低了熔覆层开裂敏感性。当熔覆层中的 WC 质量分数较大时，尽管熔覆层还存在少量微观裂纹，但对熔覆层的耐磨性不会有明显影响。

熔覆层宏观形貌如图 5.46 所示，当熔覆层中的 WC 质量分数较大时，对熔覆层进行了微观金相分析。由图 5.47 可见，熔覆层肉眼无法看见明显裂纹。可见，高硬度的球状 WC 较均匀分布于熔覆层中，可显著提高熔覆层的耐磨性。

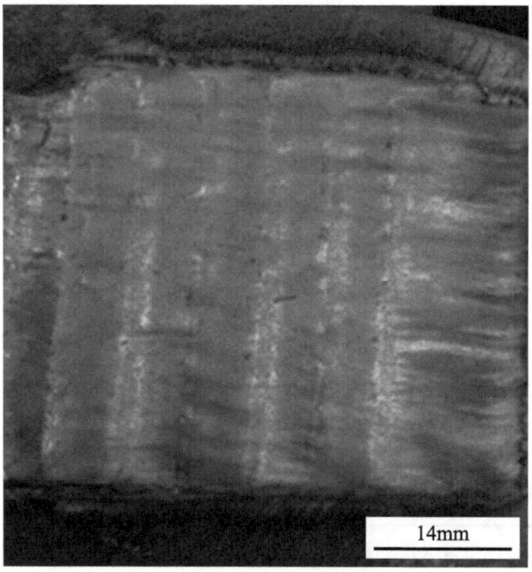

扫码见彩图

图 5.46　熔覆层宏观形貌(WC 质量分数为 65%)

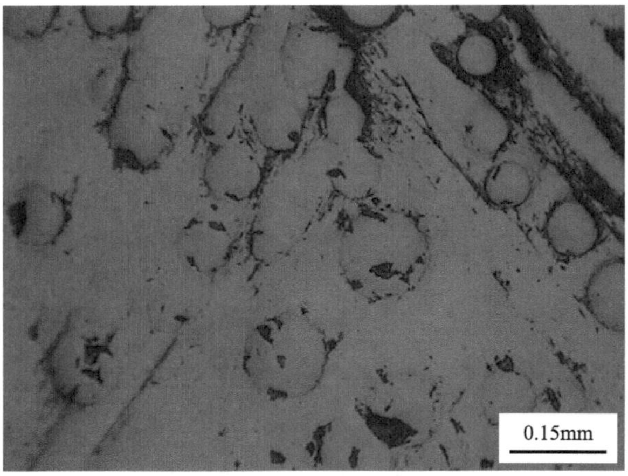

图 5.47　熔覆层微观金相分析(WC 质量分数为 65%)

(3) Co 基合金粉末。

Co 基自熔性合金粉末具有良好的高温性能和耐蚀耐磨性能，常被应用于石化、电力、冶金等工业领域的耐磨、耐蚀、耐高温等场合。Co 基自熔性合金润湿性好，其熔点较碳化物低，受热后，Co 元素最先处于熔化状态，而合金凝固时，它最先与其他元素形成新的物相，对熔覆层的强化极为有利。目前，Co 基合金所用的合金元素主要是 Ni、C、Cr 和 Fe 等，其中，Ni 元素可以降低 Co 基合金熔覆层的热膨胀系数，减小合金的熔化温度区间，有效防止熔覆层产生裂纹，提高熔覆合金对基体的润湿性。

某公司研发的激光熔覆专用 Ni 基合金粉末 Co55 是在热喷涂用 Ni 基合金 Co58 基础上演变而来的，即在其他元素含量不变的情况下，减少了 B 和 Si 含量。为熔炼雾化法所获得，粉末粒度为 100～270 目，除 B 和 Si 含量(表 5.13)外，其余元素质量分数如下：Cr 含量为 20%～23%；C 含量为 0.3%～0.5%；W 含量为 4%～6%；Co 为余量。

激光熔覆时均采用大功率横流 CO_2 激光器，工艺参数为：激光功率 P=7kW；激光扫描速度 V=7mm/s；熔覆层厚度 h=1.5mm；各熔覆道搭接率 50%。利用着色探伤法显示各熔覆层中的裂纹并测量各裂纹的长度，用单位熔覆面积上的各裂纹的长度之和来衡量熔覆层开裂敏感性的大小。

①B 和 Si 的含量对熔覆层性能的影响。

由表 5.14 可见，在热喷焊用自熔合金粉末 Co58 基础上降低 B 和 Si 含量可明显降低激光熔覆层的开裂敏感性，采用改进后获得的 Co55 粉末熔覆层裂纹很少。

表 5.14　B 和 Si 含量对熔覆层性能的影响(Co58 和 Co55)

类别	B 质量分数/%	Si 质量分数/%	熔覆层硬度/HRC	肉眼是否能看到裂纹	熔覆层开裂敏感性/(mm/cm^2)
Co58	2.2～2.7	2.8～3.2	58	是	9
Co55	1.5～2.0	2.0～2.5	55	否	2

②Co55 粉末激光熔覆层金相分析。

由图 5.48 可见，Co55 粉末激光熔覆层组织致密，无气孔。熔覆层相组成均为 γ-Co

树枝晶及晶间或晶界分布的 γ-Co+碳化物多元共晶（γ-Co+$M_{23}C_6$）和碳化物（$M_{23}C_6$ 和 M_7C_3）析出相。

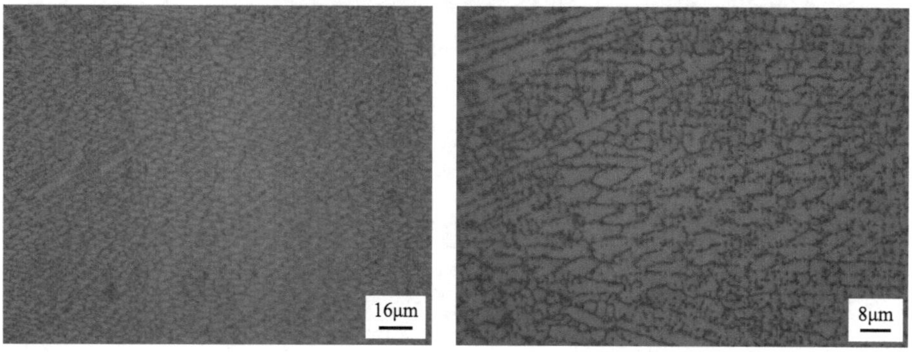

(a)　　(b)

扫码见彩图

图 5.48　Co55 粉末激光熔覆层微观形貌

(a) 激光熔覆层较低倍数；(b) 激光熔覆层较高倍数

降低 Co 基合金粉末中的 B 和 Si 含量可明显降低激光熔覆层的开裂敏感性，但熔覆层的硬度也有一定的下降。

自熔性粉末的分类及特点见表 5.15。

表 5.15　自熔性粉末的分类及特点

自熔性合金粉末	自熔性	特点	缺点
Fe 基	比较差	成本最低	抗氧化性能差
Ni 基	好	韧性好，耐冲击、耐热、抗氧化性好	耐高温性能较差
Co 基	较好	耐高温性能最好，耐震、抗蠕变、抗磨损、抗腐蚀性能好	价格高

2）陶瓷粉末

陶瓷粉末主要包括硅化物陶瓷和氧化物陶瓷，其中又以氧化物陶瓷粉末（Al_2O_3 和 ZrO_2）为主。由于陶瓷粉末具有优异的耐磨、耐蚀、耐高温和抗氧化特性，所以它常被用于制备耐高温、耐磨、耐蚀涂层和热障涂层。另外，生物陶瓷材料也是目前研究的一个热点，目前，对激光熔覆生物陶瓷材料的研究主要集中在 Ti 基合金、不锈钢等金属表面进行激光熔覆的羟基磷灰石（HAP）、氟磷灰石以及含 Ca 等生物陶瓷材料上。羟基磷灰石生物陶瓷具有良好的生物相容性，作为人体牙齿的主要成分早已受到国内外有关学者的广泛重视。激光熔覆生物陶瓷材料的研究起步虽然较晚，但发展非常迅速，前景广阔。

虽然陶瓷材料作为耐高温、耐磨、耐蚀涂层和热障涂层材料一直备受关注，但陶瓷材料与基体金属的热膨胀系数、弹性模量及导热系数等差别较大，这些性能的不匹配造成了涂层中出现裂纹和空洞等缺陷，在使用中将出现变形开裂、剥落损坏等现象。为了解决纯陶瓷涂层中的裂纹及与金属基体的高强结合等问题，有学者尝试使用中间过渡层，并在陶瓷层中加入低熔点高膨胀系数的 CaO、SiO_2、TiO_2 等来降低内部应力，缓解了裂纹倾向，但现有的研究表明，纯陶瓷涂层的裂纹和剥落问题并未得到很好解决，有待进一步深入研究。

其次，由于激光辐射时激光熔池中形成的高温、基体熔体和颗粒间的相互作用以及颗粒加入引起熔池中能量、动量和质量传输条件的改变等，这些涂层成分和组织发生不同程度的变化，使颗粒部分熔解，进而影响基体的相组成，使原设计的复合涂层基体和增强体不能充分发挥各自的优势，造成烧损。

激光熔覆金属陶瓷技术是通过外加陶瓷相的方法形成的颗粒相，这给熔覆工艺带来了一定的难度，特别是当外加陶瓷相含量较高时，就很难获得理想的熔覆层。除了激光工艺参数外，硬质陶瓷相和黏结金属的类型是影响涂层组织和性能的重要因素。

为了解决上述问题，在选择陶瓷材料时可遵循如下原则[34]：选择陶瓷与金属间能够发生化学反应的陶瓷与金属材料；可能生成的反应产物要与原金属或原陶瓷相间有较好的相容性，即相似的晶体结构、相近的晶格常数等，且产物不能过大过多，最好以复合材料的形式出现；熔覆时，尽可能减小陶瓷与基体金属材料的膨胀系数和密度的差异，以避免凝固后形成的固固界面不匹配。从固液界面角度，要求预置的陶瓷涂层在熔化时对于基体具有很好的润湿性和铺展性，也就是说，涂层的表面张力必须小于基体的临界表面张力。

涂层-基体界面并非单层几何面，而是多层的过渡区，这一界面区可能由几个亚层组成，每一亚层的性质都与熔覆层材料、基材及工艺有关。根据固态相变及化学键的理论，可在涂层中添加某些元素，使之对陶瓷及基材产生良好的化学作用，在界面上形成共价键结合，提高界面强度。

3）复合粉末

复合粉末主要是指碳化物、氮化物、硼化物、氧化物及硅化物等各种高熔点硬质陶瓷材料与金属混合或复合而形成的粉末体系。复合粉末可以借助激光熔覆技术制备出陶瓷颗粒增强金属基复合涂层，它将金属的强韧性、良好的工艺性和陶瓷材料优异的耐磨、耐蚀、耐高温和抗氧化特性有机结合，是目前激光熔覆技术领域研究发展的热点。目前，应用和研究较多的复合粉末体系主要包括：碳化物合金粉末（如 WC、SiC、TiC、B_4C、Cr_3C_2 等）、氧化物合金粉末（如 Al_2O_3、Zr_2O_3、TiO_2 等）、氮化物合金粉末（如 TiN、Si_3N_4 等）、硼化物合金粉末、硅化物合金粉末等。其中，碳化物合金粉末和氧化物合金粉末的研究和应用最多，主要应用于制备耐磨涂层。复合粉末中的碳化物颗粒可以直接加入激光熔池或者直接与金属粉末混合成混合粉末，但更有效的是以包覆型粉末（如镍包碳化物、钴包碳化物）的形式加入激光熔覆过程中，包覆型粉末的包覆金属对芯核碳化物能起到有效保护、减弱高能激光与碳化物的直接作用，可有效减弱或避免碳化物发生烧损、失碳、挥发等现象。

4）新型高性能粉末

随着技术的发展，新型高性能粉末材料在激光熔覆中的应用逐渐增多。这些粉末材料旨在进一步提升熔覆层的性能，满足日益复杂和苛刻的工程需求。

(1)纳米复合粉末。

纳米复合粉末结合了纳米颗粒与传统合金粉末的优点，体现出独特的性能优势。纳米颗粒由于其高表面活性和极小的尺寸效应，能够显著细化基体合金的晶粒结构，从而提高熔覆层的硬度和耐磨性。此外，纳米颗粒的添加可以增强熔覆层的韧性和抗疲劳性能。这些优异性能使纳米复合粉末在航空航天、汽车制造等领域具有广泛的应用前景。

纳米颗粒能够通过抑制晶粒长大和促进晶界钉扎效应，有效细化合金晶粒。例如，碳化钛(TiC)纳米颗粒作为添加剂，可以在合金基体中形成细小而均匀分布的颗粒增强相，这不仅阻碍了晶粒的长大，还显著提高了熔覆层的硬度和耐磨性。研究表明，TiC纳米颗粒的引入可以使熔覆层的硬度提高30%以上，耐磨性能提高40%以上。纳米颗粒不仅可以提高硬度，还能显著改善熔覆层的韧性和抗疲劳性能。这是因为纳米颗粒能够在合金基体中形成细小且均匀分布的第二相颗粒，这些颗粒能够有效吸收和分散外部应力，从而减缓裂纹的扩展速度。比如，通过在铝合金中添加纳米氧化铝(Al_2O_3)颗粒，可以显著提高材料的抗疲劳寿命和抗断裂韧性。在高温环境下，材料的热稳定性和抗氧化性能尤为重要。纳米氧化铝(Al_2O_3)颗粒的引入可以有效提高熔覆层的热稳定性和抗氧化性能。这些纳米颗粒在高温下能够形成致密的氧化物保护层，阻止氧气向基体扩散，从而显著提高材料的抗氧化性能。例如，添加2%(质量分数)的Al_2O_3纳米颗粒，可以使合金在900℃高温下的抗氧化性能提高50%以上。

在实际应用中，针对不同的工况条件，合理选择和优化纳米颗粒的种类和添加量，将是发挥纳米复合粉末最大潜力的关键所在。

(2)高熵合金粉末。

高熵合金是一类由多种元素以接近等比例混合而成的材料，通常含有五种甚至更多种元素。这样的组合使得这些合金形成高度均匀的固溶体结构，而不是简单的多相结构。这一独特的结构特点使高熵合金粉末展现出超越传统合金的综合性能。

高熵合金粉末在原子尺度上具有极强的混乱效应，阻碍了位错的移动，从而提高了材料的强度和硬度，这种现象被称为“固溶强化”效应，使得高熵合金在机械性能上具有显著的优势。由于多元组分的存在，高熵合金在腐蚀介质中具有更稳定的化学结构。这些元素在材料表面形成保护性氧化层，显著提高了合金的耐腐蚀性能，使其在化工设备和海洋环境中得到广泛应用。高熵合金的多元素固溶体结构使其在高温下具有优异的热稳定性，它们能在高温下保持机械性能的稳定，这使得它们成为航天、能源和冶金等高温环境应用的理想选择。通过调节元素的种类和比例，高熵合金粉末的熔点和密度可以在一定范围内进行调整，这使得它们可以针对特定应用需求进行优化，如在航空发动机部件中需要的高熔点和低密度材料。

高熵合金是目前金属材料学的研究热点，研究人员将继续探索优化合金成分、微观结构控制和加工工艺，以进一步提升其性能和降低成本。此外，借助计算机模拟和人工智能技术，开发新型高熵合金的速度和效率将得到显著提升。高熵合金粉末在未来可能会成为高性能结构材料的一个重要方向，为各行业带来技术革新。

(3)非晶合金粉末。

非晶合金粉末通过快速冷却工艺生产，具有无定形结构。与传统晶体结构相比，非晶合金粉末表现出极高的硬度和极强的耐磨性。其生产过程中，通常采用熔融旋转法

(melt spinning)或气雾化法(gas atomization)，这些方法能够在极短的时间内将熔融金属冷却至玻璃态，形成非晶态结构。与传统晶体结构相比，非晶合金的无定形结构中没有晶界和晶体缺陷，使其表现出更高的硬度，能够承受更大的载荷。非晶合金粉末中的均匀原子排列结构使其表面更为致密，不易发生磨损，适用于高磨损环境。由于非晶合金没有晶界，减少了腐蚀介质的侵入通道，因此在腐蚀性环境中表现出更强的耐蚀性。

通过激光熔覆技术，可以将非晶合金粉末熔覆到基材表面，形成致密且无晶界的非晶合金涂层。这种涂层不仅具有优异的耐磨性和耐腐蚀性，还可以提高基材的机械性能和使用寿命。例如，在石油钻探设备、矿山机械等高磨损环境中，非晶合金熔覆层能够显著延长设备的使用寿命，减少维护成本。同时，利用非晶合金粉末制造的耐磨部件，如切削工具、耐磨轴承等，能够显著提高其工作寿命和可靠性，降低更换频率和成本。在海洋工程、化工设备等腐蚀环境中，非晶合金粉末可用于制造防腐蚀涂层，有效保护设备，延长使用寿命。

(4) 自润滑复合粉末。

自润滑复合粉末是一种通过在基体材料中引入固体润滑剂(如二硫化钼和石墨)制成的复合材料，结合了基体材料的机械性能和润滑剂的低摩擦特性，表现出优异的耐磨性和自润滑能力。其生产方法包括机械合金化法、热喷涂法和沉积法，能够确保润滑剂在基体材料中均匀分布。在激光熔覆技术中，自润滑复合粉末被广泛应用，通过激光熔覆将粉末涂覆在基材表面，形成具有自润滑和耐磨特性的复合涂层。

激光熔覆自润滑复合粉末显著降低了摩擦系数，润滑剂在高温高压下形成薄膜，大幅减少了摩擦和磨损，适用于复杂的工作环境。具体应用领域包括轴承和滑动部件制造、航空航天发动机部件、汽车发动机和变速器等关键部件，以及精密机械和仪器。在这些应用中，激光熔覆自润滑复合涂层不仅提高了部件的润滑性能和耐磨性，还减少了能耗、噪声和振动，增强了整体运行效率和可靠性。此外，这种涂层在恶劣环境下也能保持稳定性能，显著延长了部件的使用寿命。

2. 激光熔覆材料的设计与选用原则

激光熔覆材料的设计除了要达到熔覆层性能的要求外，还要保证有良好的熔覆工艺性，详见以下三个方面。

1) 熔覆材料与基材线膨胀系数的匹配

激光熔覆层中产生裂纹的重要原因之一是熔覆合金与基材的线膨胀系数差异，若线膨胀系数差较大，基材和熔覆层加热和冷却过程不同步导致熔覆层产生裂纹、开裂或剥落。文献[3]给出了激光熔覆材料与基体线膨胀系数匹配原则，即两者的相关参数应满足式(5-1)：

$$\frac{\sigma_2(1-\gamma)}{E\times\Delta T}<\Delta\alpha<\frac{\sigma_1(1-\gamma)}{E\times\Delta T} \tag{5-1}$$

式中，σ_1、σ_2 分别为熔覆层和基体的抗拉强度，MPa；$\Delta\alpha$ 为熔覆层与基体材料的热膨胀系数之差；ΔT 为熔覆层温度与室温温度之差；E 为熔覆层的弹性模量；γ 为泊松比。

由式(5-1)可知，熔覆层的线膨胀系数应在一定范围内，超出这个范围，易在基材表面形成残余拉应力，造成熔覆层和基材开裂甚至剥落。

激光熔覆层的残余拉应力是其开裂的主要原因。残余拉应力主要来自三个方面：热应力、相变应力和拘束应力。在激光熔覆中，由于急冷、急热的特点，热应力的影响就更为明显。

熔覆层的热应力可由式(5-2)判定：

$$\sigma_{\mathrm{th}} = \frac{E\Delta\alpha\Delta T}{1-\gamma} \tag{5-2}$$

式中，σ_{th} 为熔覆层的热应力。

由式(5-2)可知，当熔覆层线膨胀系数大于基体线膨胀系数时，$\Delta\alpha>0$，显然热应力 $\sigma>0$，即此时的热应力为拉应力，对控制熔覆层的开裂不利；当熔覆层线膨胀系数小于基体线膨胀系数时，$\Delta\alpha<0$，显然热应力 $\sigma<0$，即此时热应力为压应力，可以减小熔覆层的开裂敏感性。

若要防止熔覆层开裂，必须保证：

$$\sigma_{\mathrm{th}} < \sigma_1 \tag{5-3}$$

对于基体来说，考虑基体与熔覆层的应力平衡，为防止其开裂，必须保证：

$$-\sigma_{\mathrm{th}} < \sigma_2 \tag{5-4}$$

综合式(5-3)和式(5-4)，可得

$$-\sigma_2 < \sigma_{\mathrm{th}} < \sigma_1 \tag{5-5}$$

将式(5-2)代入式(5-5)，即可得到式(5-1)给出的熔覆层与基体的膨胀系数差值的合理范围。

2) 熔覆材料与基体熔点的匹配

应采用与基体熔点相近的熔覆材料。若熔覆层熔点过高，加热时熔覆层材料熔化少，会使熔覆层表面粗糙度高，或由于基体表面过度熔化导致熔覆层的稀释率增大。反之，熔覆材料熔点低，容易控制熔覆层的稀释率，所获得的熔覆层性能好，同时熔点越低，液体流动性越好，易获得表面平整光滑的熔覆层。但是，熔覆层熔点过低，会使熔覆层过度烧损，熔覆层与基体间产生孔洞和夹杂，或由于基体金属不能很好地熔化，熔覆层和基体难以形成良好的冶金结合。因此，在激光熔覆中一般选择熔点与基体金属相近的熔覆材料。

3) 激光熔覆材料对基材的润湿性

熔覆过程中，润湿性也是一个重要因素，特别是要获得满意的金属陶瓷涂层，必须保证金属相和陶瓷相具有良好的润湿性。润湿性和表面张力有关，表面张力越小，液态流动性越好，越容易使熔覆层熔体均匀铺展在金属基体表面，即具有良好的润湿性，易于得到平整光滑的熔覆层。在提高润湿性方面，主要应基于降低熔覆层熔体表面张力、降低基体表面张力、降低熔覆层熔体与基体之间的固液界面能等几个方面。

为了提高高熔点陶瓷颗粒相与基体金属之间的润湿性，可以采取多种途径，事先对陶瓷颗粒进行表面处理，提高其表面能。常用的处理方法有机械合金化、物理化学清理、电化学抛光和包覆等。在设计熔覆材料时，可在粉末中加入某些活性元素，例如，激光熔覆 $Cu\text{-}Al_2O_3$ 混合粉末制备时，添加 Ti 以提高相间的润湿性；添加 Cr 等元素有利于提高基体与颗粒之间的润湿性。选用适宜的激光熔覆工艺参数可以提高润湿性，如提高熔覆温度、降低熔覆金属液态的表面能等。

5.3.4　激光熔覆设备

激光熔覆设备由多个系统综合组成，主要分为三大模块：激光器及光路系统、送粉系统、控制系统。激光熔覆成套设备的组成包括激光器、送粉机构、加工工作台、测温仪等，如图 5.49 所示。

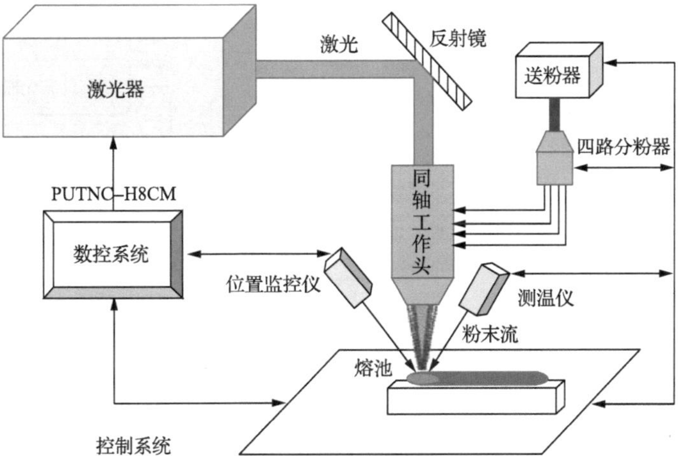

(a)

(b)

图 5.49　激光熔覆成套设备

(a) 激光熔覆原理图；(b) 激光熔覆常用激光器

1. 激光器及光路系统

激光器和其配套的光路系统是激光熔覆设备的核心部分。作为产生高密度能量的热源，激光器产生的激光具有同时熔化金属基体表面和涂层粉末材料的重要作用，其性能直接影响激光熔覆技术的效果。光路系统作为控制和引导激光能量的路径，一般和激光器配套设计和使用，以保证激光器产生的能量可以稳定到达基材和粉末的结合区域，光纤是目前用于激光熔覆技术光路系统的主要代表。

激光熔覆激光器种类多样、功能全面，主要按工作介质分为气体激光器和固体激光器两种。其中 CO_2 激光器是气体激光器的主要代表，广泛用于中大型零件的传统激光熔覆加工，具有应用成熟、性能稳定的特点；固体激光器近年来快速发展，目前主要包括掺钕钇铝石榴石(YAG)激光器和半导体激光器等，其中半导体激光器以半导体材料为基础，发展出多种新型固体激光器。图 5.50 为激光熔覆技术激光器的主要分类。

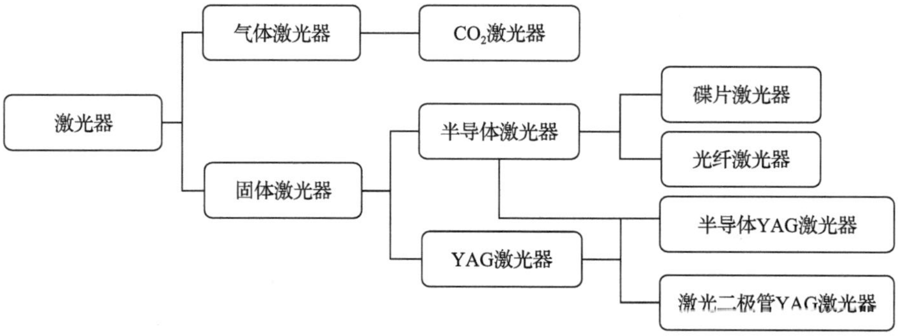

图 5.50　激光熔覆技术激光器的主要分类

CO_2 激光器于 1964 年研究诞生，具有光电转换效率高和输出功率高等重要优势，这使得 CO_2 激光器在行业内得到大量关注和迅速发展，典型的 CO_2 激光器如图 5.51 所示。CO_2 激光器在汽车工业、钢铁工业、造船工业、航空及宇航业、电机工业、机械工业、冶金工业、金属加工等领域广泛应用，也成为激光熔覆技术中应用最成熟的激光器类型之一。

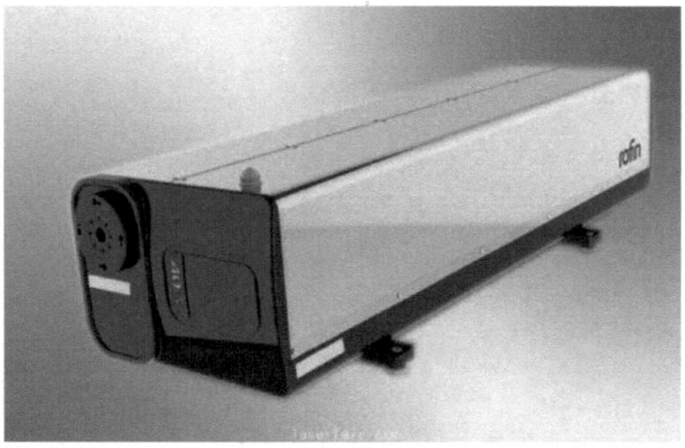

图 5.51　CO_2 激光器

CO_2 激光器是目前输出功率最高的激光器之一，其最大连续输出功率可达数十万瓦，光电转化率可达 30%以上，远高于其他激光器在激光加工上的效率。同时 CO_2 激光器的优点还包括光束质量高、模式好、相干性好、线宽窄、工作稳定等。然而，CO_2 激光设备体积庞大，不适于现场修复和与各种熔覆工件配合使用，并且价格昂贵，需要频繁更换易损配件，运行、维修成本较高。

掺钕钇铝石榴石(YAG)激光器的核心晶体材料 YAG 是在基质材料中掺入适量的三价钕离子 Nd^{3+}形成的，一根 Φ10mm×152mm 的 YAG 优质晶体激光棒，可得到约 600W

的连续输出功率；钇铝石榴石的熔点为 1970℃，具有很高的硬度与优良的热物理性能，这使得 YAG 激光器具有荧光谱线窄、量子效率高等特点。YAG 激光器原理如图 5.52 所示。YAG 激光器对金属的吸收系数较高，可以进行金属的切割、焊接、打标等应用，由于其具有能量大、峰值功率高、结构紧凑、牢固耐用、性能可靠等优点，成为三种固体激光器中唯一能够连续工作和高重复率工作的激光器，被广泛应用于工业、国防、医疗、科研等领域。

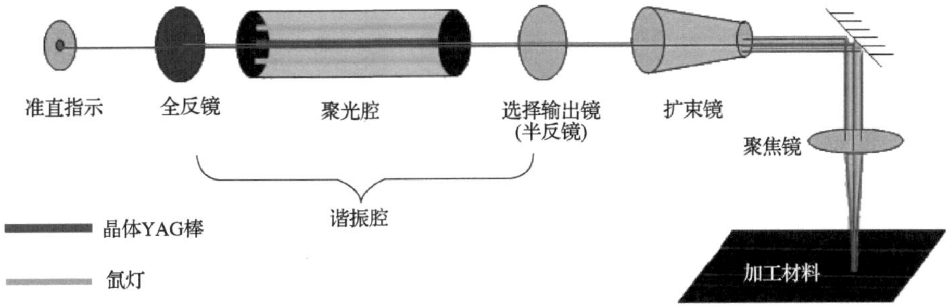

图 5.52　YAG 激光器原理示意图

随着半导体技术在信息科技中的快速发展，智能制造与自动化特种加工技术逐渐取代传统机械制造工艺，而半导体激光器的研发和使用也在逐渐增加。近年来开发的半导体二极管泵浦、激光二极管泵浦的 YAG 激光器发展非常迅速。这类激光器大大减少了非吸收带光能转化的热量，电光转化效率高(20%～40%)，能直接获得紫外波长的光，并且光束质量很高，能进行多种高质量激光加工。这两种激光器具有功率大、体型小、能耗低(工作电压低)、热负荷小和工作寿命长且稳定等优点。

半导体激光器是以半导体材料(主要是化合物半导体)作为工作物质，以电流注入作为激励方式的一种小型化激光器。实际应用中，比较典型的半导体激光器结构是双异质结法布里-珀罗(F-P)腔型结构，具体结构如图 5.53 所示。与传统的 CO_2 激光器、YAG 固体激光器相比，半导体激光器具有很明显的技术优势，如体积小、质量轻、效率高、能耗小、寿命长以及金属对半导体激光吸收高等优点。目前，行业内应用的直接输出式半

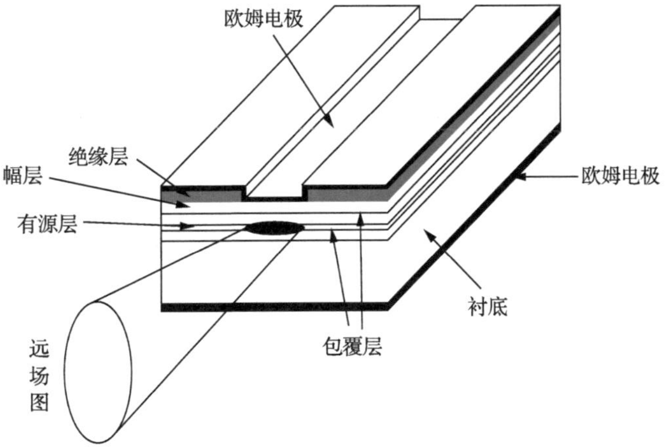

图 5.53　双异质结法布里-珀罗腔型半导体激光器结构

导体激光器输出功率在2000～6000W之间，电光转换效率达到50%，输出激光波长为808nm、976nm、1064nm等，解决了CO_2激光器体积大、机动性差、输出激光波长过长等缺点，也解决了YAG激光不能生产大功率输出激光的难题。但直接输出半导体激光器有两个主要缺点：一是因为直接输出半导体激光的光束整形困难，难以将激光输出光斑整形到很小，所以，直接输出半导体激光不能进行薄壁件、小件、高精度易变形件的熔覆；二是直接输出半导体激光器直接面对被熔覆基体，基体的熔池热辐射对激光器发光条损伤极大。

随着半导体激光技术的不断发展，以半导体激光器为基础的其他固体激光器，如光纤激光器，直接输出光纤半导体激光器及碟片激光器等的发展也十分迅速。其中，光纤激光器发展较快，尤其是稀土掺杂的光纤激光器，已经在光纤通信、光纤传感、激光材料处理等领域获得了广泛的应用。光纤激光器电光转换效率高，金属吸收系数好，光束质量高，因此可进行金属切割、焊接、打标、金属表面处理等应用，广泛应用于航空航天、汽车制造、3C电子，医疗等领域。光纤激光器结构如图5.54所示。

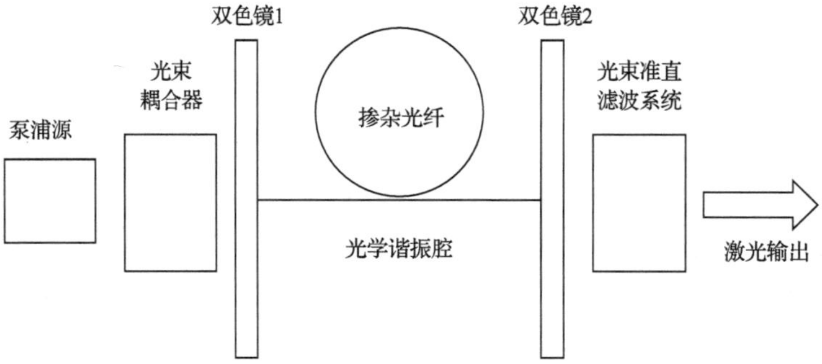

图5.54　光纤激光器结构示意图

碟片激光器是空间光路耦合结构，因此光束质量很高，对于激光材料应用方面，如金属切割、焊接、打标、激光熔覆、硬化和3D打印等均可适用，其广泛应用于汽车制造、航空航天、精密机械、3C电子等领域。

近年来，超高速激光熔覆设备得到了广泛的研究和应用(图5.55)。这种技术相比传统激光熔覆在熔覆速率上有着显著的提升，达到了100m/min甚至更高的水平。超高速激光熔覆技术以其高效率、低成本和环保等优势，成为工业领域的焦点。与常规激光熔覆相比，这项技术在熔覆速率上提升了数十倍，熔覆线速度更高，热输入更小，避免了基

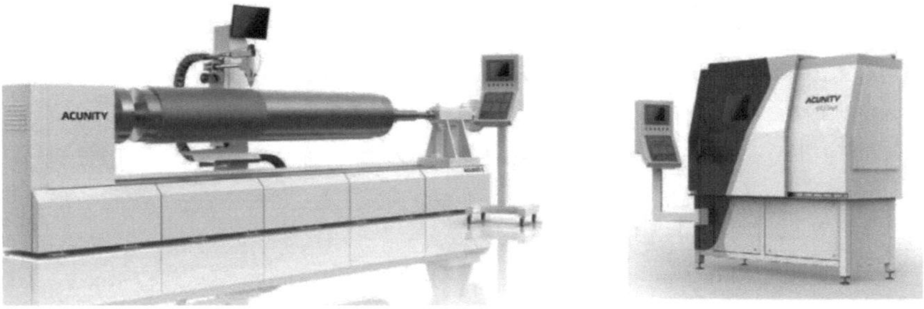

图5.55　超高速激光熔覆设备

体材料的热损伤。因此，超高速激光熔覆特别适用于热敏感材料、薄壁及小尺寸构件的表面熔覆。采用该技术制备的熔覆涂层具有变形量小、表面光洁度高的特点，这不仅大幅减少了后续机加工的成本，还能显著延长产品的使用寿命，为企业节省了大量的维修费用。在国内，超高速激光熔覆设备的研发也取得了重要进展，中国矿业大学在技术创新和设备研制方面都取得了显著的成果，推动了超高速激光熔覆技术在国内的推广与应用。

2. 送粉系统

送粉系统是激光熔覆设备的一个关键部分，其技术属性及工作稳定性对最终的熔覆层成形质量、精度以及性能有重要的影响。送粉系统通常包括送粉器、粉末传输管道和送粉喷嘴，若选用气动送粉系统，还包括供气装置。由于送粉系统最主要的区别在于送粉器，因此，在这里仅对不同类型的送粉器进行讨论。

送粉器的功能是将粉末按照加工工艺要求精确地送入激光熔池，并确保加工过程中粉末能连续、均匀、稳定地输送。针对不同类型的粉末要求，目前国内外已经研制的送粉器主要分为：螺旋式送粉器、转盘式送粉器、刮板式送粉器、毛细管式送粉器、鼓轮式送粉器、电磁振动送粉器和沸腾式送粉器。其工作原理涉及重力场、气体动力学和机械力学等。

螺旋式送粉器由 Li 和 Steen 设计，如图 5.56 所示，螺杆置于料斗的底部，通过螺纹把粉末送到混合器，再用气体将粉末输送出去。螺旋式送粉器适合小颗粒粉末输送，工作输送均匀，连续性和稳定性高，且这种送粉方式对粉末的干湿度没有要求，可以输送稍微潮湿的粉末，但不适用于大颗粒粉末的输送，容易堵塞。靠螺纹的间隙送粉使得送粉量不能太小，所以很难实现精密激光熔覆加工中所要求的微量送粉，并且不适合输送不同材料的粉末。

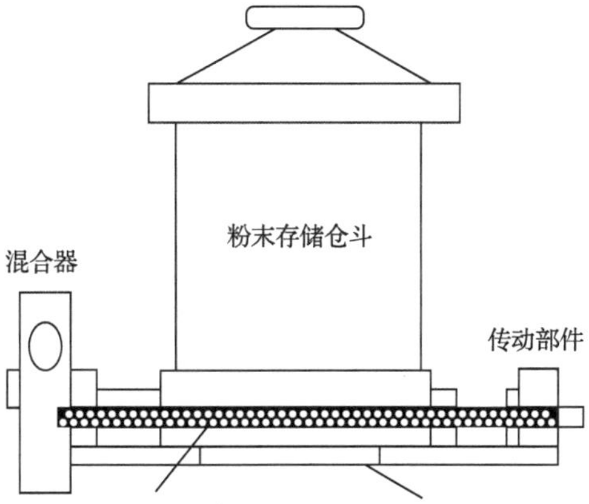

图 5.56　螺旋式送粉器原理图

转盘式送粉器由 Grunenwald 和 Nowotny 设计，是用刮板将转盘上的粉末推到凹槽内，再用载流气体将粉末输送走，如图 5.57 所示。该送粉装置适合球形粉末的输送，不同材料粉末可以混合输送，最小粉末输送率为 1g/min。对其他形状的粉末输送效果较差，工作时送粉率不可控，并且对粉末的干燥程度要求高，稍微潮湿的粉末会使送粉的连续性和均匀性降低。

刮板式送粉器原理如图 5.58 所示，适用于颗粒直径大于 20μm 的粉末的输送。对于颗粒较大的粉末，流动性好，易于传输。但在输送颗粒较小的粉末时，容易团聚，流动性较差，送粉的连续性和均匀性差，容易造成出粉管口堵塞。

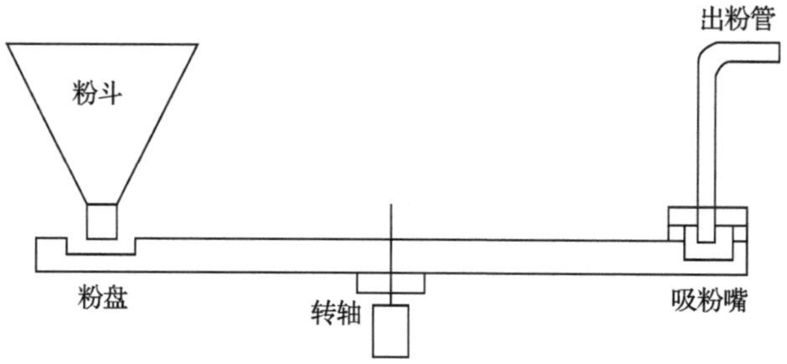

图 5.57 转盘式送粉器原理图

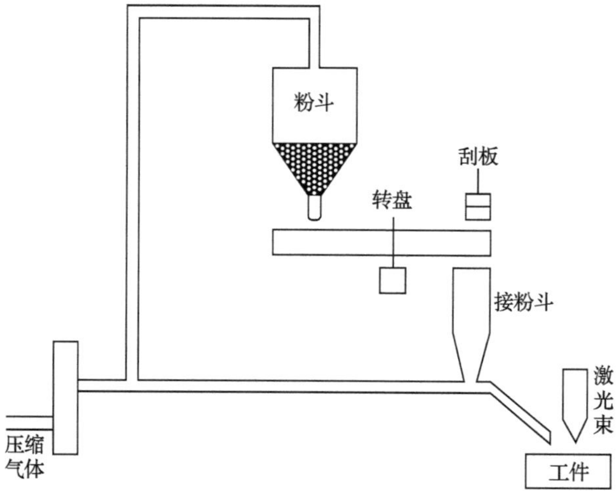

图 5.58 刮板式送粉器原理图

毛细管式送粉器由 Atsusaka 和 Urakaw 设计，图 5.59 所示的毛细管送粉器是通过毛细管的振动来输送粉末，但是送粉率不可控制。送粉器能输送的粉末直径大于0.4μm。粉末输送率可以达到 1g/min，能够在一定程度上实现精密熔覆中要求的微量送粉，但是它是靠自身的重力输送粉末，粉末必须干燥，否则容易堵塞，送粉的重复性和稳定性差。对于不规则的粉末输送，输送时在毛细管中容易堵塞，所以只适合于球形粉末的输送。

鼓轮式送粉器通过调节鼓轮的转速和更换不同大小的粉勺来实现送粉率的控制，如图 5.60 所示。鼓轮式送粉器对粉末的干燥度要求高，微湿的粉末和超细粉末容易堵塞粉勺，使送粉不稳定，精度降低。

电磁振动送粉器的原理如图 5.61 所示，在电磁振动器的推动下，阻分器振动，储藏在贮粉仓内的粉末沿着螺旋槽逐渐上升到出粉口，由气流送出。阻分器还有阻止粉末分离的作用。电磁振动器实质上是一块电磁铁，通过调节电磁铁线圈电压的频率和大小就可实现对送粉率的控制。

沸腾式送粉器是用气流将粉末流化或达到临界流化，由气体将这些流化或临界流化的粉末吹送运输的一种送粉装置，如图 5.62 所示。其底部和上部的两个进气道使粉末流化或达到临界流化，中部的载流气体将流化的粉末送出。沸腾式送粉器能使气体与粉末混合均匀，不易发生堵塞，送粉量大小由气体调节，可靠方便，并且不像刮吸式与螺旋式等机械式送粉器，粉末输送过程中与送粉器内部发生机械挤压和摩擦容易发生粉末堵

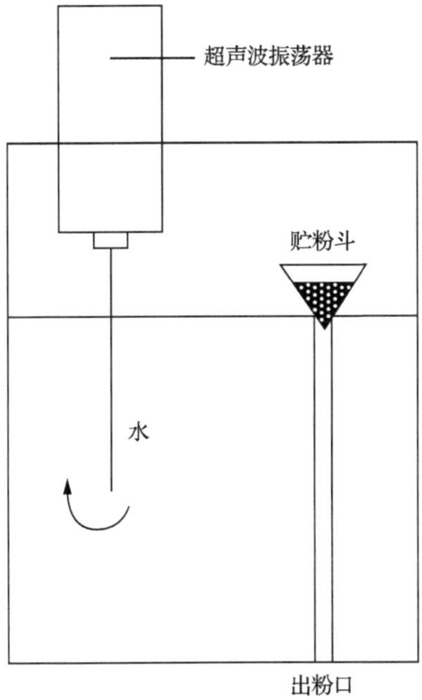

图 5.59　毛细管送粉器原理图

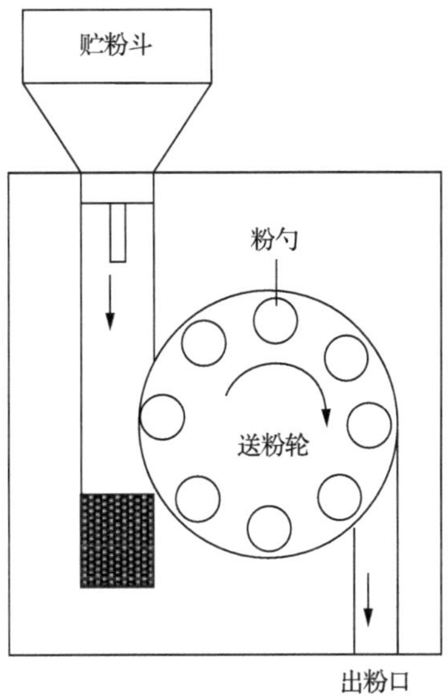

图 5.60　鼓轮式送粉器原理图

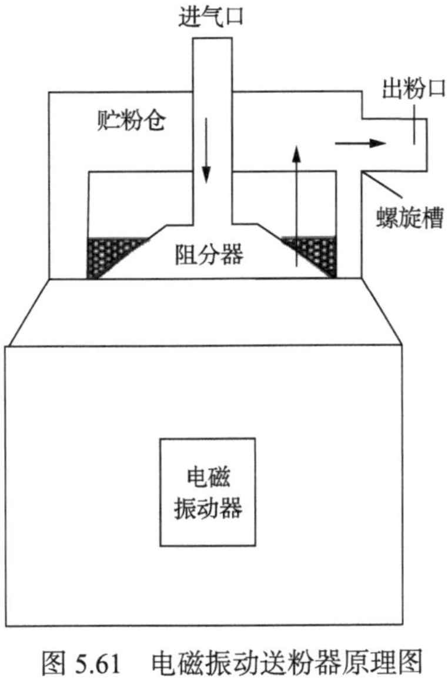

图 5.61　电磁振动送粉器原理图

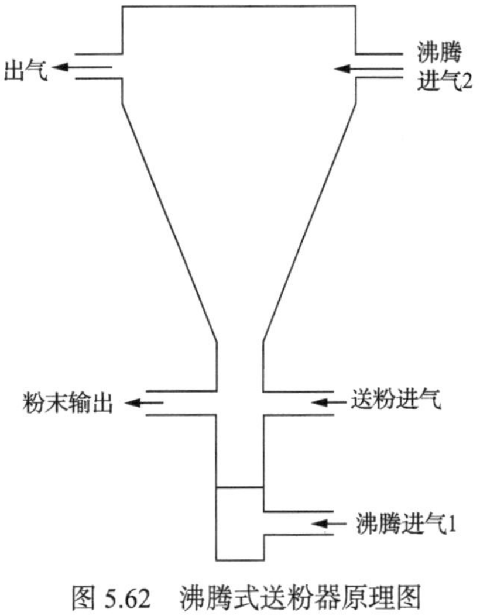

图 5.62　沸腾式送粉器原理图

塞现象，造成送粉量的不稳定。

3. 激光熔覆层实时监测系统

近几年，国际上一些研究机构在掌握工艺参数对成形效果影响规律的基础上，先后对成形过程监测与控制展开了探索，并且认为激光快速成形过程影响因素对成形过程的作用，最终将通过一些过程输出参量，如熔池的形状和尺寸、熔池的温度及其附近温度场、熔池的冷却速率等体现出来，而这些参量将最终决定激光快速成形过程的稳定和成型质量。因此，研究激光熔池形貌尺寸，对于改进激光加工质量、调整激光加工工艺参数具有重要的意义[52]。

1) 熔池宽度监测

图 5.63 基于电荷耦合元件(charge-coupled device，CCD)的非接触式激光熔覆熔池宽度监测系统，可以监测激光熔覆熔池宽度。该检测硬件部分包括彩色 CCD 一体化摄像机、解码器、安装支架、中性衰减片、图像采集卡和计算机等，其中，彩色 CCD 一体化摄像机体积小巧、美观，安装、使用方便，监控范围广，性价比高。

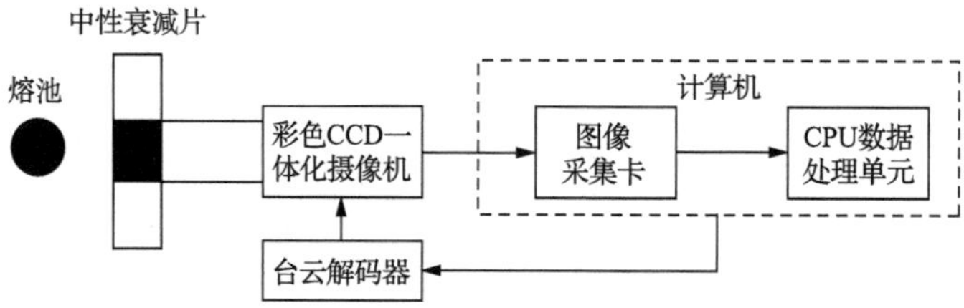

图 5.63 基于 CCD 的熔池宽度监测系统组成示意图

CCD 检测系统的原理是将采集到的激光熔覆过程图像传送给计算机处理，计算机通过数字图像处理获取激光熔覆过程中的实际熔覆层宽度值，为了获得理想的熔覆层宽度，系统将实际的熔覆层宽度与理想的熔覆层宽度进行对比，采用 PID 算法在线调节扫描速度，通过控制系统的设计，自动改变扫描速度，达到理想熔覆层宽度的效果。

激光熔覆 CCD 检测系统是在 Visual C++平台下开发的，如图 5.64 所示，基于 CCD 实时检测系统主要包括视频卡初始化、系统参数设定、视频显示、图像采集、图像裁减、图像缩放、图像灰度化、图像平滑、图像分析、结果输出等功能模块设计开发。

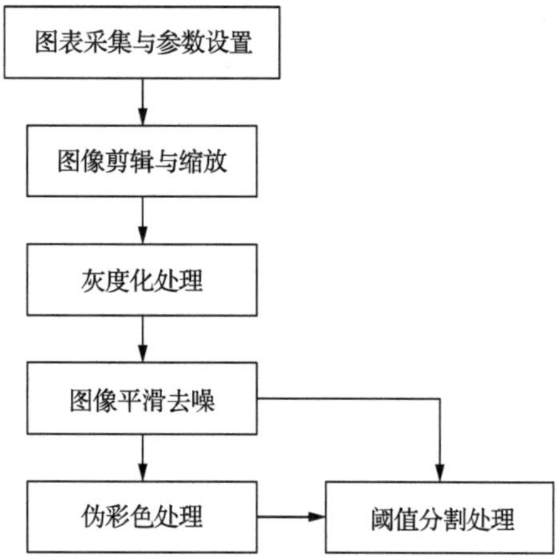

图 5.64 CCD 检测系统设计流程图

图像采集模块是基于 SDK2000 视频采集卡自带的二次开发包 SStream.DLL 而设计的，其中包含很多与视频采集卡相关的操作函数。图像的处理模块主要包括图像裁减与缩放、图像灰度化、图像去噪声、图像分割二值化等。

经过研究结果证明，该检测系统能够非常直观地给出激光熔池不同工况下的信息，能够实时检测整个熔池表面几何尺寸，属于非接触测量，对熔池无干扰，为激光加工的在线监测和反馈控制提供了新的手段。

2) 平整度监测

激光熔覆过程中，熔池通常处于高温、高亮环境下，这使得传统的光学测量方法难以获得准确的熔池图像。熔池的形状受到激光功率、扫描速度、粉末送进速度等多种因素的影响，导致熔池边缘的不规则性和复杂性。为了准确评估熔池的平整度，需要对熔池的轮廓进行高精度的检测和分析。

目前，CCD 相机已经成为熔池图像采集的重要工具。然而，由于激光熔覆过程中的高温和强光，CCD 相机拍摄的图像往往存在噪声和模糊，为了提高图像的质量，常用的图像处理方法包括灰度化、降噪和二值化处理。这些步骤可以帮助提取熔池的轮廓信息，进而计算其周长和面积(图 5.65)。在获取熔池轮廓后，采用矩形框选和多边形逼近的方法对熔池进行量化，这些方法通过计算多边形顶点位置的曲率来评估熔池的平滑度。具体而言，使用 Canny 算法检测熔池边缘，通过计算熔池边缘周围像素的长度和面积，得出熔池的周长和面积。接着，通过将熔池边缘逼近为多边形，并计算多边形曲线上的点的曲率，来判断熔池边缘的平整度[53]。

OpenCV(Open Source Computer Vision Library)库在熔池图像处理中的应用也越来越广泛。借助 Python-opencv 平台，研究者能够实现图像的降噪、边缘检测以及轮廓提取等处理操作。OpenCV 中的 Canny 算法可以有效地识别图像中的边缘，结合高斯滤波器处理噪声，使得熔池边缘的检测更加准确。此外，多边形逼近算法可用于对熔池边缘进行精确描述，从而进一步分析熔池的平整度。

3) 光信号监测

在激光熔覆过程中，激光对金属材料的工作表面产生显著影响。激光束的高能量作用于材料表面，使金属材料经历剧烈的熔化和汽化，并引发一系列化学反应。在这一过程中，高温金属蒸气在熔池中形成。当这些金属蒸气吸收更多热量时，它们部分电离并形成等离子体。等离子体的温度极高，在某些激光加工场景中可以达到 5000K 至 6000K。如此高的温度使等离子体发出强烈的紫外线和可见光辐射。这些辐射信号中蕴含着丰富的信息，尤其与熔覆层的质量密切相关。由于等离子体羽流主要源自基体表面的金属蒸气，因此涂层条件和等离子体羽流状态的变化会直接影响金属蒸气的含量及其辐射特性。

光信号监测为研究熔覆过程提供了重要手段，通过监测和分析熔覆过程中产生的紫外光和可见光信号，可以实时评估熔覆层的质量。等离子体的光谱特性，如光强度和光谱线宽度，可以揭示熔覆层的物理和化学特性。光信号的强弱、波长分布等都可以反映熔覆层的均匀性、微观结构及缺陷情况。光信号监测系统的核心在于光电传感系统，通常包括光信号的采集、信号调理、数据处理和反馈控制等部分。

与传统的检测方法相比，光信号监测具有非接触、高灵敏度和实时响应的优势。然而，光信号监测也面临一些挑战，如何提高信号的信噪比、如何在复杂的工业环境中实现可靠的信号采集和处理等。

5.3.5　激光熔覆工艺参数

图 5.66 总结了激光熔覆过程中的关键参数。这些参数可以具体影响涂层的性能，例如熔覆层轮廓、稀释率、均匀性、孔隙率、裂纹和元素偏析等。因此，熔覆参数的

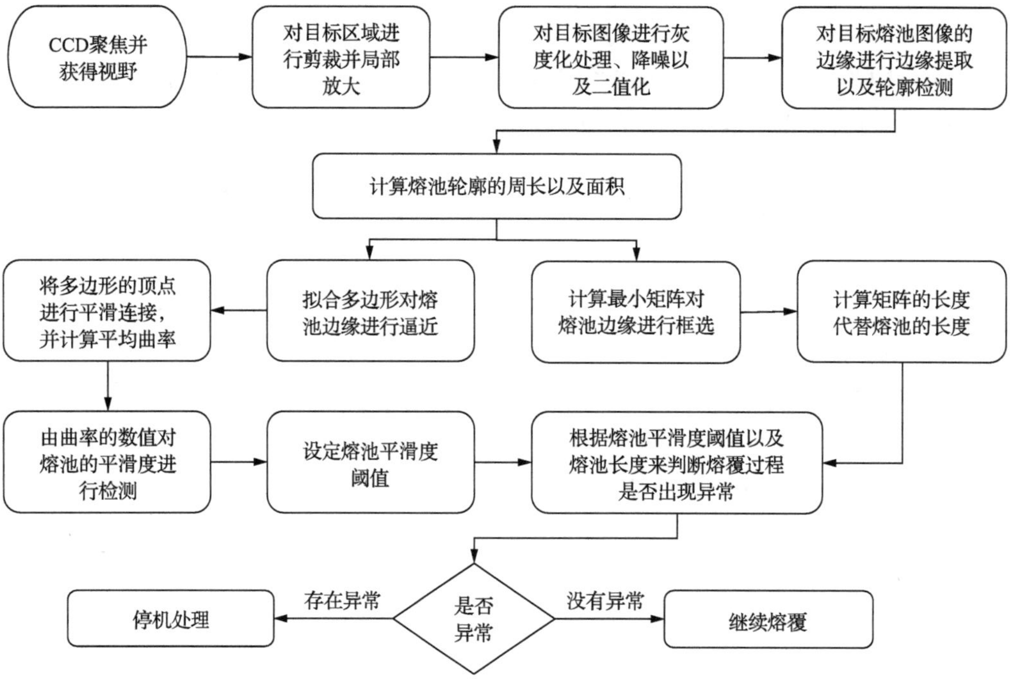

图 5.65　熔池平滑度在线监测算法流程

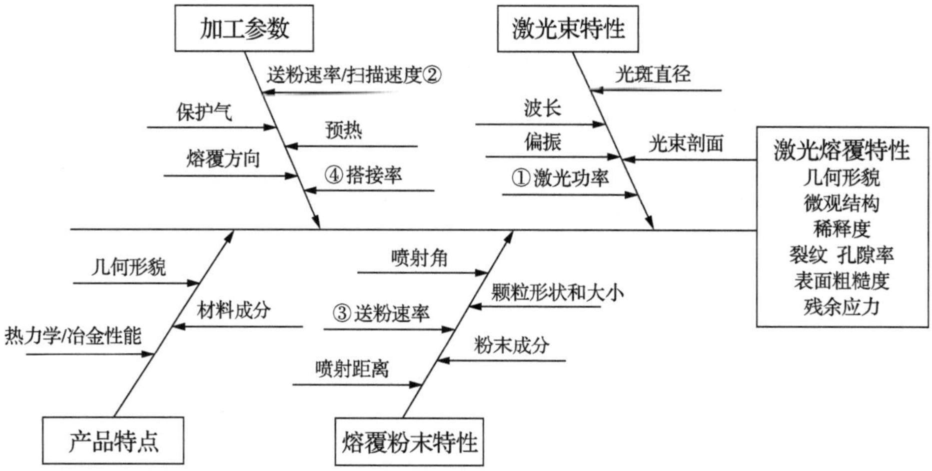

图 5.66　激光熔覆关键参数

选择在高速激光熔覆过程中至关重要，尤其是激光功率、扫描速度、送粉速率和搭接率。

5.3.6　激光熔覆技术的应用与展望

激光熔覆技术经过半个世纪的发展，已经完全从实验室进入到实际工业应用，在汽车工业中应用广泛，如缸套、曲轴、活塞环、换向器、齿轮等零部件的热处理，同时，在航空航天、石油行业、矿山机械和机械动力行业也应用广泛。

1. 航天航空领域

航天航空领域是激光熔覆技术应用潜力最大的领域之一。由于航空发动机磨损严重，发动机叶片的再制造市场存在巨大发展潜力，英国 Rolls Royce 公司采用激光熔覆技术代替钨极氩弧焊堆焊技术修复航空涡轮发动机叶片，不仅解决了工件开裂问题，还极大地降低了工时。国内也将激光熔覆技术应用于发动机叶片和阀座的修复，北京航空航天大学及西北工业大学等实现了大型钛合金构件的激光熔覆成形。王华明院士基于激光熔覆的增材制造技术，制造出了飞机玻璃前挡，如图 5.67 所示。其用料 136kg，相对于锻件的 1706kg，节省材料超过 90%，同时，其性能比锻件要好，而且制作时间周期短，仅需几个小时，这项技术使我国成为目前世界上唯一突破飞机钛合金大型主承力结构件激光快速成形技术，并实现装机应用的国家。该零件经过了 8000h 以上抗疲劳测试[54]。

图 5.67　激光增材制造飞机玻璃前挡

2. 汽车制造领域

由于汽车的发动机活塞和阀门、气缸内槽、齿轮、排气阀座以及一些精密微细部件要求具有高耐磨、耐热及耐蚀性能，因此，激光熔覆在汽车零部件制造中得到广泛应用。发动机曲轴的修复应用最广，封慧等[55]采用 Fe 基粉末对发动机曲轴表面进行激光熔覆再制造修复，如图 5.68 所示，得到的熔覆层与基体结合良好，且硬度为基体的 2～3 倍。

(a) 曲轴

(b) 中心轴局部

图 5.68　发动机曲轴

AM60B 镁合金汽车轮毂进行了表面熔覆后，使得 AM60B 镁合金汽车轮毂在中性盐雾腐蚀 240h 后的质量损失减少 91.63%，在酸雨全浸腐蚀 240h 后的质量损失率下降 93.35%，磨损体积减小 71.08%，有效提高了汽车轮毂的耐蚀性[56]。

3. 石油化工领域

石油化工装备的许多关键零部件长期工作在承受重载并伴有腐蚀、摩擦磨损和高温的恶劣环境中，易于过早失效而缩短整套装备的使用寿命。深井钻机盘式刹车处于强摩擦、高热负荷及较大制动力等极端工况下，使得表面易发生高温氧化、摩擦磨损并形成热疲劳裂纹。采用 Fe 基复合涂层以及含有不同比例的 Cr_3C_2 的 Fe 基合金复合涂层，在刹车盘基体表面进行熔覆修复，能显著提高刹车盘的摩擦磨损、抗疲劳性能[57]。

4. 煤矿开采领域

在煤矿行业中，由于工作环境苛刻，对煤矿开采机械零部件的性能要求比较高。液压立柱作为主要的承载部件，长期处于磨损较大、腐蚀性较高的环境中，使其使用寿命降低，山东能源重装集团大族再制造有限公司采用 Fe 基粉末在液压支柱母材 27SiMn 表面制造出了耐磨性与耐蚀性较高的熔覆层，如图 5.69 所示[58]。矿用截齿在截割煤岩时承受高压力、剪切应力和冲击负荷，因此，其失效多以磨损为主(图 5.69)。苏伦昌等[59]针对矿用 42CrMo 截齿，采用专门研制的抗磨损合金粉末进行熔覆，得到的熔覆层耐磨性最高，是原始熔覆层的 18 倍、基体的 3 倍。

图 5.69　矿用装备修复

此外，盾构滚刀作为煤矿隧道掘进的重要工具，其工作环境同样极为苛刻。为了提高盾构滚刀的使用寿命和工作效率，中国矿业大学的程延海团队对盾构滚刀的表面处理进行了创新性的研究。他们采用机械振动辅助激光熔覆技术，在盾构滚刀表面制备出具有高耐磨性和耐腐蚀性能的熔覆层(图 5.70)。这种技术通过结合激光熔覆和机械振动的协同作用，有效地增强了熔覆层的致密性和均匀性，从而大幅提高了滚刀表面的硬度和

图 5.70　激光再制造盾构滚刀刀圈

耐磨性。相比传统的表面处理方法，这一技术能有效减少滚刀的更换频率，从而显著降低煤矿隧道掘进过程中的运行成本和停机时间[60]。

液压支架立柱是煤矿开采中的关键部件，经常承受高负荷和频繁的摩擦，因此对其表面耐磨性和抗腐蚀性的要求极高。传统的表面处理方法如喷涂和电镀等在某些情况下难以满足这些要求。超高速激光熔覆技术作为一种先进的表面改性技术，具有高效、低热输入、精确控制等优点，在液压支架立柱的应用中展现出独特的优势。程延海团队采用超高速激光熔覆技术对液压支架立柱进行了表面强化(图 5.71)。这种技术不仅显著提高了立柱表面的耐磨性和抗腐蚀性，还延长了其使用寿命，并且在处理过程中对基材的热影响区域较小，有效避免了传统表面处理方法可能带来的变形问题，这对提高液压支架立柱综合性能具有重要意义[61]。

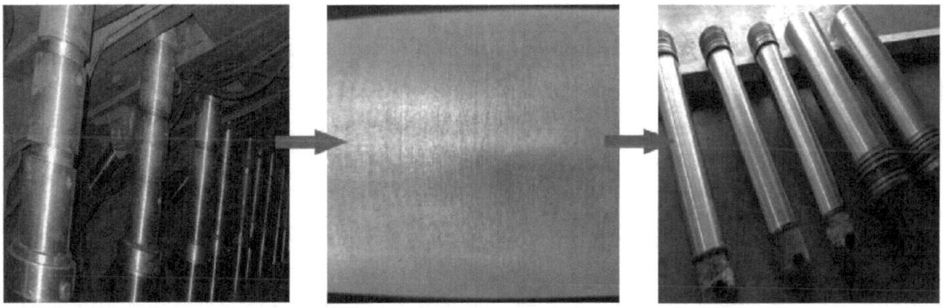

图 5.71　超高速激光熔覆液压支架立柱

国际上，以美国、德国、日本为代表的发达国家在激光熔覆技术发展上取得了令人瞩目的成就，特别是在航空、电力、船舶及石油等大型制造领域，激光加工工艺已基本取代传统工艺，进入了“光制造”时代。IPG、TRUMPF、Rofin、LASERLINE 等公司依然在先进激光器方面保持着领先地位，德国 DMG 集团将激光熔覆技术与五轴联动数控机床的系统集成(LASERTEC 65，如图 5.72 所示)，实现了同步送粉式激光 3D 打印及精密机械加工的完美结合。此外，国际上激光熔覆技术已实现规范化、标准化，并在制粉技术及质量控制(如球形度、纯度)方面达到了很高的水平。

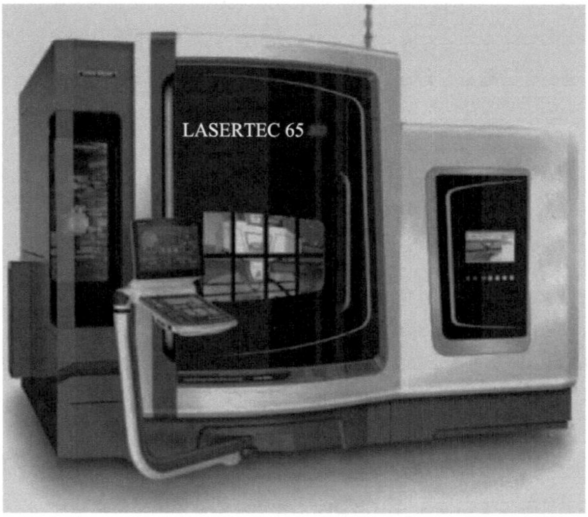

图 5.72　集成激光熔覆设备

在中国，激光熔覆技术的研究主要集中在一些知名高校和科研机构，如清华大学、华中科技大学、北京航空航天大学、西北工业大学、哈尔滨工业大学、北京工业大学、中国科学院、北京有色金属研究总院，中国矿业大学以及东北大学等。具有代表性的激光熔覆装备制造或系统集成的公司主要有深圳大族激光科技产业集团股份有限公司、北京陆合飞虹激光科技有限公司、武汉团结激光股份有限公司、南京中科煜宸激光技术有限公司和江苏中科四象激光科技有限公司等。从事激光熔覆技术应用的公司主要有山能能源集团装备制造(集团)有限公司、沈阳大陆激光技术有限公司、武汉武钢华工激光大型装备有限公司、鞍山正发表面技术工程股份有限公司、沈阳金研激光再制造技术开发有限公司、泰安金宸激光科技有限公司、江苏永年激光成形技术有限公司及武汉大族金石凯激光系统有限公司等。

经过数十年的发展，激光熔覆技术已从实验室走向实际工业应用。在航空航天、石油、船舶、工程机械、核电、钢铁冶金、汽车、模具制造及船舶行业中，激光熔覆技术得到了广泛应用。近年来，超高速激光熔覆技术的出现进一步推动了这一领域的发展，尤其是在液压支架立柱修复方面表现出色。该技术能够以更高的效率和精度进行修复，不仅显著缩短了加工时间，还提高了修复件的使用寿命和可靠性。随着《中国制造 2025》发展规划的不断推进，激光熔覆技术必将为广大工业用户所接受，将产生巨大的经济效益[62]。

近年来，激光熔覆技术已有很大的进展，某些方面已进入实际工业应用阶段。然而，由于该过程的材料非平衡物理冶金和热物理过程十分复杂，包括“激光-金属(粉末、固体基材、熔池液体金属等)交互作用”、移动熔池的“激光超常冶金”、移动熔池在超高温度梯度和强约束条件下的“快速凝固”、复杂约束长期循环条件下“热应力演化”等。这些极其复杂的材料冶金和热力耦合等现象相互强烈影响。

对激光增材制造过程“材料物理冶金”和“材料热物理”等材料科学问题的研究，不仅是切实解决“热应力控制和变形开裂预防”及构件“内部质量和力学性能控制”等长期制约高性能大型金属构件激光增材制造发展和应用“瓶颈难题”的基础，更是决定该技术优势能否得以充分发挥并走向工程应用推广的关键。若想实现钛合金、镍基合金、铝合金、合金钢、金属间化合物合金、难熔合金等高性能难加工金属大型关键构件的激光增材制造及其“成形/成性一体化”主动控制和更快走向工程推广应用，很大程度上依赖于人们对下述 5 大共性材料问题的研究：激光/金属交互作用行为及能量吸收与有效利用机制，内部冶金缺陷形成机制及力学行为，移动熔池约束凝固行为及构件晶粒形态演化规律，非稳态瞬时循环固态相变行为及显微组织形成规律，内应力演化规律及构件变形开裂预防控制[63]。通过对这些问题的深入研究，将为激光熔覆技术的优势充分发挥及其在工程应用中的推广奠定坚实基础。

参考文献

[1] 蔡宏图, 江涛, 周勇. 热喷涂技术的研究现状与发展趋势[J]. 装备制造技术, 2014, (6): 28-31.
[2] 殷硕. 冷喷涂粉末粒子加速行为及沉积机理的研究[D]. 大连: 大连理工大学, 2012.
[3] 尹志坚, 王树保, 傅卫, 等. 热喷涂技术的演化与展望[J]. 无机材料学报, 2011, 26(3): 226-230.
[4] 黎樵燊, 朱又春. 金属表面热喷涂技术[M]. 北京: 化学工业出版社, 2009.
[5] 李文亚, 李长久. 冷喷涂特性[J]. 中国表面工程, 2002, (1): 12-15.
[6] 国洪建, 贾均红, 张振宇, 等. 热喷涂技术的研究进展及思考[J]. 材料导报, 2013, 27(2): 38-40.
[7] 张燕, 张行, 刘朝辉, 等. 热喷涂技术与热喷涂材料的发展现状[J]. 装备环境工程, 2013, 10(3): 59-62.
[8] 许雪, 赵程. 等离子弧热喷焊技术的发展与现状[J]. 冶金丛刊, 2006, (3): 44-46.
[9] 李君. 热喷涂技术应用与发展调研分析[D]. 长春: 吉林大学, 2015.
[10] 黄诗铭. 等离子喷焊复合材料强化层及其组织与性能研究[D]. 长春: 吉林大学, 2015.
[11] 詹长书. 热喷焊技术工艺设计及其应用[J]. 森林工程, 2003, 19(3): 39, 40.
[12] 戴达煌, 刘敏. 薄膜与涂层现代表面技术[M]. 长沙: 中南大学出版社, 2008.
[13] 王元良, 陈辉, 周友龙, 等. 热喷涂技术及其设备应用[J]. 电焊机, 2005, 35(11): 1-5.
[14] 李耿, 周勇, 薛飒, 等. 冷喷涂技术[J]. 热处理技术与装备, 2009, 30(4): 11-14.
[15] 徐滨士, 张伟, 梁秀兵. 热喷涂材料的应用与发展[J]. 新材料产业, 2001, (12): 3-7.
[16] 周香林, 张济山, 巫湘坤. 先进冷喷涂技术与应用[M]. 北京: 机械工业出版社, 2011.
[17] 孙家枢, 郝荣亮, 钟志勇. 热喷涂科学与技术[M]. 北京: 冶金工业出版社, 2013.
[18] 马小雄, 高荣发. 粉末等离子弧喷焊(二)喷焊设备[J]. 焊接, 1979, (3): 45-49.
[19] 马小雄, 高荣发. 粉末等离子弧喷焊(三)喷焊枪及工艺参数选择[J]. 焊接, 1979, (4): 40-44.
[20] 李铁藩, 王恺, 吴杰, 等. 冷喷涂装置研究进展[J]. 热喷涂技术, 2011, 3(2): 15-31.
[21] 周禹, 李京龙, 李文亚. 冷喷涂技术的最新进展及其在航空航天领域的应用展望[J]. 航空制造技术, 2009, (9): 68-70.
[22] 刘奕, 所新坤, 黄晶, 等. 冷喷涂技术在生物医学领域中的应用及展望[J]. 表面技术, 2016, 45(9): 25-30.
[23] 唐景富. 堆焊技术及实例[M]. 北京: 机械工业出版社, 2010.
[24] 何实, 李家宇, 赵昆. 我国堆焊技术发展历程回顾与展望[J]. 金属加工, 2009, 60(22): 25-27.
[25] 冯吉才. 中国焊接: 1994-2016[M]. 北京: 机械工业出版社, 2017.
[26] 陈天佐, 李泽高. 金属堆焊技术[M]. 北京: 机械工业出版社, 1991.
[27] 邓德伟, 陈蕊, 张洪潮. 等离子堆焊技术的现状及发展趋势[J]. 机械工程学报, 2013, 49(7): 106-112.
[28] 向永华. 自动化等离子堆焊技术在发动机缸体再制造中的应用[J]. 中国表面工程, 2009, (6): 72-76.

[29] 杨凤琦. 钨极氩弧堆焊 Fe 基合金粉末熔覆层组织和性能研究[D]. 济南: 山东建筑大学, 2013.
[30] 董丽虹, 朱胜, 徐滨士. 耐磨损耐腐蚀粉末等离子弧堆焊技术的研究进展[J]. 焊接, 2004, (7): 6-9.
[31] 黄智泉, 贺定勇, 刘仁培, 等. 堆焊技术发展及应用综述[J]. 电焊机, 2023, 53(4): 56-62.
[32] 张茂龙, 孙礼兵. 带极电渣堆焊工艺及其应用[J]. 锅炉技术, 1993, (8): 21-26.
[33] 高丽娟. 陶瓷墙地砖模具的表面强化技术研究[D]. 武汉: 武汉理工大学, 2002.
[34] 张潆月, 包晔峰. 轧辊堆焊的现状和发展趋势[J]. 电焊机, 2010, 40(10): 17-20.
[35] 单际国, 董祖压, 徐滨士. 我国堆焊技术的发展及其在基础工业中的应用现状[J]. 中国表面工程, 2002, (4): 19-22.
[36] 胡邦喜. 堆焊技术在国内石化、冶金行业机械设备维修中的应用[J]. 中国表面工程, 2013, 19(3): 4-8.
[37] Zhang J, Zhou J, Wang Q, et al. Process planning of automatic wire arc additive remanufacturing for hot forging die[J]. International Journal of Advanced Manufacturing Technology, 2020, 109(5-6): 1613-1623.
[38] 王新年, 马春雷. 我国堆焊技术的应用及发展[J]. 民营科技, 2015, (7): 236.
[39] 沈燕娣. 激光熔覆工艺基础研究[D]. 上海: 上海海事大学, 2006.
[40] 杨胶溪, 靳延鹏, 张宁. 激光熔覆技术的应用现状与未来发展[J]. 金属加工, 2016, 4: 13-16.
[41] 李亚江. 激光焊接/切割/熔覆技术[M]. 北京: 化学工业出版社, 2012.
[42] Kurz W. Fisher D J. Fundamentals of Solidification[M]. Boca Raton: CRC Press, 1998.
[43] 张永康. 激光加工技术[M]. 北京: 化学工业出版社, 2004.
[44] Cheng Y H, Cui R, Wang H Z, et al. Effect of processing parameters of laser on microstructure and properties of cladding 42CrMo steel[J]. International Journal of Advanced Manufacturing Technology. 2018, 96(5-8): 1715-1724.
[45] 吴文华, 翟薇, 王建元, 等. 超声场中液体材料的空化和声流动力学研究进展[J]. 中国科学: 技术科学, 2023, 53(1): 2-27.
[46] 王茜, 张亮, 李倩, 等. 电磁场辅助激光熔覆技术的研究进展[J]. 表面技术, 2023, 52(6):166-179.
[47] Huo K, Zhou J, Dai F, et al. Particle distribution and microstructure of IN718/WC composite coating fabricated by electromagnetic compound field-assisted laser cladding[J]. Applied Surface Science, 2021, 545: 149078.
[48] Hosseini-Tayeb H, Rafiaei S M. Enhanced microstructural and mechanical properties of Stellite/WC nanocom-posite on Inconel 718 deposited through vibration-assisted laser cladding[J]. International Journal of Minerals Metallurgy and Materials, 2022, 29(2): 327-334.
[49] Li M Y, Yang J, Han B, et al. Comparative investigation on microstructures and properties of WC/Cr_3C_2 reinforced laser cladding Ni-based composite coatings subjected to ultrasonic impact treatment[J]. Materials Today Communications, 2023, (34): 105219.
[50] Wang R T, Liu H, et al. Enhancing wear resistance of laser-clad AlCoCrFeNi high-entropy alloy via ultrasonic surface rolling extrusion[J]. Surface & Coatings Technology, 2024, (485): 130908.
[51] 董世运. 激光熔覆材料研究现状[J]. 材料导报, 2006, 20(6): 5-13.
[52] Poprawe R, Hinke C, Meiners W, et al. Digital photonic production along the lines of Industry 4.0[C]//SPIE LASE, San Francisco, 2018.
[53] 丁坚. 激光熔覆增材修复过程监测与质量评估技术研究[D]. 广汉: 中国民用航空飞行学院, 2024.
[54] 冯淑容, 张述泉, 王华明. 钛合金激光熔覆硬质颗粒增强金属间化合物复合涂层耐磨性[J]. 中国激光, 2012, 39(2): 1-6.
[55] 封慧, 李剑锋, 孙杰. 曲轴轴颈损伤表面的激光熔覆再制造修复[J]. 中国激光, 2014, 41(8): 86-91.
[56] 常成, 刘建永, 杨伟, 等. 激光技术及其在汽车工业中的应用[J]. 湖北汽车工业学院学报, 2016, 30(2): 49-53.
[57] 陆萍萍. 万米深井钻机刹车盘表面激光熔覆组织与性能研究[D]. 青岛: 中国石油大学, 2010.
[58] 杨庆东, 苏伦昌, 董春春, 等. 液压支架立柱 27SiMn 激光熔覆铁基合金涂层的性能[J]. 中国表面工程, 2013, 26(6): 43-46.
[59] 苏伦昌, 董春春, 杜学芸, 等. 矿用截齿激光熔覆高耐磨颗粒增强铁基复合涂层的性能研究[J]. 矿山机械, 2014, 42(3): 102-106.
[60] 程延海. 煤机装备关键部件再制造的工程实践与思考[J]. 智能矿山, 2025, 6(4): 8-15.
[61] 周嘉利, 程延海, 陈永雄, 等. 激光熔覆工艺参数对铁基双层涂层组织和残余应力的影响[J]. 中国机械工程, 2022,

33(12): 1418-1426.
[62] 韩彬, 万盛, 张蒙科, 等. 镍基金属陶瓷激光熔覆层组织及摩擦磨损性能[J]. 中国石油大学学报, 2015, 39(2): 93-97.
[63] 王华明. 高性能大型金属构件及激光增材制造若干材料基础问题[J]. 航空学报, 2014, 35(10): 2690-2698.

第 6 章　再制造 3D 打印技术

“3D 打印”，即增材制造(additive manufacturing，AM)，是通过逐层累加材料来实现制造过程的技术，起源于大约 30 年前。与此不同，传统的机械加工方法(如车、铣、刨、磨等)则属于减材制造，这种方法已有约 300 年的历史，其特点是在制造过程中逐步去除材料。此外，锻造、铸造和粉末冶金等热加工方法可以大致归类为等材制造，起源可追溯至约 3000 年前。基于金属激光沉积原理的激光再制造技术，在基础理论上与金属激光 3D 打印有着诸多相似之处。

激光再制造是一种融合光学、机械和电子技术的先进再制造技术。作为再制造领域的核心技术，它在推动再制造产业发展中占据重要地位，为我国先进制造、绿色制造技术以及装备制造服务业的发展注入了新的活力，成为再制造领域备受关注的热门方向。

激光再制造是一种绿色再制造技术，它结合了激光熔覆和快速成形等技术的优势，不仅能够有效修复和提升失效零件表面的耐磨性、耐腐蚀性、耐高温性和抗疲劳性能，还可以对缺损零件进行局部体积成形，恢复其原始尺寸。因此，激光再制造也是激光 3D 打印原理和技术在再制造领域的重要应用。

6.1　3D 打印技术概述

6.1.1　3D 打印技术的定义

3D 打印是“增材制造”技术的俗称。增材制造技术基于三维 CAD 设计数据，通过逐层累加离散材料(如液体、粉末、丝、片、板、块等)来制造实体零件。与传统的材料去除工艺(如切削等)相比，增材制造是一种自下而上逐层堆积材料的制造工艺。自 20 世纪 80 年代开始，增材制造技术逐步发展，其间也被称为材料累加制造(material increase manufacturing，MIM)、快速原型(rapid prototyping，RP)、分层制造(layered manufacturing，LM)、实体自由制造(solid free-form fabrication，SFF)、三维打印(three-dimensional printing，3DP)等。尽管名称不同，这些称呼从不同角度体现了这一制造工艺的技术特点。

增材制造技术是指基于离散-堆积原理，由零件三维数据驱动直接制造零件的科学技术体系。关桥院士提出了“广义”和“狭义”增材制造的概念(图 6.1)，“狭义”的增材制造是指不同的能量源与 CAD/CAM 技术结合、分层累加材料的技术体系；而“广义”增材制造则是以材料累加为基本特征，以直接制造零件为目标的大范畴技术群。如果按照加工材料的类型和方式分类，又可以分为金属成形、非金属成形、生物材料成形等。以激光束、电子束、等离子或离子束为热源，加热材料使之结合、直接制造零件的方法，称为高能束流快速制造，是增材制造领域的重要分支，在工业领域最为常见。在航空航天工业的增材制造技术领域，金属、非金属或金属基复合材料的高能束流快速制造是当前发展最快的研究方向。

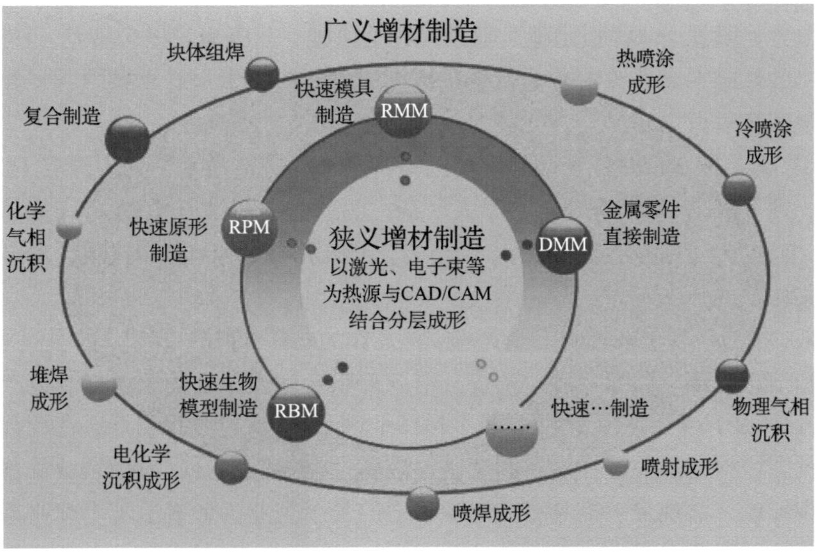

图 6.1　广义与狭义增材制造技术内涵示意图

从更广义的原理来看，以设计数据为基础，通过自动累加材料(如液体、粉材、线材或块材等)来形成实际实体结构的制造方法，都可以被视为增材制造技术[1]。

6.1.2　3D 打印技术的产生与兴起

1. 3D 打印技术的产生

3D 打印技术诞生于 20 世纪 80 年代中后期。1988 年，美国 3D System 公司采用“立体平版印刷快速成形”(stereo lithography，SL)技术，通过紫外激光线束照射扫描光敏树脂并将其固化，逐层凝结累加制造出三维实体模型，并推出首台商用“液态光敏树脂选择性固化成形机”(SLA-250)，标志着 3D 打印技术的诞生。1992 年，美国麻省理工学院的 Saches 和 Cima 等首次对 3D 打印技术作出了概念性的描述，并创办了专业化的三维打印企业 ZCorporation。随后的几年里，增材制造方法迅速兴起并日益多样化，主要包括：1988 年 Feygin 发明的分层实体制造(laminated object manufacturing，LOM)、1989 年 Deckard 研究的选区激光烧结(selective laser sintering，SLS)、1992 年 Crump 的熔融沉积造型(fuesd depostion modeling，FDM)以及今天被用作增材制造代表性术语的“3D 打印”(3DP)[2]。

2. 3D 打印技术的兴起

3D 打印技术的研究及应用由来已久，但近年来才被人们所熟知。2012 年是世界 3D 打印历史上值得铭记的一年，被称为“3D 打印技术的科普元年”。2012 年 3 月 9 日，时任美国总统奥巴马在卡内基梅隆大学宣布创立美国“国家制造创新网络”计划。该项目由美国联邦政府和工业部门共同斥资 10 亿美元，遴选出制造领域 15 项前沿性、前瞻性的制造技术，建立 15 个制造业创新中心，以全面提升美国制造业竞争力。4 月 17 日，“增材制造技术”被确定为美国首个制造业创新中心。8 月 16 日，“国家增材制造创新中心”作为美国首个“样板示范”创新中心揭牌成立，成为新技术研究、开发、示范、转移和推广的基础平台。该中心的目标是成为增材制造技术全球卓越中心，并以此提升美国制造全球竞争力。

从 2012 年 3 月 9 日时任美国总统奥巴马将“增材制造技术”列为国家 15 项制造业创新中心，到 4 月 21 日美国《经济学人》杂志的封面文章推出《3D 打印推动第三次工业革命》，推动 3D 打印发展的政治、经济力量正式形成，3D 打印这项技术迅速吸引了全世界的关注[3]。

近年来，我国高度重视增材制造产业，将其作为《中国制造 2025》的发展重点。2015 年，工业和信息化部、国家发展改革委、财政部联合印发了《国家增材制造产业发展推进计划(2015—2016 年)》(工信部联装〔2015〕53 号)，通过政策引导，在社会各界共同努力下，我国增材制造关键技术不断突破，装备性能显著提升，应用领域日益拓展，生态体系初步形成，涌现出一批具有一定竞争力的骨干企业，形成了若干产业集聚区，增材制造产业实现快速发展。

2017 年 4 月，科技部印发了《“十三五”先进制造技术领域科技创新专项规划》(国科发高〔2017〕89 号)，明确“十三五”期间，我国先进制造领域重点从“系统集成、智能装备、制造基础和先进制造科技创新示范工程”四个层面，围绕增材制造(3D 打印)等 13 个主要方向开展重点任务部署，加速推动制造业由大变强的转型升级和跨越发展。与发达国家相比，我国增材制造产业尚存在关键技术滞后、创新能力不足、高端装备及零部件质量可靠性有待提升、应用广度和深度有待提高等问题。2017 年 12 月，我国十二部门联合印发《增材制造产业发展行动计划(2017—2020 年)》(工信部联装〔2017〕311 号)，应对增材制造产业发展新形势、新机遇、新需求，推进我国增材制造产业快速健康持续发展。

3D 打印是智能制造相关产业中其中一项重要的发展产业。智能制造是制造强国建设的主攻方向，其发展程度直接关乎我国制造业质量水平。“十四五”期间，智能制造的推进以工艺、装备为核心，2021 年 12 月，工业和信息化部、国家发展改革委等 8 部门联合印发《“十四五”智能制造发展规划》(工信部联装〔2021〕207 号)，提出 3D 打印相关重点任务，突破增材制造、超精密加工、近净成型、分子级物性表征等先进工艺技术，大力发展激光/电子束高效选区熔化装备、激光选区烧结成型装备等增材制造装备，促进我国制造业迈向全球价值链中高端。

6.1.3　3D 打印技术的原理

对于大多数人来说，提到“打印”，首先想到的是能打印文稿或照片等平面内容的普通打印机。事实上，2D 的喷墨打印技术和某些类型的 3D 打印在技术上确实比较接近。3D 打印是使用特制的设备将材料一层层地喷涂或熔结到三维空间中，最后形成所需的对象，所用设备即为 3D 打印机，如图 6.2 所示。3D 打印机的精度相当高，即便是低档廉价的型号，也可以打印出模型中的大量细节，而且它比铸造、冲压、蚀刻等传统方法能更快速地创建原型，特别是通过传统方法难以制作的特殊结构模型。一般来说，通过 3D 打印获得一件物品需要经历三维建模、分层切割、打印喷涂和后期处理四个主要阶段，具体流程如图 6.3 所示[4]。

图 6.2　ORDbot Quantum3D 打印机

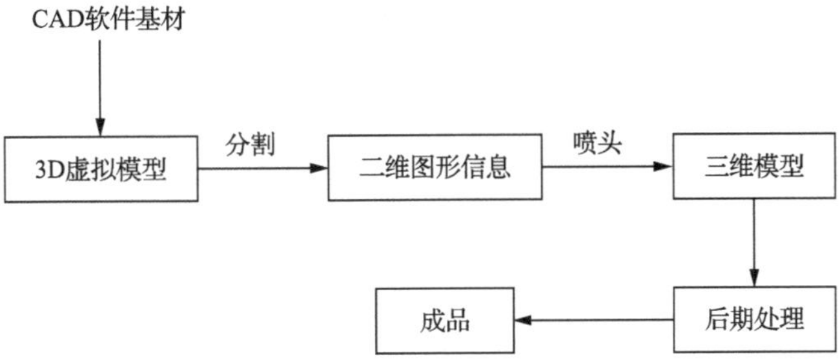

图 6.3　3D 打印的设计和制作流程

1. 三维建模

通过 GoScan 之类的专业 3D 扫描仪或 Kinect 之类的 DIY 扫描设备获取对象的三维数据，并且以数字化方式生成三维模型。也可以使用 Blender、SketchUp、AutoCAD 等三维建模软件从零开始建立三维数字化模型。

2. 分层切割

由于描述方式的差异，3D 打印机并不能直接操作 3D 模型。当 3D 模型输入到计算机后，需要通过打印机配备的专业软件来进一步处理，即将模型切分成一层层的薄片，每个薄片的厚度由喷涂材料的属性和打印机的规格决定。

3. 打印喷涂

由打印机将打印耗材逐层喷涂或熔结到三维空间中，根据工作原理的不同，有多种实现方式。比较流行的做法是先喷一层胶水，然后在上面撒一层粉末，如此反复；或是通过高能激光熔化合金材料，一层一层地熔结成模型。整个过程根据模型大小、复杂程度、打印材质和工艺的不同，耗时从几分钟到数天不等。

4. 后期处理

模型打印完成后，一般都会有毛刺或是粗糙的截面，这时，需要对模型进行后期加工，如固化处理、剥离、修整、上色等，才能最终完成所需模型的制作。

6.1.4 3D 打印再制造及其流程

3D 打印再制造就是利用 3D 打印技术对废旧零部件进行再制造修复，使其性能得到提升，服役寿命得以延长，其技术流程如图 6.4 所示。

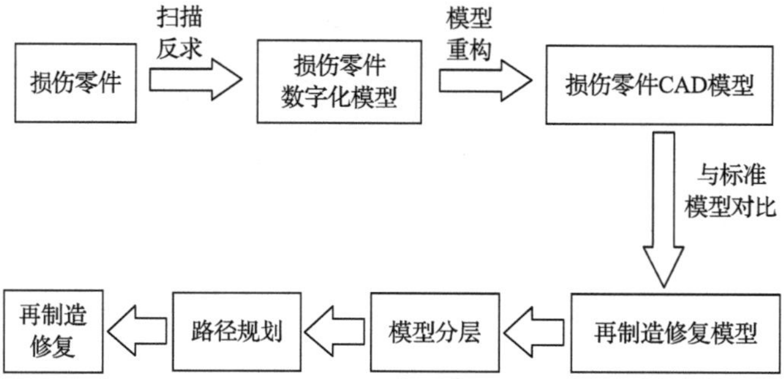

图 6.4 装备零部件 3D 打印再制造修复流程

首先利用三维扫描仪对损伤零件进行扫描，获取损伤零件的数字化模型；然后对数字模型进行处理，进而生成缺损零件 CAD 模型，并通过与标准模型进行比对生成再制造修复模型；接下来对再制造模型进行分层路径规划处理；最后，3D 打印系统依规划路径对损伤零件进行再制造修复[5]。图 6.5 给出了 3D 打印再制造矿用链轮典型的修复流程。

实际上，由于造成装备零部件损伤的因素是多样的，零件损伤面往往也是不规则面，要实现零件损伤部位的原位修复，还必须进行损伤表面的预处理。另外，由于在损伤零件的再制造修复过程中，所用再制造修复材料与零件基体材料不同，再制造修复零部件中存在异质界面问题。因此，装备废旧损伤零部件的 3D 打印再制造修复不同于装备零部件的 3D 打印直接制造，其涉及技术领域更广，过程更复杂[6]。

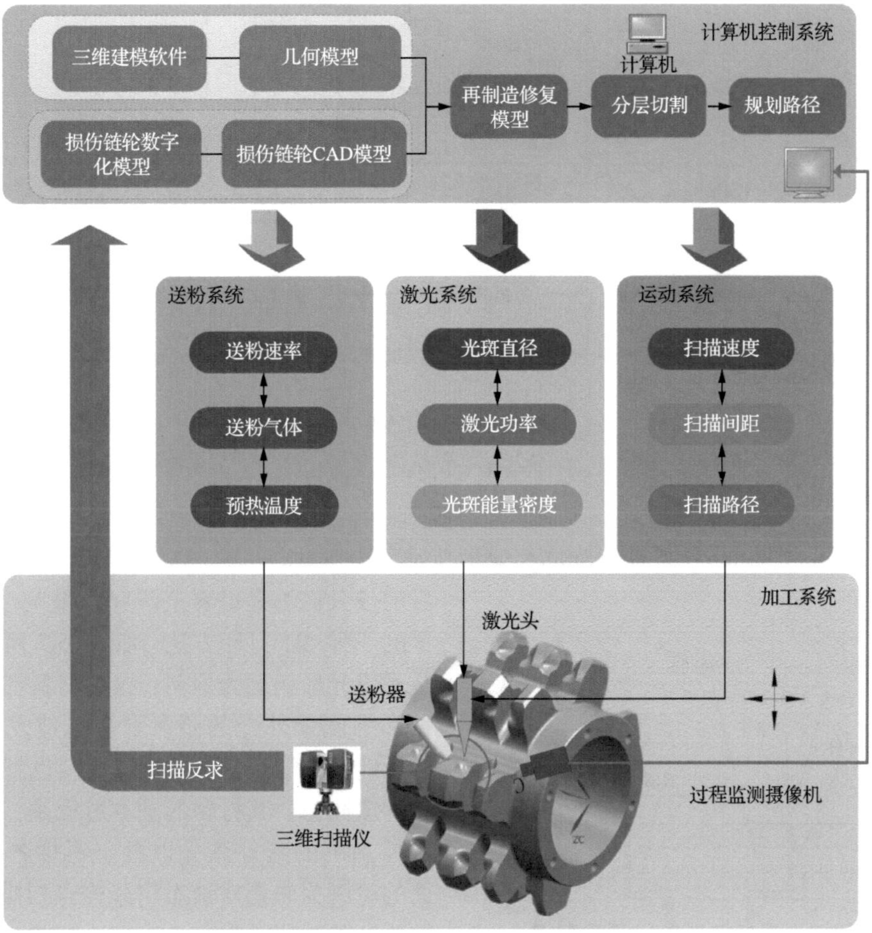

图 6.5　3D 打印再制造矿用链轮修复流程图

6.2　3D 打印技术分类

1984 年，美国人 Charles Hall 发明了第一台立体光固化成形 3D 打印机之后，各种不同类型的 3D 技术被不断开发出来。根据加热方式的不同，分别有应用激光、电子束、等离子束、紫外线、电热、常温黏结等技术的 3D 打印。根据打印材料的不同，分别有适合塑料、光敏树脂、金属合金、生物组织、复合材料、陶瓷等材料的 3D 打印。根据打印材料形状的不同，分别有可以打印出丝状、粉末状、液状材料的 3D 打印。根据用途不同，有工业级 3D 打印、桌面级 3D 打印、建筑 3D 打印、生物 3D 打印、纳米级 3D 打印。根据 3D 打印所用材料的状态及成形方法的不同，将 3D 打印技术分为光固化成形(stereo lithography apparatus，SLA)技术、FDM、SLS、LOM、3DP、无模铸型制造技术(patternless casting manufacturing，PCM)、直接金属沉积(direct metal deposition，DMD)技术[7,8]。虽然不同类型的 3D 打印技术所用材料和成形方法有所不同，但其工艺流程基本相似，如图 6.6 所示[9]。

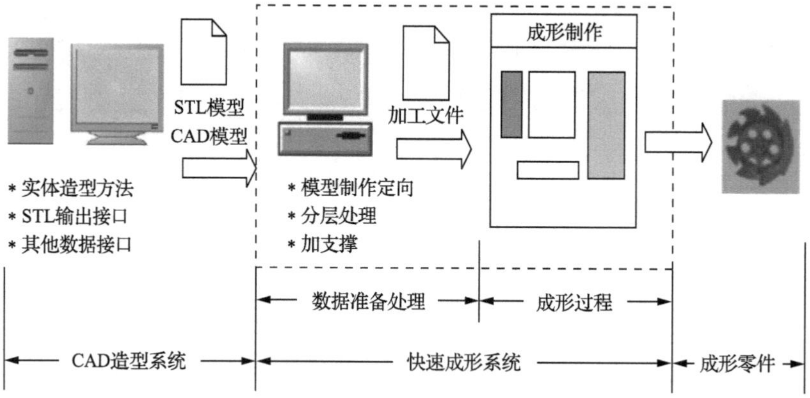

图 6.6　3D 打印工艺流程

6.2.1　光固化成形技术

1984 年，Charles Hull 获得光固化成形技术美国专利，并被 3D Systems 公司商品化，目前被公认为是世界上研究最深入、应用最早的一种 3D 打印方法。如图 6.7 所示，该技术以光敏树脂为原料，这种材料在一定波长和强度紫外光的照射下能迅速发生光聚合反应，分子量急剧增大，材料也就从液态转变成固态。其打印的基本过程是：在计算机控制下的紫外激光以预定零件各分层截面的轮廓为轨迹对液态树脂连点扫描，使被扫描区的树脂薄层产生光聚合反应，从而形成零件的一个薄层截面。当一层固化完毕，移动工作台，在原先固化好的树脂表面再覆上一层新的液态树脂以便进行下一层扫描固化。新固化的一层牢固地黏合在前一层上，如此重复，直到整个零件原型制造完毕。

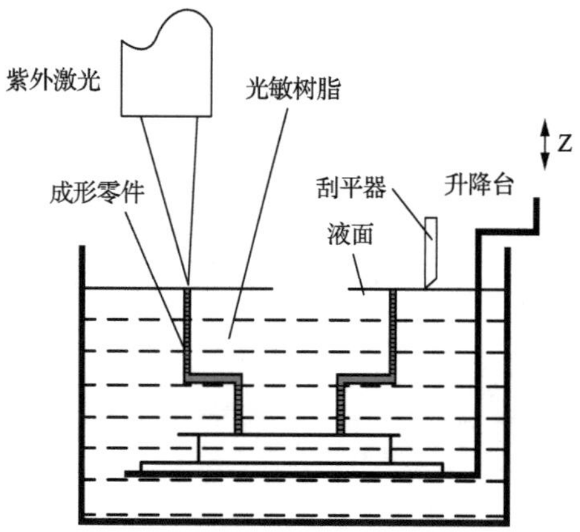

图 6.7　SLA 工艺原理

美国 3D Systems 公司最早推出的这种工艺，是目前研究得最多的方法，也是技术上最为成熟的方法。一般层厚在 0.1～0.15mm，最高精度能达到 0.05mm。该项技术的优点是技术成熟、制造精度高、打印速度快、能制造外形复杂的零件和模具。但是，光固化工艺运行费用最高。光固化工艺设备的原材料很贵，种类不多。光固化设备的零件制作完成后，强度低，无弹性，无法进行装配，还需要在紫外光的固化箱中进行二次固化，以保证零件的强度。固化后的生胚需进行脱脂和烧结处理才能形成最终的零部件，其工艺复杂，生产周期长，生产成本高。随着光固化技术的发展，许多桌面级光固化设备逐渐进入人们生活中，使光固化技术更加亲民化。

SLA 技术目前已在工业中得到实际应用，包括：制造模型和模具；替代精密制造的蜡模，如制造涡轮、叶片和叶轮；航空航天工业用于风洞试验制作各种复杂曲面进行流体(空气或液体)试验；新产品装配干涉检查；光弹试验运用模拟技术对重要零件进行动力、强度和刚度分析。

6.2.2　熔融沉积成形技术

熔融沉积成形技术(fused deposition modeling，FDM)是美国 Stratasys 公司的 Scott Crump 博士第一个提出了这种成形技术。这种成形技术不仅能够在桌面上进行，还能满足个性化的需求，即根据不同客户的不同需求进行生产，而且能够应用到大型的工业生产中，可以生产汽车零配件、生物器官等。

应用熔融沉积成形技术的设备一般都由多个系统组成，包括丝料供应系统、计算机控制系统、丝料加热系统等。丝料供应系统负责将丝状材料送到打印喷头，丝料加热系统负责将喷头内的丝状材料加热至熔融状态，接着在计算机控制系统的作用下，控制喷头沿着已设定好的填充轨迹运动，熔融状态的丝料均匀地、有选择性地涂覆在工作平台上，随后快速冷却凝固，如图 6.8 所示。随着一层层堆积成形，成形件的高度与形状尺寸随之发生变化，有些成形件由于形状上的限制需要提供支撑时，作为辅助机构的支撑材料喷头就会产生作用，打印出支撑结构，保证工件顺利成形。支撑材料可以分为两种：分别为剥离性支撑与溶解性支撑，前一种手动剥离即可，后一种需要在酸性或碱性溶液中溶解去除[10]。其原型和支撑如图 6.9 所示。

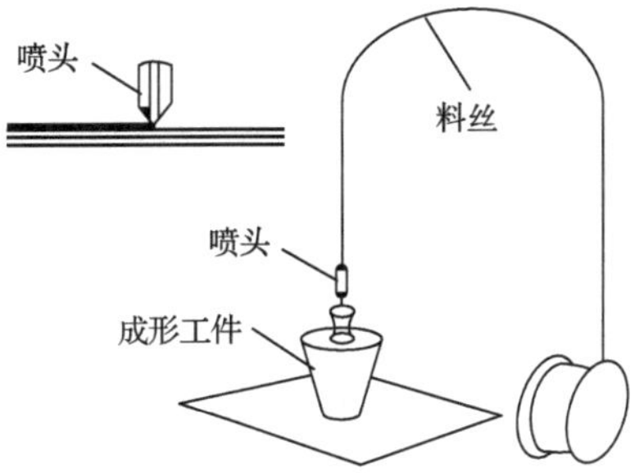

图 6.8　FDM 工艺原理

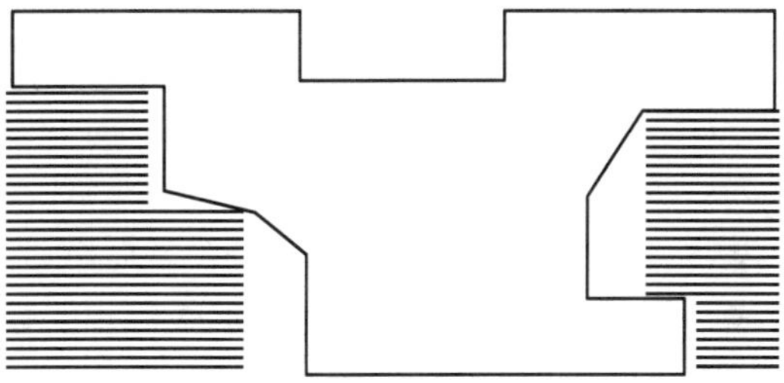

图 6.9　FDM 原型和支撑

FDM 技术的优点包括操作环境安全、干净、不产生垃圾，工艺简单、易于操作，尺寸精度较高，表面质量较好，原材料价格便宜，可以构建瓶状或者中空零件，降低生产成本。然而，FDM 技术还存在制造精度较低、难以构造复杂的零件，截面垂直方向强度低、悬臂结构需要加支撑，成形速度较慢、不适合构建大型零件等缺点。这种工艺虽然表面光洁度较差，但不用激光，使用、维护简单，成本较低。用蜡成形的零件原型，可以直接用于失蜡铸造。用 ABS 制造的原型因具有较高强度而在产品设计、测试与评估等方面得到广泛应用。近年来又开发出 PC、PC/ABS、PPSF 等更高强度的成形材料，使得该工艺有可能直接制造功能性零件。由于这种工艺具有一些显著优点，发展极为迅速。目前，FDM 系统在全球已安装快速成形系统中的份额大约为 30%。

6.2.3　选择性激光烧结技术

选择性激光烧结(selective laser sintering，SLS)工艺由美国得克萨斯大学奥斯汀分校的 Dechard 于 1989 年研制成功。如图 6.10 所示，SLS 工艺采用 CO_2 激光器作为热源，使用的造型材料多为各种粉末材料。在工作台上均匀铺上一层很薄(100～200μm)的粉末，激光束在计算机控制下按照零件分层轮廓有选择性地进行烧结，一层完成后再进行下一层烧结。全部烧结完后，去掉多余的粉末，再进行打磨、烘干等处理便获得零件。目前，工艺材料为尼龙粉及塑料粉，还有使用金属粉进行烧结的。

SLS 工艺最大的优点在于选材较为广泛，如尼龙、蜡、ABS、树脂裹覆砂(覆膜砂)PC、金属和陶瓷粉末等都可以作为烧结对象。粉床上未被烧结的部分成为烧结部分的支撑结构，因而无需考虑支撑系统(硬件和软件)。SLS 工艺与铸造工艺的关系极为密切，如烧结的陶瓷型可作为铸造之型壳、型芯，蜡型可做蜡模，热塑性材料烧结的模型可做消失模。

6.2.4　分层实体制造技术

LOM(laminated object manufacturing)工艺又称为薄板层压成形，由美国 Helisys 公司的 Michael Feygin 于 1986 年研制成功，如图 6.11 所示。其基本原理是：利用激光等工具逐层面切割、堆积薄板材料，最终形成三维实体。加工时，热压辊热压片材，使之与下面已成形的工件黏结;用 CO_2 激光器在刚黏结的新层上切割出零件截面轮廓和工件外框，并在截面轮廓与外框之间多余的区域内切割出上下对齐的网格；激光切割完成后，工作台带动已成形的工件下降，与带状片材(料带)分离；供料机构转动收料轴和供料轴，带动料带移动，使新层移到加工区域；工作台上升到加工平面；热压辊热压，工件的层数增加一层，高度增加一个料厚；再在新层上切割截面轮廓。如此反复直至零件的所有截面黏结、切割完，得到分层制造的实体零件。利用纸板、塑料板和金属板可分别制造出木纹状零件、塑料零件和金属零件。各层纸板或塑料板之间的结合可用黏结剂实现，而各层金属板直接的结合常用焊接(如热钎焊、熔化焊或超声焊接)和螺栓连接来实现。

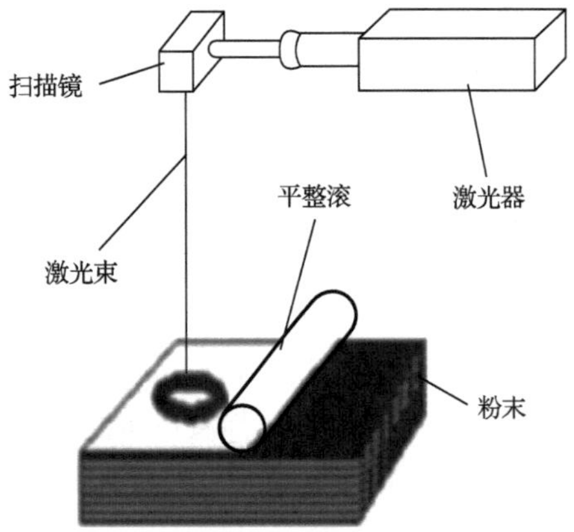

图 6.10　SLS 工艺原理

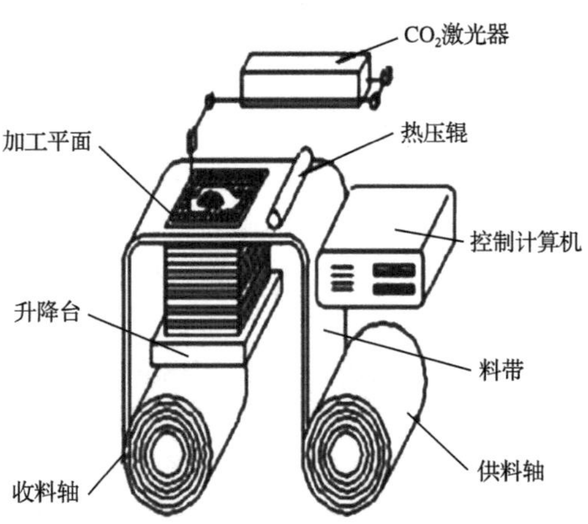

图 6.11　LOM 工艺原理

分层实体制造工艺的主要特点为：①成形速率较高。该工艺不需要激光束扫描整个模型截面，只需切割出内外轮廓等，因此加工时间主要取决于零件的尺寸及其复杂程度。②不需要进行支撑设计，所以前期处理的工作量小。分层实体制造工艺的缺点是：①由于其工艺特点，制造出的原型在各方向的机械性能有显著的不同；②完成加工后，还需要手工清除无用的碎块，较为费时费工；③由于原材料的原因，应用范围受到一定的影响。

研究 LOM 工艺的除了 Helisys 公司，还有日本 Kira 公司、瑞典 Sparx 公司、新加坡 Kinergy 精技私人有限公司、清华大学等。但因为 LOM 工艺材料仅限于纸，大部分公司机构已经或准备放弃该工艺。

6.2.5　三维打印技术

3DP(three-dimensional printing)工艺是美国麻省理工学院的 Emanual Sachs 等研制的。随着技术的发展，3DP 技术又可以分为热爆式三维打印、压电式三维打印、DLP(digital light processing)投影式三维打印等。热爆式三维打印工艺与 SLS 工艺类似，采用粉末材料成形，如陶瓷粉末、金属粉末等，所不同的是，材料粉末不是通过烧结连接起来的，而是通过喷头用黏结剂(如硅胶)将零件的截面“印刷”在材料粉末上面。因此，零件强度较低，还需进行后处理。如图 6.12 所示，具体工艺过程如下：上一层黏结完毕后，成形缸下降一个距离(等于层厚：0.013～0.1mm)，供粉缸上升一个高度，推出若干粉末，并被铺粉辊推到成形缸，铺平并被压实；喷头在计算机控制下，按下一建造截面的成形数据有选择地喷射黏结剂建造层面；铺粉辊铺粉时，多余的粉末被集粉装置收集；如此周而复始地送粉、铺粉和喷射黏结剂，最终完成一个三维粉体的黏结。未被喷射黏结剂的地方为干粉，在成形过程中起支撑作用，且成型结束后，比较容易去除。

该项技术的特点是速度快(是其他工艺的 6 倍)，成本低(是其他工艺的 1/6)，缺点是精度和表面光洁度较低。压电式三维打印，类似于传统的二维喷墨打印，可以打印超高精细度的样件，适用于小型精细零件的快速成形。相对 SLA(stereolithography apparatus)，其设备维护更加简单，表面质量好，Z 轴精度高。

DLP 是基于 SLA 的掩模技术，工艺原理如图 6.13 所示，DLP 同样使用紫外光作为光源，采取面曝光技术，每次曝光一层后打印，平台上升一个层厚的高度，刮刀进行一次刮平，打印下一层，重复以上操作，直至形成实物。DLP 在分辨率上比 SLA 更高，且

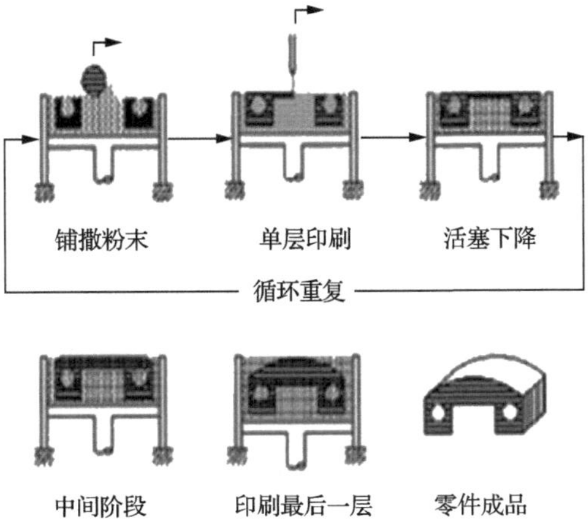

图 6.12　3DP 工艺原理

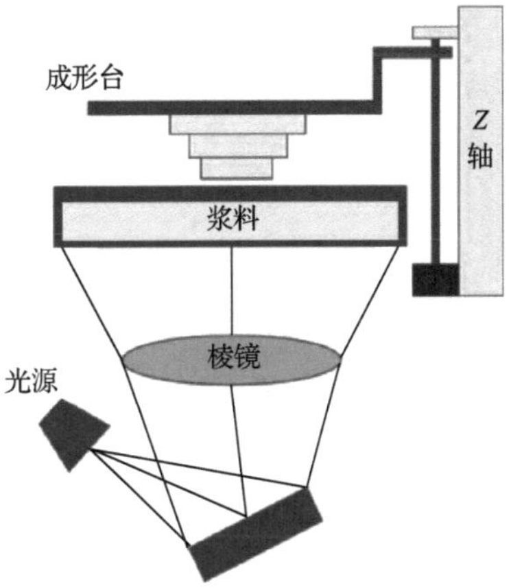

图 6.13　DLP 工艺原理

打印速度比 SLA 快很多，稳定性也高于 SLA，所以 DLP 能迅速成形具有高精度尺寸的样件，但由于受到 DLP 光源设备尺寸的影响，成形幅面较小，打印出产品的尺寸较小。DLP 绝大部分都采用图 6.13 的倒置式投影方向，但也有少部分采用正置式[11]。

6.2.6　无模铸型制造技术

无模铸型制造技术由清华大学激光快速成形中心开发研制，并将该快速成形技术应用到传统的树脂砂铸造工艺中去。图 6.14 为无模铸型制造工艺原理图。首先，从零件 CAD 模型中得到铸型 CAD 模型。由铸型 CAD 模型的 STL 文件分层，得到截面轮廓信息，再以层面信息产生控制信息。造型时，第一个喷头在每层铺好的型砂上由计算机控制精确地喷射黏结剂，第二个喷头再沿同样的路径喷射催化剂，两者发生交联反应，一层层固化型砂而堆积成形。黏结剂和催化剂共同作用的地方，型砂被固化在一起，其他地方型砂仍为颗粒态。固化完一层后再黏结下一层，所有的层黏结完之后，就得到一个空间实体。原砂在黏结剂没有喷射的地方仍是干砂，比较容易清除。清理出中间未固化的干砂就可以得到一个具有一定壁厚的铸型，在砂型的内表面涂覆或浸渍涂料之后，就可用于浇注金属。

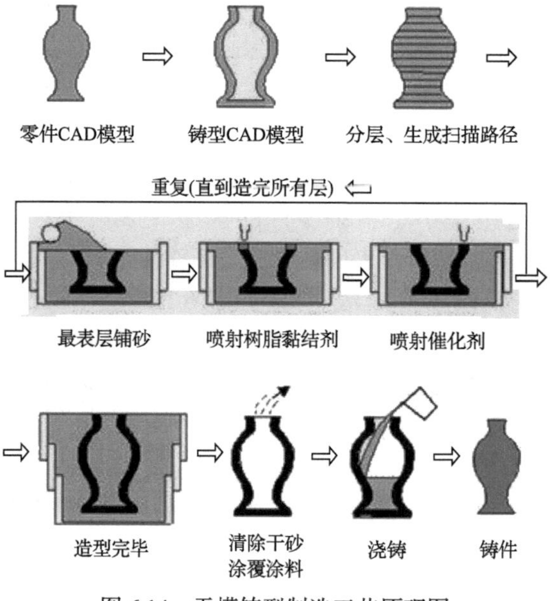

图 6.14　无模铸型制造工艺原理图

和传统铸型制造技术相比，无模铸型制造技术具有无可比拟的优越性，它不但使铸造过程高度自动化、敏捷化，降低了工人劳动强度，而且在技术上突破了传统工艺的许多障碍，使设计、制造的约束条件大大减少。具体表现在以下方面：制造时间短；制造成本低；无需母模；一体化造型；型、芯同时成形；无拔模斜度；可制造含自由曲面(曲线)的铸型。

在国内外，也有其他一些将快速成形制造技术(rapid prototyping，RP)技术引入到砂型或陶瓷型铸造中的类似工艺，其中较为典型的有：MIT 开发研制的 3DP 工艺、德国

Generis 公司的砂型制造工艺等。

6.2.7　直接金属沉积技术

直接金属沉积(direct metal deposition，DMD)技术，即由激光等在沉积区域产生熔池并高速移动，材料以粉末或丝状直接送入高温熔区，熔化后逐层沉积，又称之为直接金属沉积增材制造技术。近年来，随着工业领域复杂异形零件加工、定制化加工的增多，以及再制造领域的快速发展，DMD 已被广泛应用在汽车、航空、能源等各个领域的装备的制造过程中。

DMD 技术包括激光、等离子、电子束几种不同的热源，材料包括粉末或丝状两种主要形态。利用激光或其他能源，在材料从喷嘴输出时同步熔化材料，凝固后形成实体层，逐层叠加，最终形成三维实体零件。在该领域，弗劳恩霍夫(Fraunhofer)激光技术研究所推出了超高速激光材料沉积(extremely high-speed laser material deposition，EHLA)技术，阿克伦大学的 NCERCAMP 开发了一种超音速粒子沉积(supersonic particle deposition，SPD)技术，通过一种高压喷射方法，压缩空气赋予超音速射流中的金属颗粒足够的能量冲击固体表面，以实现与固体表面的黏结，而不会出现在激光等加热形成熔池过程中产生的热影响区。

DMD 成形精度虽然较低，但是成形空间不受限制，因而常用于制作大型金属零件的毛坯，然后依靠 CNC 数控加工达到需要的精度。

6.2.8　喷墨打印技术

喷墨打印(ink jet printing，IJP)技术工艺主要是从喷嘴喷射墨水液滴，以快速和可控的方式在所需的基底上撞击和沉积液滴，以创建高分辨率和均匀的图案。在液滴喷射机制的基础上，IJP 过程可分为连续喷墨(continue int jet，CIJ)和按需滴墨(drop on demand，DOD)两种方法。

在 CIJ 过程中，墨水在施加的压力下产生连续的墨流，再在表面张力的影响下分裂成墨滴；通过静电场，在一些液滴上产生电荷。带电的液滴被偏转到基底上，而未带电的液滴被收集起来，重复使用。在 DOD 系统中，只有在需要时，才会产生离散的墨滴。根据墨滴驱动机理，DOD 分为压电型和热敏型。在压电式 DOD 喷墨打印机中，对压电材料施加电场，以产生储层的形状变化。在热敏 DOD 喷墨打印机中，墨水被迅速加热，在墨水储存器内产生气泡，从喷嘴中吹出墨滴。与 CIJ 相比，DOD 产生的液滴尺寸更小，能够达到更高的分辨率。除了印刷设备外，印刷图案的质量还受到油墨配方、油墨与基底的相互作用以及后处理过程等影响[12]。

6.3　3D 金属打印技术

金属零件 3D 打印技术作为整个 3D 打印体系中最前沿和最有潜力的技术，是先进制造技术的重要发展方向。3D 金属打印技术大致分为两大类：粉末床熔合(powder bed fusion, PBF)技术和定向能量沉积(directed energy deposition, DED)技术，这两种技术根据选用的能源类型和原料添置方式可进一步分类。PBF 技术的代表性工艺有：选择性激光烧结(selective laser sintering, SLS)、选择性激光熔化成形(selective laser melting, SLM)、直接金属激光烧结(direct metal laser sintering, DMLS)和电子束选区熔化(electron beam selective melting，EBSM)。常用 DED 技术包括激光工程化净成形(laser engineering net shaping, LENS)技术、直接金属沉积(direct metal deposition, DMD)、电子束自由成形制造(electron beam free form fabrication, EBF)、等离子熔积成形(plasma pouder deposition manufacturing, PDM)技术和电弧增材制造(wireand arc additive manufacture, WAAM)。其中用于再制造的主要有 LENS 技术、SLM 技术、EBSM 技术、PDM 技术和 EBF 技术，这些技术对应着专用的设备、原材料和工艺[13]，如表 6.1 所示。

表 6.1　3D 金属打印技术分类[11]

分类	技术名称	热源	原材料类型	典型设备	适用范围
DED	LENS	激光束	粉末	LENS 750	制造、再制造
	EBF	电子束	丝材	ZD60-10A 型	制造、再制造
	PDM	等离子束	粉末	LAWS 800	制造、再制造
PBF	SLM	激光束	粉末	EOSINTM270	制造
	EBSM	电子束	粉末	ARCAM A2	制造

6.3.1　激光工程化净成形技术

LENS 是一种新的快速成形技术，它由美国 Sandia 国立实验室首先提出，是在激光熔覆技术基础上结合选择性激光烧结技术发展起来的[14]。当前，激光工程化净成形技术的名称尚未统一，如美国密歇根大学机械工程系开发的金属直接成形工艺、德国弗劳恩霍夫激光研究所的激光熔化沉积(laser melting deposition，LMD)技术、斯坦福大学的形状沉积制造(shape deposition manufacturing，SDM)、洛斯·阿莫斯(Los Alamos)国家实验室的受控光制造(directed light fabrication，DLF)以及激光立体成形(laser solid forming，LSF)技术，激光固化(laser consolidation，LC)、激光金属成形(laser metal forming，LMF)、激光成形(laser forming，LF)、激光增材制造(laser additive manufacturing，LAM)、基于激光的自由实体制造(laser babsed free-form fabrication，LBFFF)、直接激光制造(direct laser fabrication，DLF)和激光快速成形(laser rapid forming，LRF)等。这些技术名称虽然不同，但实质都是利用同轴送粉激光熔覆进行添加式层叠直接制造的方法[15,16]。

如图 6.15 所示，激光工程化净成形系统的核心部件是一个激光熔覆头(一般为同轴熔覆头)，熔覆头上带有可输送粉末及保护气的喷嘴。首先，通过三维造型软件设计出零件的三维 CAD 实体模型，然后计算机将三维实体模型转化成 STL 格式的文件，再将 STL 文件切分成一定厚度的薄层，并得到每一层扫描轨迹，最后把生成的数据传送到 LENS 系统中，系统根据给定的数据，控制送粉器通过载气将粉末从喷嘴送出并聚焦于熔覆头下方的轴线上[17]，当开启激光时，激光器发出的激光从熔覆头顶部沿轴线方向向下射出，经聚焦镜汇聚在粉末聚焦点附近，将同步出射的粉末熔化；同时，熔覆头或工作台按每层图形的扫描轨迹移动，这样，熔化的金属液就在基体或上一层凝固层基础上完成了一层实体的成形；计算机继续调入下一层图形扫描数据，重复上述动作，如此逐层堆积，最终成形出一个具有完全冶金结合的金属零件。

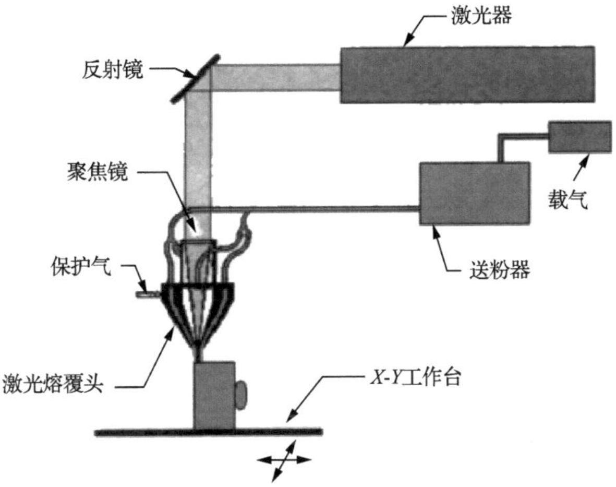

图 6.15　激光工程化净成形技术原理示意图

激光工程化净成形技术的优点包括以下几点：

(1) 力学性能好：零件组织全致密，无宏观偏析和缩松，组织细小均匀，零件具备高的力学性能，强度、塑性、抗疲劳性能同时优于锻件标准。

(2) 成形尺寸限制少：仅取决于装备的设计指标，可制造出内腔复杂、结构悬臂的金属零件，便于成形大型零件。

(3) 材料来源广泛、可易于实现多材料零件的成形，能制造出化学成分连续变化的功能梯度材料，并且还能对复杂零件和模具进行修复[18]。

激光工程化净成型技术也存在以下缺点。

(1) 需使用高功率激光器，设备造价较昂贵。

(2) 成形时热应力较大，成形精度不高，所得金属零件尺寸精度和表面粗糙度都较差，需较多的机械加工后处理才能使用。

目前，激光工程化净成形技术可用于制造成形金属注射模、修复模具和大型金属，零件、制造大尺寸薄壁形状的整体结构零件，也可用于加工活性金属，如钛、镍、钽、钨、铼及其他特殊金属[19]。

6.3.2　激光选区熔化技术

SLM 是由德国弗劳恩霍夫激光研究所于 1995 年最早提出的金属零件直接制造技术。它是由选区激光烧结 (selective laser sintering，SLS) 发展而来，并基于叠层实体制造 (layer additive manufacturing) 原理的快速原型制造技术。SLM 与 SLS 的最大不同是 SLM 使用金属粉末作为成形材料，为了完全熔化金属粉末，SLM 要求激光能量密度超过 10^6W/cm^2。SLM 技术实现的前提是高功率密度、高光束质量激光器的诞生，目前，SLM 技术使用的激光器主要有 Nd-YAG 激光器、CO_2 激光器和光纤激光器[20]。

图 6.16 是激光选区熔化技术的原理示意图。先在计算机上利用 Pro/E、UG、CATIA 等三维造型软件设计出零件的三维实体模型，然后通过切片软件对该三维模型进行切片分层，得到各截面的轮廓数据，由轮廓数据生成填充扫描路径，设备将按照这些填充扫描线，控制激光束选区熔化各层的金属粉末材料，逐步堆叠成三维金属零件。在激光束开始扫描前，先用水平刮板把金属粉末平刮到加工室的基板上，激光束再按当前层的轮廓信息选择性地熔化基板上的粉末，成形出当前层的轮廓，然后可升降平台下降一个涂层厚度的距离，水平刮板在已成形好的当前层上铺上新的金属粉末，计算机控制系统调入下一涂层进行成形，如此层层堆积成形，直到整个零件成形完毕。整个成形过程在通有气体保护的加工室中进行，以避免金属在高温下与其他气体发生反应[19]。

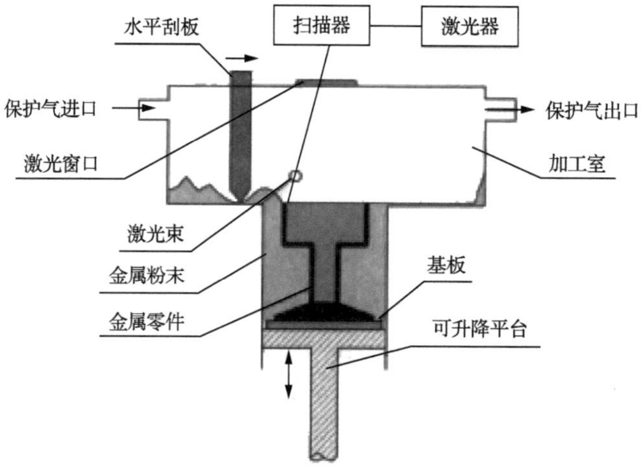

图 6.16 激光选区熔化技术成形原理

激光选区熔化技术具有以下优点[20]。

(1) 个性化：适合各种复杂形状的零件，尤其适合带有非线性曲面或者内部有复杂异形结构(如空腔)、用传统方法无法制造的个性化工件。

(2) 快速制造：直接制成终端金属零件，省掉中间过渡环节。

(3) 精度高：使用具有高功率密度的激光器，以光斑很小的激光束照射金属粉末，使得加工出来的个性化金属零件具有很高的尺寸精度(达±0.1mm)以及好的表面粗糙度(Ra 20～50μm)。

(4) 致密度高：在选区内熔化金属制造出来的具有冶金结合的实体零件，相对致密度接近 100%，力学性能甚至超过铸造件。

(5) 材料种类多：由于激光光斑直径很小，因此，能以较低的功率熔化高熔点的金属，使得用单一成分的金属粉末来制造零件成为可能，而且可供选用的金属粉末种类也得到拓展。

由于 SLM 技术能直接制造具有较高精度的功能性金属零件，因此，该技术具有十分广泛的应用前景。目前，SLM 设备已被投入到工业模具、医用植入体、个性化首饰、航空零件等功能零件的 3D 打印直接制造中。但是该技术也仍存在成型件表面粗糙度仍需进一步提升的问题[14]。

6.3.3　电子束选区熔化技术

电子束选区熔化(EBSM)技术是高能电子束根据零件的数字三维文件，选择性地熔化金属粉末层，逐层加工生成金属实体的成型工艺。

图 6.17 为电子束选区熔化成形原理示意图。上位机的实时扫描信号经数值模拟转换及功率放大后传递给偏转线圈，成形过程在真空室中进行，电子束在对应的偏转电压产生的磁场作用下偏转，进而选择性熔化成形平台上的金属粉末，逐层堆积成型。

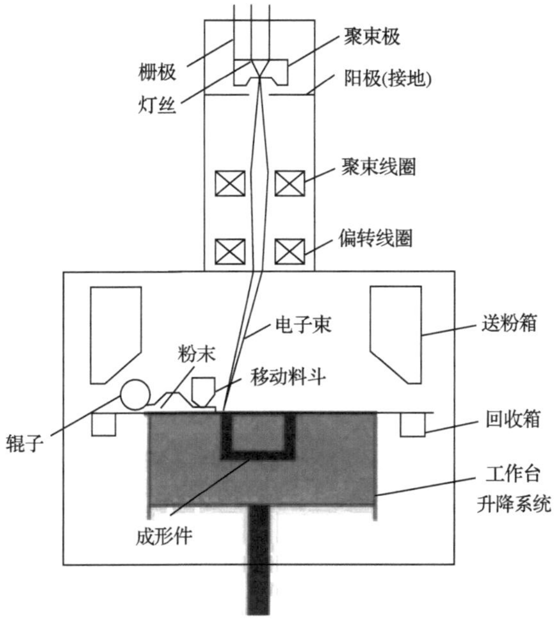

图 6.17　电子束选区熔化技术原理

该技术无需扫描机械运动部件，电子束移动方便，可实现快速偏转扫描功能。由于电子束的能量利用率高、熔化穿透能力强、可加工材料广泛等特点，使 EBSM 在人体植入物、航空航天小批量零件、野战零件快速制造等方面具有独特的优势[21]。

电子束选区熔化技术的优点主要有以下几点[22]。

(1) 功率高。电子束可以很容易地输出几千瓦级的功率，而大部分激光器的输出功率在 200～400W 之间。电子束加工的最大功率可以达到激光器的数倍。

(2) 能量利用率高。激光的能量利用率约为 15%，而电子束的能量利用率可以达到 90%以上。

(3) 无反射。众多金属材料对激光的反射率很高，且具有很高的熔化潜热，从而不易熔化。一旦形成熔池，由于反射率大幅度降低，使得熔池温度急剧升高，导致材料汽化。电子束不受材料反射的影响，可以用于激光难加工材料的制造。

(4) 对焦方便。激光对焦时，由于其透镜的焦距是定值，所以只能通过移动工作台实现聚焦；而电子束通过聚束透镜的电流来对焦，因此，可以实现任意位置的对焦。

(5) 成形速度快。电子束可以进行二维扫描，扫描频率可达 20kHz，相比于激光，电子束移动无机械惯性，束流易控，可以实现快速扫描，成形速度快。

(6)真空无污染。电子束设备腔体的真空环境可以避免金属粉末在液相烧结过程中氧化，提高材料的成形性。

电子束选区熔化技术也存在以下缺点[19]。

(1)受制于电子束无法聚到很细，该设备的成形精度还有待进一步提高。

(2)成形前需长时间抽真空，使得成形准备时间很长，且抽真空消耗大量电能，总机功耗中，抽真空占去了大部分功耗。

(3)成形完毕后，由于不能打开真空室，热量只能通过辐射散失，降温时间很长，降低了生产效率。

(4)真空室的四壁必须高度耐压，设备甚至需采用厚度达 15mm 以上的优质钢板焊接密封成真空室，这使整机的重量比其他 3D 打印直接制造设备重很多。

(5)为保证电子束发射的平稳性，成形室内要求高度清洁，因而在成形前必须对真空室进行彻底清洁，即使成形后，也不可随便将真空室打开，这也给工艺调试造成了很大的困难。

(6)由于采用高电压，成形过程会产生较强的 X 射线，需采取适当的防护措施。

6.3.4　电子束熔丝沉积技术

EBF 又称电子束自由成形制造技术，是近年来发展起来的一种新型增材制造技术，其设备如图 6.18(a)所示。与其他快速成形技术一样，需要对零件的三维 CAD 模型进行分层处理，并生成加工路径。利用电子束作为热源，熔化送进的金属丝材，按照预定路径逐层堆积，并与前一层面形成冶金结合，直至形成致密的金属零件。该技术具有成型速度快、保护效果好、材料利用率高、能量转化率高等特点，适合大中型钛合金、铝合金等活性金属零件的成形制造与结构修复[23]。

电子束熔丝沉积快速成形的原理如图 6.18(b)所示。这种快速成形技术是通过增材的方式生成零件。利用真空环境(1×10^{-4}Torr①以下)下的高能电子束流作为热源，直接作

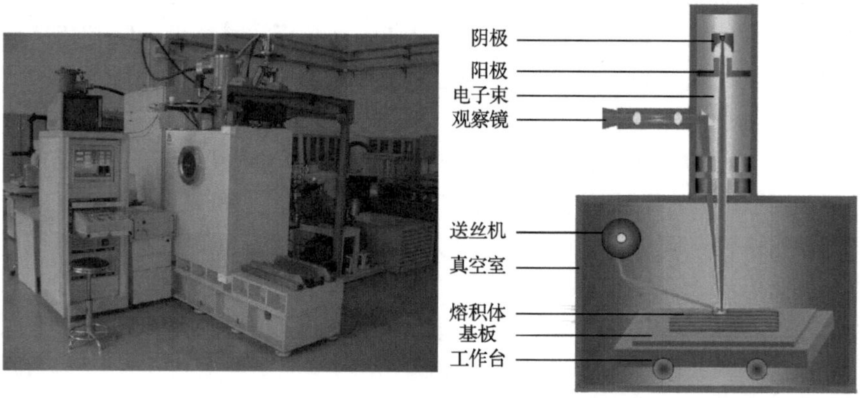

(a)　　(b)

图 6.18　电子束熔丝沉积技术设备及原理

① $1Torr = 1mmHg = 1.33322\times10^{2}Pa$。

用于工件表面，在前一层增材或基材上形成熔池。送丝系统将丝材从侧面送入，丝材受电子束加热熔化，形成熔滴。随着工作台的移动，熔滴沿着一定的路径逐滴沉积进入熔池，熔滴之间紧密相连，从而形成一层新的增材，层层堆积，直至零件完全按照设计的形状成形[24]。

电子束熔丝沉积技术的优点主要有以下几点[25]。

(1) 功率高和小束斑：电子束功率可达 100kW，最小束斑直径小于 1mm。

(2) 能量利用率高：由于电子束特殊的能量传递和转换机理，使其能量利用效率一般为 75%以上，最高可达 97%，能量密度高达 10^7～10^9W/cm^2，特别适用于超高熔点合金（钨、钽、铌）等的增材制造。

(3) 高真空：真空环境洁净无污染，适用于活泼金属的增材制造。

(4) 穿透力强：由于电子束独特的钉形熔池形貌，可对多层（大于两层）沉积体进行重熔，消除或减少内部孔洞等缺陷，提高沉积体的致密度。

电子束熔丝沉积技术也存在以下几点缺陷。

(1) 功率高，一些高热导率、低弹性模量丝材（如紫铜等）存在较大温度梯度，容易受热变形甚至烧损。

(2) 电子束斑点小，一旦丝材受热变形或受外部影响，很容易使得沉积过程中断。

(3) 真空环境缺少气体散热，热量只能够通过与之接触的工作台传导，使得电热量积累严重，容易使沉积体组织上下不均匀或液态金属过多，沉积层熔池侧漏。

(4) 真空环境下，熔池外部压力接近于零，熔池内大量液态金属很容易蒸发至真空区域，真空内熔池的受力状态与常压下熔池的受力状态存在较大区别。

6.3.5　等离子熔积成形技术

PDM 是一种金属直接成形技术。与传统的 RP 技术相比，该技术采用集束性好的高温等离子弧作热源，突破了材料种类和制件规格的限制；与以激光作热源的另一类有代表性的金属直接制造技术相比，采用等离子弧大大降低了制造成本。以等离子熔积成形为主要体现形式的等离子增材制造及修复方法，其更多地适用于金属零件的缺陷修复，相对于常规补焊工艺，其修复后的变形小、质量高，同时相对于激光、电子束工艺，其适用部件性强、成本低，因此，作为增材制造工艺试验研究和金属零件修复具有较好的成本优势[26, 27]。

等离子熔积成形技术原理如图 6.19 所示。将粉末以一定的流量从送粉器送出后，经送粉气吹动、加速，流入等离子喷枪，并沿喷嘴与等离子弧同轴送出。粉末落在基板上，等离子弧作用于粉末上，高温等离子弧会将基板表面和粉末一起熔化，形成混合熔池。同时，合金粉末继续落下并堆积在熔池上方，受等离子弧作用粉末继续熔化，熔池逐渐变大，熔积层逐渐变高。一段时间之后，随着喷枪的向前运动，等离子弧开始对其他位置加热。远离等离子弧的粉末区域受热逐渐减少，熔池由加热阶段变为冷却阶段。由于金属基板的导热性能极好，因此，熔池冷却速度极快。一般情况下，几秒之后熔池就会消失[28]。

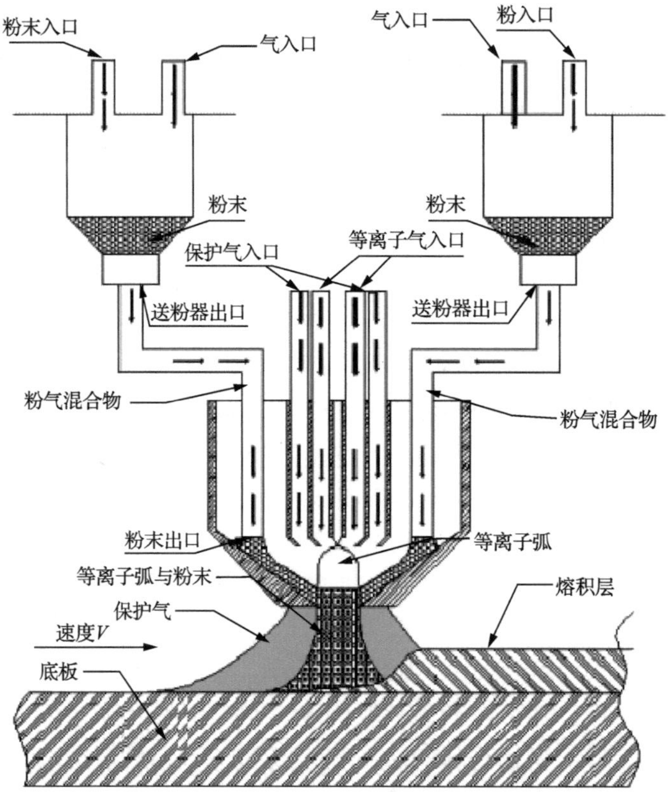

图 6.19　等离子熔积成形系统及加工过程

等离子熔积成形技术具有以下特点[29]：

(1)装置简单，采用焊接方法中高度压缩、集束性好的等离子束熔化金属粉末，稳定性与可控性好，设备成本远低于激光近净成形方法，但成形效率明显高于激光直接成形。

(2)使用材料广泛，不仅能使用不锈钢、梯度材料、模具材料以及高温合金，还能使用金属基复合材料等。

(3)它不受产品形状及复杂程度的限制，产品设计与生产并行，可根据零件的具体形状和要求，适时调节送粉流量，控制成形速度。

(4)除了可用于制造原型和零件外，还能对其表面缺陷进行修复，可以改变零件表面的化学成分和组织结构，改善其性能，延长零件的使用寿命。

(5)被电弧熔融的金属材料在室温下急速冷却，可以得到满密度的零件组织，性能优于铸造工艺。

参考文献

[1] 中国机械工程学会. 3D 打印打印未来[M]. 北京：中国科学技术出版社, 2013.

[2] 李江滨. 基于并联机构的 3D 打印关键技术研究[D]. 秦皇岛：燕山大学, 2015.

[3] 罗军. 中国 3D 打印的未来[M]. 北京：东方出版社, 2014.

[4] 李青，王青. 3D 打印：一种新兴的学习技术[J]. 远程教育杂志, 2013, (4)：29-35.

[5] 朱胜，柳建，殷凤良，等. 面向装备维修的增材再制造技术[J]. 装甲兵工程学院学报, 2014, 28(1)：81-85.

[6] 柳建, 殷凤良, 孟凡军, 等. 3D 打印再制造目前存在问题与应对措施[J]. 设计与研究, 2014, 41(6): 8-11.
[7] 郭日阳. 3D 打印技术与产业前景[J]. 自动化仪表, 2015, 36(3): 5-8.
[8] 张学军, 唐思熠, 肇恒跃, 等. 3D 打印技术研究现状和关键技术[J]. 材料工程, 2016, 44(2): 122-128.
[9] 吴复尧, 邱美玲, 王斌. 3D 打印无人机的研究现状及问题分析[J]. 飞航导弹, 2015, 10: 20-25.
[10] 聂明争. 熔融沉积成型技术的挤出与成型件冷却过程研究[D]. 武汉: 武汉科技大学, 2018.
[11] 马月婷, 尹绍奎, 于瑞龙, 等. 光固化 3D 打印陶瓷型芯技术的研究进展[J]. 铸造, 2022, 71(3): 271-276.
[12] 李世凯, 王雨欣, 黄蓓青. 喷墨打印技术在印刷电子制造中的应用进展[J]. 丝网印刷, 2024, (2): 32-36.
[13] 曾光, 韩志宇, 梁书锦, 等. 金属零件 3D 打印技术的应用研究[J]. 中国材料进展, 2014, 33(6): 376-382.
[14] 尚晓峰, 刘伟军, 王天然, 等. 激光工程化净成形技术的研究[J]. 工具技术, 2004, (1): 22-25.
[15] 孙莹. 激光熔覆技术在金属 3D 打印中的应用[J]. 机电产品开发与创新, 2015, 28(6): 26-28.
[16] 林鑫, 黄卫东. 高性能金属构件的激光增材制造[J]. 中国科学, 2015, 45(9): 1111-1126.
[17] 王志坚, 尚晓峰, 徐丽. 激光工程化净成形同轴送粉的研究[J]. 沈阳航空工业学院学报, 2004, (1): 20-22, 26.
[18] 蒲以松, 王宝奇, 张连贵. 金属 3D 打印技术的研究[J]. 表面技术, 2018, 47(3): 78-84.
[19] 杨永强, 吴伟辉. 制造改变设计——3D 打印直接制造技术[M]. 北京: 中国科学技术出版社, 2014.
[20] 卢建斌. 个性化精密金属零件选区激光熔化直接成型设计优化及工艺研究[D]. 广州: 华南理工大学, 2011.
[21] 郭双全, 罗奎林, 刘瑞, 等. 3D 打印技术在航空发动机维修中的应用[J]. 航空维修, 2015: 18, 19.
[22] 邢希学, 潘丽华, 王勇, 等. 电子束选区熔化增材制造技术研究现状分析[J]. 焊接, 2016, (7): 22-26.
[23] 陈哲源, 锁红波, 李晋炜. 电子束熔丝沉积快速制造成型技术与组织特征[J]. 制造技术研究, 2010, (1): 36-39.
[24] 陈彬斌. 电子束熔丝沉积快速成形传热与流动行为研究[D]. 武汉: 华中科技大学, 2013.
[25] 陈国庆, 树西, 张秉刚, 等. 国内外电子束熔丝沉积增材制造技术发展现状[J]. 焊接学报, 2018, 39(8): 123-128, 134.
[26] 汪亮. 等离子熔积直接成形金属原型表面激光光整关键技术[D]. 武汉: 华中科技大学, 2004.
[27] 宋文清, 李晓光, 曲伸, 等. 增材制造技术在航空发动机中的应用展望[J]. 航空制造技术, 2014, (A1): 16-22.
[28] 朱慧林. FLUENT 在等离子熔积成型过程中的应用[D]. 武汉: 华中科技大学, 2011.
[29] 周细枝, 曾巍, 钱应平, 等. 等离子熔积成型特点及成型精度分析[J]. 热加工工艺, 2015, 44(17): 10-16.

第 7 章　再制造典型产品工艺与技术

再制造产业作为循环经济的重要一环，意义重大，受到世界各国的广泛关注[1,2]。欧、美、日等发达国家或地区的再制造产业发展较早，已经形成比较完善的产业链。相比之下，我国在产业规模、行业标准等各方面都有一定差距。近几年来，随着国家和社会各界的广泛重视，我国再制造产业发展迅速并取得一定成绩。结合我国国情并借鉴国外发达国家成功经验，再制造工程在汽车及其零部件、矿山机械、国防装备、化工冶金、机床、家用电器与电子设备等诸多工业领域取得了良好的应用效果。

7.1　再制造过程技术

实施产品再制造需遵循以下几个原则[3-5]。

1）绿色清洗、无损拆解

采用高效喷砂绿色清洗与表面预处理技术、超声波绿色清洗技术及表面油漆绿色清除技术等高新绿色技术，实现废旧设备零部件的表面清洗、预处理和强化过程的一体化，有效提高再制造的质量和效率，减少预处理过程对环境、人员和清洗表面的负面作用。

2）智能检测、寿命评估

利用再制造毛坯缺陷综合无损检测技术，实现零件材料表层及内部缺陷的智能、无损检测；通过再制造零件表面涂层结合强度评价技术，实现复杂的再制造现场对外形各异的再制造零件表面涂层便捷的、高可靠度的结合强度检测；通过再制造零件服役寿命模拟仿真综合验证技术，借助有限元分析和热力学理论耦合，建立高仿真、高普适度的零部件寿命服役有效模型，实现通过模型对再制造零件服役安全寿命的估算和控制。同时，结合已有条件建立具有针对性的典型零件实验平台，通过再制造零件动态健康监测技术，实时准确地反馈出再制造零件的服役状态和损伤水平。

3）应用高端装备及先进软件

通过引进先进的产品生命周期（product lifecycle management, PLM）系统，实现各再制造设备的全生命周期再制造管理；借助三维激光扫描仪，实现设备整机及关键零部件的三维测绘，消化吸收国内外先进的设计技术；采用液体喷砂机及先进的绿色清洗专用设备，实现设备的绿色清洗及拆解；通过淬硬层深度测量仪、残余应力分析仪、超声波检测仪等硬件设备，结合 ANSYS、MSC Fatigue、ADAMS 等国外知名分析软件，实现再制造件的性能检测与质量评估；半导体激光器、先进熔覆材料、高效借助“以车代磨”机床等先进再制造设备，实现设备的高效、高可靠性再制造。

7.2　典型工程机械再制造

近年来，国家高度重视再制造产业的发展，出台了一系列支持政策。早在 2009 年，《中华人民共和国循环经济促进法》就明确提出鼓励和支持再制造产业的发展。此后，相关部门相继发布了多项具体措施，如《关于加快推进再制造产业发展的意见》等文件，旨在通过财政补贴、税收优惠等方式，促进再制造技术的研发和应用，推动再制造产业规范化、规模化发展。特别在工程机械领域，政策支持力度尤为明显，鼓励企业建立再制造生产线，开展废旧工程机械的回收与再制造业务。此外，随着《中国制造 2025》国家战略的实施，工程机械再制造也被纳入高端装备制造业的重点发展方向之一。该战略明确提出要大力发展再制造产业，提升装备制造行业的整体竞争力。在此政策导向下，各大工程机械制造商纷纷响应号召，加大研发投入，引进先进技术和设备，不断提升再制造技术水平[6,7]。

7.2.1　工程机械的分类

工程机械按其用途和功能可以划分为多个类别，具体如下：

(1) 土方机械：如挖掘机、装载机、推土机等，主要用于土地平整、挖掘沟渠、拆迁等施工作业。

(2) 起重机械：包括塔式起重机、汽车起重机等，用于建筑材料的垂直运输和安装。

(3) 混凝土机械：如混凝土泵车、搅拌站等，专门用于混凝土的生产与输送。

(4) 道路机械：如压路机、摊铺机等，用于公路建设与维护。

(5) 工业车辆：如叉车等，主要用于物流仓储中的货物搬运。

7.2.2　工程机械典型再制造案例

1. 工程机械再制造一般流程

工程机械再制造的流程是一个闭环系统，由供应商、制造商、分销中心、消费者、回收中心和报废处理等环节组成，如图 7.1 所示。在这个过程中，逆向物流起着关键作用，它负责收集废旧产品并将其送回制造商进行再处理。制造商将废旧产品拆解后，会把可再利用的部分用于直接使用或再制造新产品，不可用部分则会被送到材料再生环节进行处理。经过再处理的产品会重新进入市场销售，或者再次配送给消费者。整个过程体现了循环经济的理念，有助于减少资源浪费和环境污染。

2. 液压元件再制造

再制造零部件检测评估是再制造过程的关键环节，通过检测废旧件的质量状态、评估其再制造价值，可以达到严格筛选再制造毛坯、提高再制造产品质量、降低再制造成本等目的。再制造零部件检测评估的核心内容为废旧件可再制造性评估技术，在生产过程中，可以通过建立再制造专家系统，快速评估废旧件的失效模式信息以及质量检测数

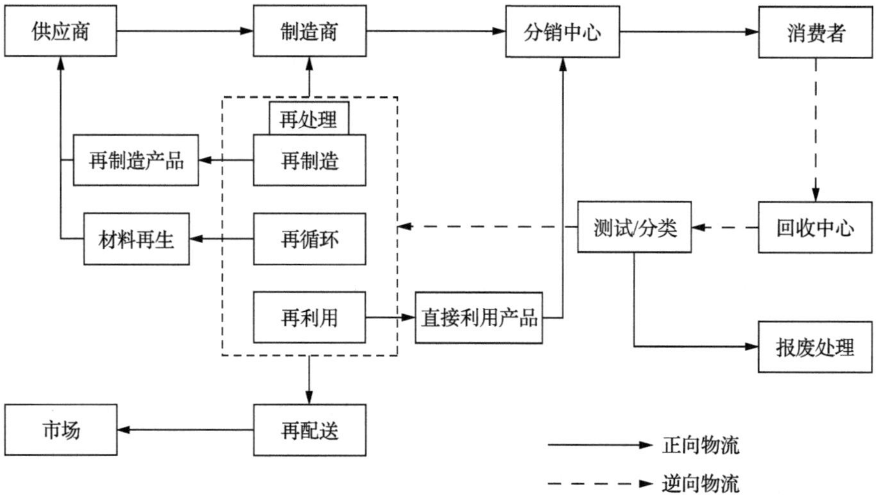

图 7.1　工程机械再制造流程

据信息。

1) 液压元件零件损伤分析

由于液压元件工况复杂，失效形式多样，需要采用多种无损检测技术综合分析废旧件损伤状态，分析废旧液压元件零件特点、材料类型及常见失效形式。对液压元件常见失效形式进行分类，如表 7.1 所示，以制定适合的检测手段。

表 7.1　液压元件缺陷失效形式

废旧液压元件	损伤形式
缸筒	内壁划伤、磕碰、焊缝裂纹、砂眼、气孔等
活塞杆	锈蚀、裂纹、划痕、磕碰、断裂、焊缝缺陷等
缸体、柱塞、斜盘、阀芯等	微观裂纹、刮伤/划痕、点蚀、烧焦等
壳体	锈蚀、裂纹

通过分析废旧液压元件失效形式，按损伤的位置及影响程度将其分为表面微观缺陷、近表面缺陷、内部宏观缺陷、强度/疲劳失效四类，如表 7.2 所示。

表 7.2　液压元件缺陷失效类型

失效类型	失效名称
表面微观缺陷	裂纹、刮伤/划痕、锈蚀、磕碰
近表面缺陷	裂纹、焊缝缺陷等
内部宏观缺陷	裂纹、焊缝缺陷等
强度/疲劳失效	爆缸、弯曲、断裂等

2) 零件可再制造性评估

废旧液压元件可再制造性评估包括剩余寿命评估、修复技术评估、经济成本评估、能耗评估四个方面，如图 7.2 所示。

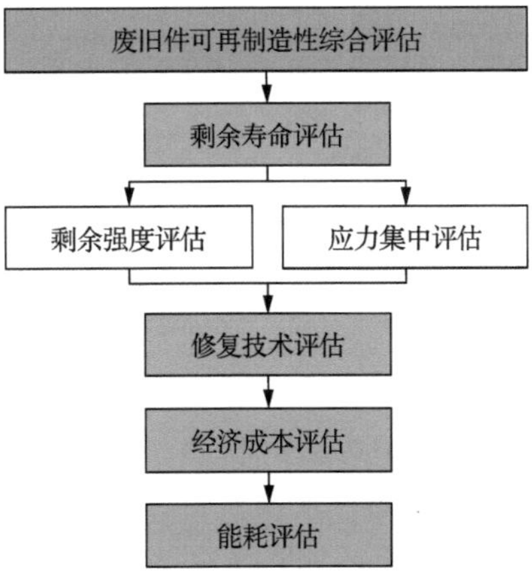

图 7.2　液压元件可再制造性综合评估流程图

(1) 剩余寿命评估。

对工程机械某一回收液压油缸的缸筒、活塞杆进行剩余强度评估，结果如表 7.3 所示。

①剩余强度评估。

将此活塞杆、缸筒装配，借助加速寿命试验台，进行剩余强度验证，以 2 倍的油缸设计拉力检测废旧件的综合强度。运行 15 万次后，活塞杆、缸筒均完好。经固有频率、硬度、刚度测试，变化均在 1%以内，可以认为回收件剩余强度满足服役要求，可直接进行再制造。

②应力集中评估。

以废旧缸筒为例，根据现有实验数据，在不考虑工艺影响的情况下，选择 10 组样本数据进行磁记忆信号稳定波动阶段的均值、方差计算分析。

表 7.3　剩余强度评估规范

评价对象	表面质量状态	固有频率比/%	硬度比/%	刚度比/%	评价结果
缸筒	外部无磕碰、变形；内部无划伤、油口无裂纹	99.99	98.61	99.51	根据机械特性测试结果和理论分析结果，缸筒基体设计为无限寿命，服役过程中机械性能没有退化，可以回收再制造
活塞杆	一处磕碰，无变形；耳环无裂纹	99.75	99.20	100	活塞杆为无限寿命设计，活塞杆基体机械性能无退化，可以直接回收

(2) 修复技术评估。

在检测技术研究阶段分析的废旧件常见失效模式基础上，依据技术人员经验及现有设备能力，建立不同失效模式的量化标准及对应的修复方案，作为再制造修复方案制定的判定依据，如表 7.4 所示。

表 7.4　修复技术评估规范

零部件名称	失效模式	检测指标	量化标准(程度评价)	修复方案	故障模式
活塞杆	拉伤(划痕)	长度、深度	正常，A 级：无缺陷 轻微，B 级：累计长度 $L\leqslant300$mm，深度 $H\leqslant100\mu$m 严重，C 级：累计长度 $L>300$mm 或深度 $H>100\mu$m	A 级：再利用； B 级：局部修复-电刷镀修复技术，局部打磨-电刷镀-打磨抛光； C 级：整体修复-热喷涂修复技术，整杆剥铬-喷砂-热喷涂-打磨抛光	漏油
活塞杆	镀层锈蚀(锈点引起起皮)	面积、深度	正常，A 级：无缺陷 轻微，B1 级：锈蚀面积累计 $S\leqslant50\text{cm}^2$，且深度 $H\leqslant500\mu$m； 轻微，B2 级：锈蚀面积累计 $S\leqslant50\text{cm}^2$，且深度 $H>500\mu$m； 轻微，B3 级：锈蚀面积累计 $50\text{cm}^2<S\leqslant100\text{cm}^2$，	A 级：轻微打磨，再利用； B1 级：局部修复-电刷镀修复技术，打磨-电刷镀； B2 级：局部修复-电刷镀修复技术(冷补)，打磨-冷补-电刷镀； B3：整体修复-电镀修复技术，整杆剥	外观

续表

零部件名称	失效模式	检测指标	量化标准(程度评价)	修复方案	故障模式
活塞杆	镀层锈蚀(锈点引起起皮)	面积、深度	且深度 $H\leqslant 100\mu m$； 轻微，B4 级：锈蚀面积累计 $50cm^2<S\leqslant 100cm^2$，且深度 $100\mu m<H\leqslant 500\mu m$； 轻微，B5 级：锈蚀面积累计 $100cm^2<S$，且深度 $500\mu m<H$； 严重，C 级：以上其他之外的	铬-(冷补)-电镀； B4：整体修复-热喷涂修复技术，整杆剥铬—喷砂-热喷涂-打磨抛光； C 级：严重失效，更换活塞杆	外观

(3)经济成本评估。

缸筒经济成本包括回收、清洗、拆装、检测、修复、加工、试验、换件及物流等。通过建立每一个再制造环节的成本计算模型(表 7.5)，即可以计算再制造总成本。

表 7.5　经济成本计算模型

经济成本评价指标	表征值	计算公式	备注
清洗成本指标	γ_{b1}	$\gamma_{b1}=\sum(\gamma_{零件}K_{污染系数})$	定量分析
拆装成本指标	γ_{b2}	$\gamma_{b2}=(K_{难易}P_{总})$	定性分析
检测成本指标	γ_{b3}	$\gamma_{b3}=\sum(K_{3设备}t_{检测}P_3)$	定量分析
修复成本指标	γ_{b4}	$\gamma_{b4}=\sum(K_{4设备}V_{修复体积}P_4)$	零件评价
加工成本指标	γ_{b5}	$\gamma_5=\sum(t_{加工}P_s+t_{辅助}P_0)$	零件评价
试验成本指标	γ_{b6}	按油缸长短或泵马达排量分	定性分析
换件成本指标	γ_{b7}	实际报废件	定量计算
回收成本	γ_{b8}	回收价格	定量计算
物流成本	γ_{b9}	运输成本等	定量计算

注：$\gamma_{零件}$ 为单件零件清洗成本；$K_{污染系数}$ 为零件污染区域百分比，需评估得出，取值为 0%～100%；$K_{难易}$ 为零件拆装难易程度，需评估得出，取值为 0%～100%；$P_{总}$ 为总拆装成本；P_0 为单件零件单位时间辅助加工成本；P_3 为单件零件单位时间检测成本；P_4 为单件零件单位时间修复成本；P_s 为单件零件单位时间加工成本；$K_{3设备}$ 为检测设备数量；$K_{4设备}$ 为修复设备数量；$t_{检测}$ 为检测设备总时间；$t_{加工}$ 为加工设备总时间；$t_{辅助}$ 为辅助加工设备总时间；$V_{修复体积}$ 为需要修复区域体积。

依据再制造总成本、再制造利润率确定再制造价值评估规范。

再制造利润率 y：

$$y=\frac{Y_0A-\mu_{zz}}{\mu_{zz}}\times 100\%$$

式中，Y_0 为新品成本；A 为新品价格的倍数；μ_{zz} 为再制造总成本。

再制造经济成本评估规范 $C(y)$：

$$C(y)=\begin{cases}0, & y\leqslant 0 \quad 无再制造价值\\ y, & 0<y\leqslant 1 \quad 有再制造价值\\ 1, & y>1 \quad 再制造价值较大\end{cases}$$

(4)能耗评估。

能耗评估指标包括碳排放因子、资源节约率、能源节约率。碳排放因子是依据修复技术在修复单位面积产品时的能源和资源消耗来计算的；资源节约率则是通过分析废旧件去除材料后的体积与原材料体积的比例来确定；能源节约率则考量的是废旧件再制造过程能源消耗相对于新品制造过程中的能源消耗的比例。最后，通过加权平均，获得废旧件能耗评估规范(ER)。

$$\mathrm{ER}=\sum \omega_i \times \frac{\mu_i}{\mu_{\mathrm{C}}\mu_{\mathrm{zy}}\mu_{\mathrm{ny}}}$$

式中，μ_i 为任意再制造环节的能耗；ω_i 为任意再制造环节在再制造全流程的权重；μ_{C} 为碳排放因子；μ_{zy} 为资源节约率；μ_{ny} 为能源节约率。

若 $\mathrm{ER} \leqslant m_1$($m_1$ 为较低的能耗值)，表明能耗影响差；若 $m_1 < \mathrm{ER} \leqslant m_2$($m_2$ 为较高的能耗值)，表明能耗影响中等；若 $\mathrm{ER} > m_2$，则表明能耗影响好。

3. 液压油缸再制造

液压油缸是工程机械液压系统的重要组成部件，是将液压能转变为机械能、做直线往复运动(或摆动运动)的液压执行元件，因此在各种工程机械的液压系统中得到广泛应用。但是在应用过程中，其长期暴露在环境中，往往遭受腐蚀、磨损、磕碰、拉伤等综合因素的影响，从而影响液压系统的可靠性。

液压油缸在使用过程中发生失效的主要部件是活塞杆，以工程机械某型常用产品液压油缸为例，其表面涂层技术要求如表 7.6 所示。

表 7.6　某款液压油缸活塞杆性能指标要求

序号	指标类型	指标
1	表面硬度	＞750HV
2	涂层孔隙率	0.45 个/cm^2
3	表面粗糙度	＜Ra0.2
4	表面耐蚀性	中性盐雾试验 120h，≥9 级

由于液压油缸活塞杆的失效形式往往为点蚀、锈蚀、磨损、凹坑等，且损伤尺度也是跨尺度(微米级到毫米级)。因此，针对液压油缸活塞杆缺陷修复的尺寸不同，采用的修复工艺也不同，如图 7.3 所示。

针对液压油缸活塞杆的修复，从外观检查、拆解、再制造修复、装配、出厂检测等流程，往往按照表 7.7 所示的流程进行修复。

4. 平衡梁再制造

平衡梁是汽车起重机实现整车做水平运动的重要机构的骨架，其工作环境如图 7.4 所示，它起到支撑车体、传递轮压、平衡各桥受力及减震的作用。平衡梁由于服役环境恶劣并承受较高的冲击载荷，在长时间工作后平衡梁的内孔出现严重磨损，导致平衡梁失效，进而影响汽车起重机的正常使用。再制造后的平衡梁如图 7.5 所示。

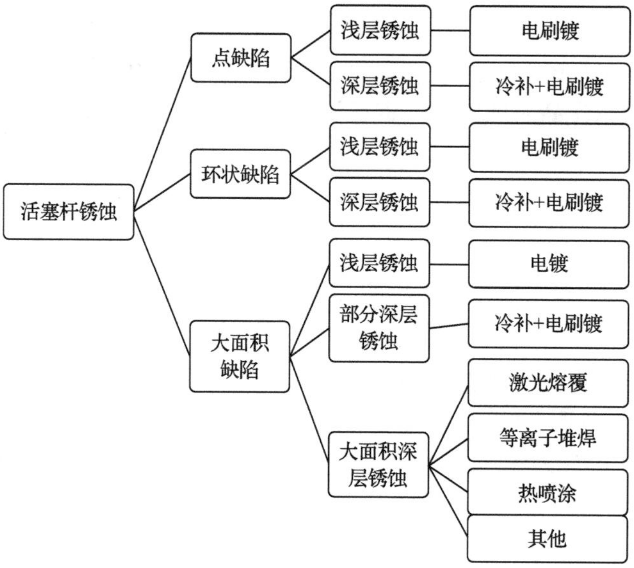

图 7.3　不同损伤形式下的最佳修复工艺

表 7.7　液压油缸活塞杆再制造修复工作流程

工序号	工序	工序内容
1	整体外观检测	观察有无零部件爆裂、胀缸、弯曲
	拆解前整体清洗	整体粗洗
	试验台复试	检测液压油缸故障
2	整体拆解	
3	拆解后工件清洗	退漆、刷洗缸筒及活塞杆表面、清洗工作面
4	加工前检验	表面损伤、几何尺寸等
5	再制造修复	A 电刷镀(Ni-Co)
		B 电刷镀(n-Al_2O_3/Ni-Co)
		C 超音速微粒沉积(WC-12Co)
		D 超音速微粒沉积(Ni60)
		E 超音速等离子喷涂(AT13)
		F 高速电弧喷涂(FeNiCrAl)
6	清洗	清洗缸筒、活塞杆及其他零部件
7	修复后检测	主要是检测修复后零部件的尺寸公差及粗糙度
8	涂装	表面喷漆
9	密封件	更换整套密封包
10	装配	
11	出厂检测	检测出厂性能指标及外观检测

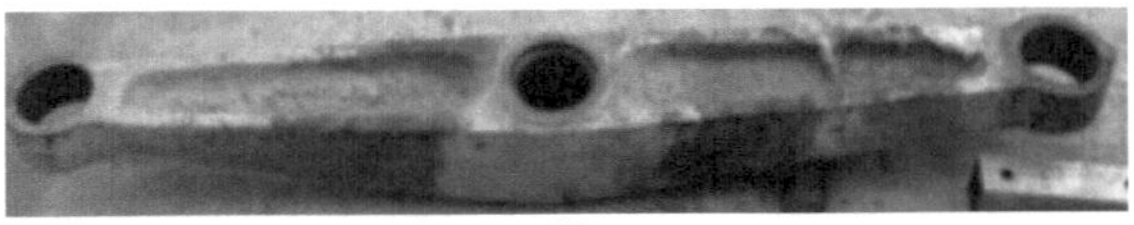

(a)

(b)

图 7.4　废旧平衡梁再制造前

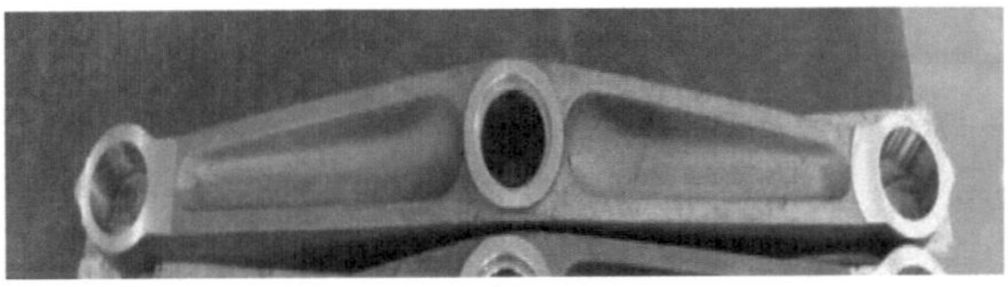

(a)

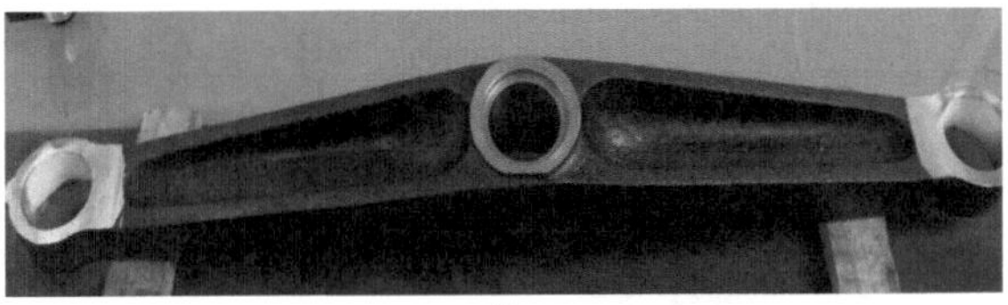

(b)

图 7.5　废旧平衡梁再制造后

5. 发动机再制造

发动机气缸体作为发动机重要的组成零件，其价值超过发动机总价值的 10%，缸体的主轴承孔、止推轴承磨损故障是缸体的主要故障模式。缸体主轴承尺寸超差易造成发动机抱轴、油压低等发动机故障，如图 7.6 所示。随曲轴的高速旋转，轴瓦与主轴承孔间的相对摩擦力增大可能会造成主轴承孔变形，目前主要采取的修复技术是珩磨主轴承孔。气缸体止推轴承座出现异常磨损，这将导致止推轴承无法平稳安装，如图 7.7 所示。即使重新安装曲轴后，由于止推面位置度超差、止推槽厚度超差，也将使曲轴轴向间隙变大，影响活塞与缸孔的运动配合，进而导致缸孔的偏磨。其再制造方法有堆焊、热喷涂、激光熔覆等工艺。

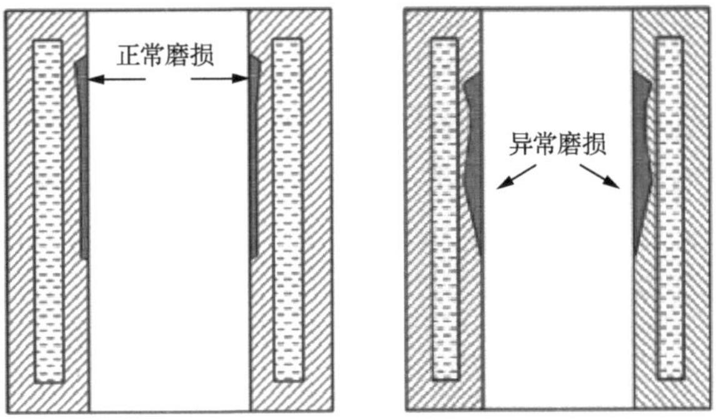

图 7.6　缸体主轴承孔磨损示意图

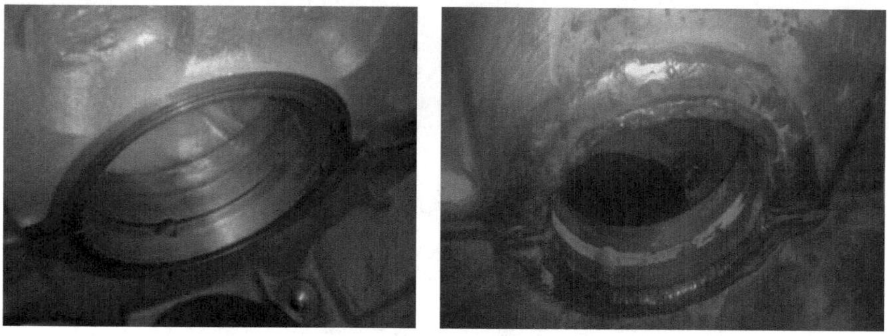

(a)　　(b)

图 7.7　堆焊前后的止推轴承座

(a) 堆焊前；(b) 堆焊后

曲轴是发动机中承受冲击载荷、传递动力的关键部件，把活塞连杆传来的气体压力转变为转矩，驱动机械装备的运转，其旋转精度和稳定性直接影响发动机的性能和工作平稳性，决定了机械装备的寿命。曲轴在长期运转过程中，轴颈会出现磨损，如图 7.8 所示，轴颈与曲柄臂的过渡圆角及油孔边缘会出现裂纹等现象，对其进行再制造的有效方法是激光熔覆。

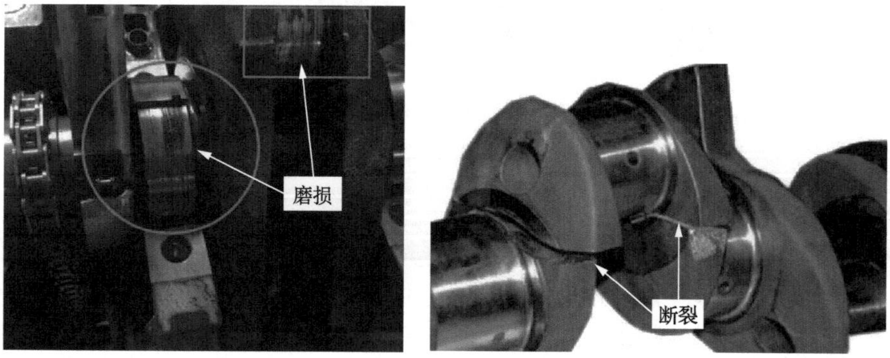

(a)　　(b)

图 7.8　曲轴的磨损 (a) 及断裂 (b)

6. 减速机再制造

矿用减速机因其使用环境恶劣，在长期使用过程中，径向力导致轴承外圈和箱体轴承孔发生相对运动，从而使得铸造箱体孔磨损超差，如图 7.9 所示。一般情况下，再制造减速机整箱拆卸后需对各个轴承孔进行测量，对于超差的轴承孔采取修复措施。轴承孔修复的方法主要有两类：对于超差范围较小的，一般采取电溶液刷镀，将轴承孔均匀刷镀至图纸尺寸并进行手工打磨；对于超差范围较大的，一般采取加工箱体中分面，再对箱体进行合箱，并镗孔至要求尺寸。

减速机齿轮箱在长期使用过程中，齿轮轴除出现锈蚀等问题外 (图 7.10)，齿部还会出现磨损、胶合、点蚀、剥落、塑性变形、折断、裂纹等情况。其中塑性变形、折断和裂纹需查看是否可进行调整，在保证齿高和齿长方向接触面积不小于 65%的情况下，调

图 7.9　减速机箱体

图 7.10　减速机齿圈

整齿轮箱齿类零件的安装位置，可增加零件的重复使用性，减少修复成本。对于磨损面可采用堆焊等再制造的方法对其进行修复。

7. 铲斗再制造

铲斗是挖掘机、电铲、装载机等设备都必用的关键工作装置，如图 7.11 所示，铲斗反复受到岩石和矿石的摩擦与冲击，主刃板、边板、底板、斗齿与岩石直接接触，是铲斗受磨损最严重的部位。应建立铲斗再制造的标准，例如检测、清洗、工艺等，首先进行检测，检测发现不满足再制造要求的直接更换，具有维修价值的，可利用等离子粉末喷焊、耐磨合金堆焊等工艺进行再制造。

8. 盾构机再制造

盾构机作为隧道掘进的专用重型工程机械(图 7.12)，是工程机械中价值最高、技术最复杂的产品，广泛应用于地铁、铁路、水利、公路、城市管道等工程。盾构机价格极高，每台售价根据不同规格一般在 2000 万～8000 万元，硬岩掘进机与过江过海隧道用

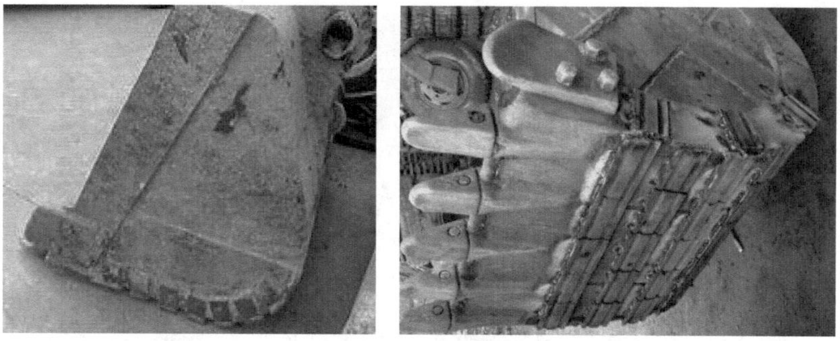

图 7.11　矿山机械铲斗

泥水平衡式盾构机售价在 1 亿～2 亿元，超大直径盾构机售价更高。通常盾构机的设计寿命是 10km，年均运行 2km，平均一台盾构机的使用寿命仅 5 年。

盾构机结构复杂，主要由刀盘、盾体、螺旋输送机、管片拼装机等多部分组成。从成本结构来看，驱动设备成本占比较高。据统计，直径 11m 和 15m 盾构机的驱动设备（刀盘、刀盘驱动）的成本占比分别为 42%和 45%，为主要费用，电气设备（壳体及推进液压缸，铰链液压缸）和推进设备（PLC、模块、电控箱等）成本占比均在 15%左右，液压设备中泵、阀的成本分别占比 12%、11%。

盾构机拼装机齿圈（刀盘主驱动）为常见的失效部位，如图 7.13 所示。利用激光熔覆技术对主驱动密封钢环进行再制造，采用纳米电刷镀技术对拼装机大小齿圈、轴承位磨损处进行再制造，采用等离子喷涂技术对推进油缸缸体进行再制造，如图 7.14 所示。埋焊技术针对刀盘保护带进行修复，如图 7.15 所示。

图 7.12　硬岩盾构机

图 7.13　盾构机拼装机齿圈失效

(a)　(b)　(c)

图 7.14　盾构机拼装机齿圈再制造

(a)再制造损伤检测；(b)再制造；(c)再制造加工(精磨)

(a)　(b)

图 7.15　盾构机刀盘再制造前(a)后(b)对比

7.2.3　逆向物流技术在工程机械中的应用

逆向物流技术就是以提高资源利用率，妥善处理废旧产品为目的，以经济和环保效益为原则，实现废旧产品从最终消费区域到初始生产区域的运输和存储的整个过程，逆向物流网络如图 7.16 所示。

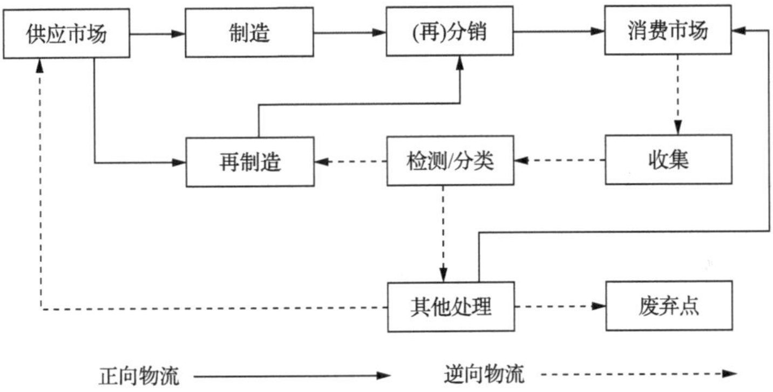

图 7.16　逆向物流网络

再制造工程中的逆向物流是通常逆向物流中的重要组成部分。它是指以再制造生产为目的，为重新获取产品的价值，产品从其消费地至再制造加工地并重新回到销售市场的流动过程。对于再制造企业来说，通过完善的逆向物流体系获得足够的生产“毛坯”，是再制造企业实施再制造的生命线。

工程机械逆向物流主要涉及产品回收、再利用、再制造、材料报废处理等环节。再制造逆向物流技术体系的不完善已经成为制约工程机械行业开展再制造的瓶颈问题，具体表现在：

(1) 回收渠道和路径不确定性大。工程机械的供需不确定性大，且需要流动跨区作业、区域集中作业，导致工程机械产品回收数量、回收地点、回收路径具有随机性和复杂性，回收困难、成本高。

(2) 缺乏柔性化信息管理平台支撑。工程机械产品吨位型号复杂、回收质量参差不齐，过程调度等难度较大，且再制造生产体系与现有正向制造体系脱节，无法实现生产即时化控制，管理效率低，再制造产品质量得不到有效保证。

(3) 大量再制造信息和数据亟待追溯与挖掘。工程机械回收产品服役信息、再制造数据需要进行跨部门、跨系统整合，信息追溯困难，且无法有效挖掘分析，尚未形成再制造生产与新品设计制造间的反哺互动机制。

(4) 再制造质量控制标准及产业化示范薄弱。一台汽车起重机有几万个零部件，由于年限跨度大、质量风险点高，且缺少系统性质量控制体制，制约了汽车起重机再制造产业规范化、标准化发展。

我国工程机械市场保有量超过 900 万台，工程机械产品的回收时间、回收地点、回收质量、再制造方案等不确定性大，导致再制造生产及管理流程繁复、效率低、成本高、质量统一性差。建立工程机械产品多维回收体系、研发逆向物流信息技术对支撑工程机械产品再制造具有重要意义。

7.3 典型矿山机械再制造

7.3.1 矿山机械行业发展现状

国外再制造产业已经有 50 多年的历史，1999 年，徐滨士院士在国内首次提出了“再制造”的概念，它是以废旧矿山机械为对象的高科技维修的产业化，即以矿山机械产品全寿命周期设计和管理为指导，以废旧矿山机械产品实现性能跨越式提升为目标，以优质、高效、节能、节材、环保为准则，以先进技术和产业化为手段，对矿山机械产品进行修复和改造的一系列技术措施或工程活动的总称。矿山机械再制造包括两个主要部分，即矿山机械再制造加工和过时矿山机械产品的性能升级[1]。

随着煤炭行业的快速发展、综采技术的推广和生产经验的积累，以及新型综采装备的研制与创新，关键零部件的制造水平已成为制约综采装备井下高可靠性、高持久性、高效率性的关键，也是广大工程技术人员的重要研究课题。同时，废旧装备的数量也在逐年递增，为煤矿装备再制造企业提供了广阔的发展空间。通过对其关键零部件进行表面处理，达到比传统制造工艺质量高几倍甚至几十倍的方法成为研究重点。在采煤机、液压支架、刮板输送机等煤矿综采成套装备为对象中，附加值高、易磨损失效、结构复杂、零部件种类繁多的液压支架立柱、刮板输送机链轮轴、行星减速器行星架等关键零部件，是再制造的主体对象，需要以再制造的设计方法为理论指导，紧紧围绕煤矿综采成套装备再制造中绿色清洗、无损检测、寿命评估和修复工艺等共性关键技术进行创新性研究，开发煤矿综采成套装备绿色清洗、检测与再制造技术和设备，提供一系列典型煤矿综采成套装备再制造的共性方法工艺，形成一套节约资源、减少环境污染及产品整体再资源化的煤矿综采成套装备再制造技术体系，并建立相应的示范生产线。

1. 再制造产品社会保有量

矿山机械是煤矿安全生产的必要保证，设备使用率高，要求安全系数大，有些主要安全设备在使用年限到达时被强制报废。特别是井下采掘设备，工作面条件恶劣，设备磨损快，使用寿命短[8-10]。近几年，国内煤机市场规模快速扩大，具体表现如表 7.8 所示。

表 7.8　2019～2023 年煤机市场规模情况

市场规模		年份				
		2019	2020	2021	2022	2023
煤机产量	掘进机/台	1407	1213	1943	2613	2750
	采煤机/台	662	621	642	709	718
	刮板运送机/台	1866	1609	1439	1597	1643
	液压支架/架	58857	66908	64483	78433	80514
	皮带输送机/台	699	1331	2510	2525	2538
市场规模及行业需求	煤机市场规模/亿元	1400.8	1429.3	1498.3	1542.3	1589.7
	行业需求量/万 t	458.2	470.1	485.2	497.5	509.2

2. 再制造产品主要生产企业

2010 年，全国报废单、双滚筒采煤机 15552t，报废刮板输送机、转载机 238434t，报废液压支架、单体支柱 116494t，报废掘进机 24538t，并呈逐年上升趋势。再制造一台矿山设备(或主要功能部件)的费用可比购置新设备(或主要功能部件)节约 40%～50%，这不仅盘活了废旧矿山设备资源，同时还将节约大量的矿山设备制造成本，经济效益显著。

3. 再制造产品的行业总体生产能力

鉴于目前我国从事煤矿装备再制造的企业数量较少，且国家未对煤机再制造行业总体生产能力进行系统性统计，难以进行准确描述。从煤机产品再制造价值来说，符合再制造条件的废旧零部件均可进行再制造。因此，从 2013 年中国煤炭机械工业协会统计的全国承担煤炭机械制造任务的 131 家重点企业总产量完成情况(表 7.9)，可看出全国煤机装备再制造产品的行业总体生产能力。

表 7.9　2013 年承担煤炭机械制造任务的 131 家重点企业总产量完成情况

参数	采煤机	液压支架	刮板输送机	掘进机	皮带机
数量/台	1082	83761	4215	1741	4001
总产量/t	45528	1808695	338871	97029	394102

7.3.2　矿山机械产业生产工艺与技术特点

一些工业发达国家的再制造产业已经形成了相当大的规模，已经掌握了一定水平的再制造技术，特别是在废旧产品的再制造加工方面拥有了一系列的专业技术和设备，有力地推动了再制造产业的发展。我国再制造产业起步较晚，政府高度重视高速发展的中国工业需要再制造来推动社会的可持续发展，因此在再制造技术研究领域给予了较大的支持。

在有关部门的支持下，我国的再制造技术研发和攻关取得了重大进展，形成了具有中国特色的尺寸恢复、性能提升的再制造技术体系，研发了废旧零部件缺陷、裂纹和应力集中综合检测仪器、自动化表面工程再制造专机等一系列具有自主知识产权的产品零部件再制造关键设备，取得了激光熔覆、等离子熔覆再制造快速成形技术以及零部件自动化再制造工艺等创新性成果，取得了显著的经济效益和节能、节材、环保等社会效益，为我国废旧零部件再制造产业的发展打下了良好的技术基础。

1. 再制造工艺流程

为确保再制造后零部件及整机性能达到甚至超越新机标准，要求从拆解、清洗、检测、分析、再制造、组装试验方面分别引进专用的软件与设备，建设无损拆解、大型旋转喷砂、绿色清洗、无损检测、激光强化、组装试验等专业化车间，形成大型再制造生产流水线，矿山机械再制造工艺流程如图 7.17 所示。

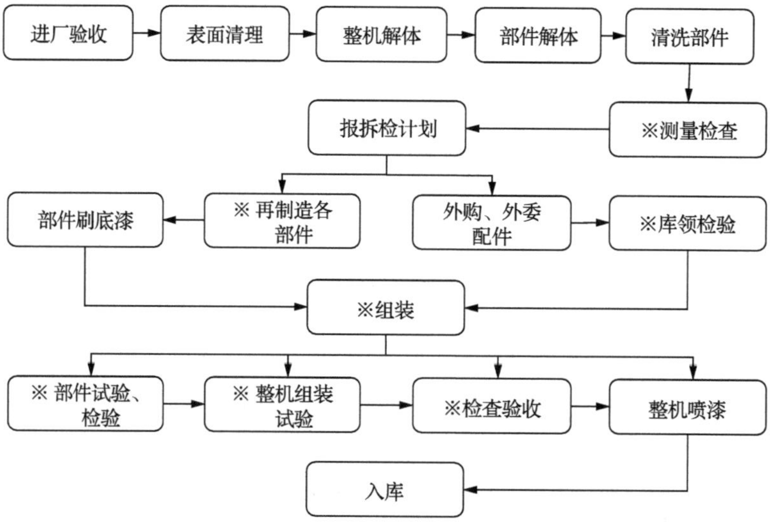

图 7.17　矿山机械再制造工艺流程图

※表示产品质量关键点

2. 绿色清洗技术

绿色清洗(green cleaning，GC)是指借助于清洗设备将清洗液作用于需要再制造零部件表面，采用机械、物理、化学或电化学方法，去除废旧零部件表面附着的油脂、锈蚀、泥垢、水垢、积碳等污物，并使废旧件表面达到所要求清洁度的过程。绿色清洗是检测零件表面尺寸精度、几何形状精度、表面粗糙度、表面性能、磨蚀磨损及黏着情况等失效形式的前提条件，是对废旧煤矿机械设备零部件进行检测和再制造加工的前提和基础。

绿色清洗设备包括高压水清洗生产线、抛丸喷涂生产线、超声波清洗机、环保型喷砂设备、高压饱和蒸汽清洗机、工业型电加热饱和蒸汽机等，如图 7.18 所示。

根据采煤设备在矿井服役时的工作状态、使用情况以及零部件的材料特性，研究并制定其无损拆解和绿色清洁预处理技术与工艺，以实现对需要再制造零部件的高效、清洁、低成本预处理。主要技术方法包括：通过三维结构建模、力学分析、产品结构干涉

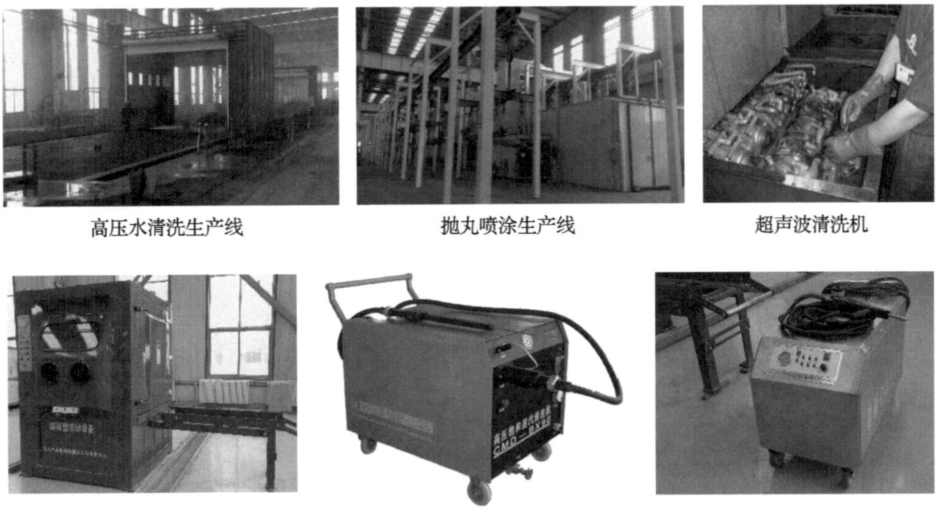

高压水清洗生产线　抛丸喷涂生产线　超声波清洗机

环保型喷砂设备　高压饱和蒸汽清洗机　工业型电加热饱和蒸汽机

图 7.18　绿色清洗设备

分析等方法，进行面向再制造的产品无损拆解；采用非化学清洗方法去除零部件表面及亚表层污染物，通过软质磨料喷砂清洗、超声清洗、高压水射流清洗等技术去除零件表面的氧化物、积碳、油污等污染物；根据综采设备不同的结构及使用情况，确定不同的无损拆解和绿色清洗工艺，为设备进一步检测和再制造修复处理提供良好的基础。

3. 无损拆解技术

无损拆解(non destructive disassembly, NDD)技术是指在拆解过程中不损伤零件的基础上，其拆解后所获得的旧件，经检测评估后，作为再制造的毛坯件。无损拆解的工序与紧固件及其连接方式密切相关，一般按机械零部件装配的相反次序进行。

以液压支架立柱、刮板输送机链轮、行星减速器行星架等采煤机械典型零部件为例，根据零部件的不同工作状态和使用状态以及零部件的材料特性，进行面向再制造的无损拆解，主要内容包括：通过三维结构建模、力学分析、产品结构干涉分析等方法，基于再制造的产品无损拆解技术，研究无损拆解预处理技术与工艺；解决零部件拆卸工具、拆卸时间、可拆卸率、材料的模拟仿真以及零部件的目标拆卸回收难题；实现再制造零件的高效、清洁、低成本预处理，为液压支架立柱、刮板输送机链轮、行星减速器和行星架等采煤机械典型零部件的进一步检测和再制造修复处理提供良好的基础。

1) 可拆卸结构优化分析

产品再制造拆卸性优化流程如图 7.19 所示。

开展面向再制造的产品可拆卸分析优化设计，基于产品的初始设计方案进行实验仿真拆卸，记录产品的拆卸序列、零件的连接方式和拆卸方法，分析产品的拆卸性能，运用可拓与 TRIZ 理论对产品拆卸特性进行优化，最终实现对设计方案的再制造拆卸优化设计体系。

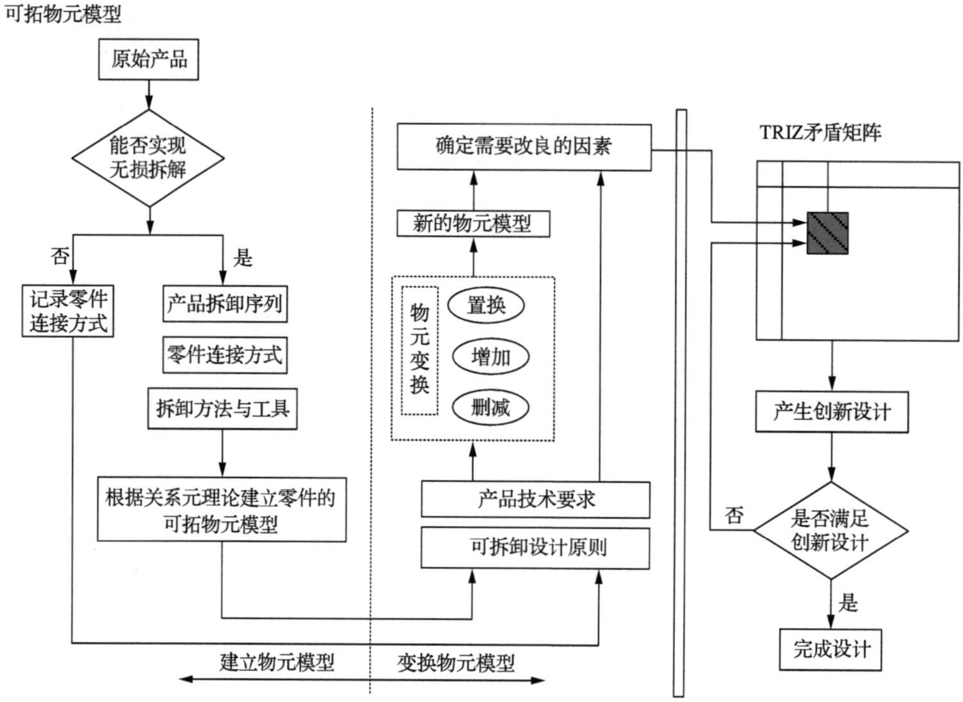

图 7.19　可拓与 TRIZ 相结合的拆卸特性优化流程

2) 拆卸序列规划研究

拆卸序列是拆卸问题研究的重点，拆卸序列规划和约束满足问题(constraint satisfaction problems，CSP)的对应关系如图 7.20 所示。为了解决常规拆卸求解算法可能出现无最优解的缺陷，采用 CSP 作为拆卸序列规划求解的算法，通过混合图的指导给出了一种基于 CSP 的产品拆卸序列规划方法，将拆卸序列规划转化为一类约束满足问题进行求解，建立基于 CSP 的拆卸序列模型。通过基于 CSP 的拆卸序列求解，获得产品的最优拆卸序列。

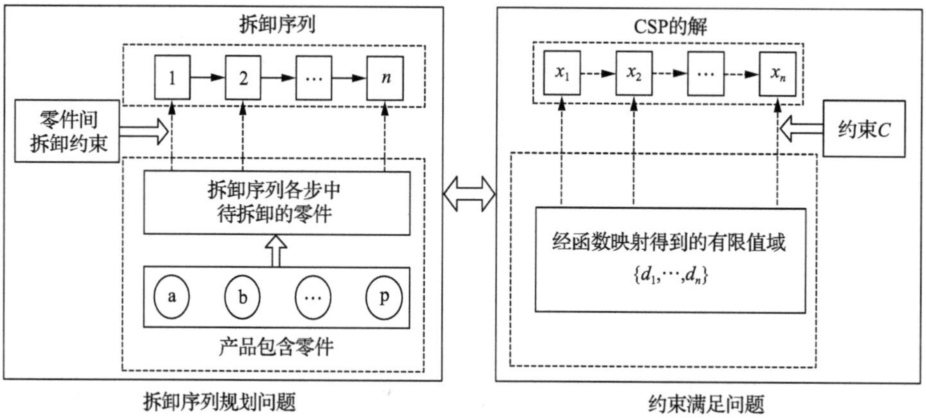

图 7.20　拆卸序列规划和 CSP 的对应关系

3）拆卸仿真

通过 Pro/E 建立各零件模型和装配模型，利用 Pro/Mechanism 工具实现链轮轴组的拆解序列优化，如图 7.21 所示。

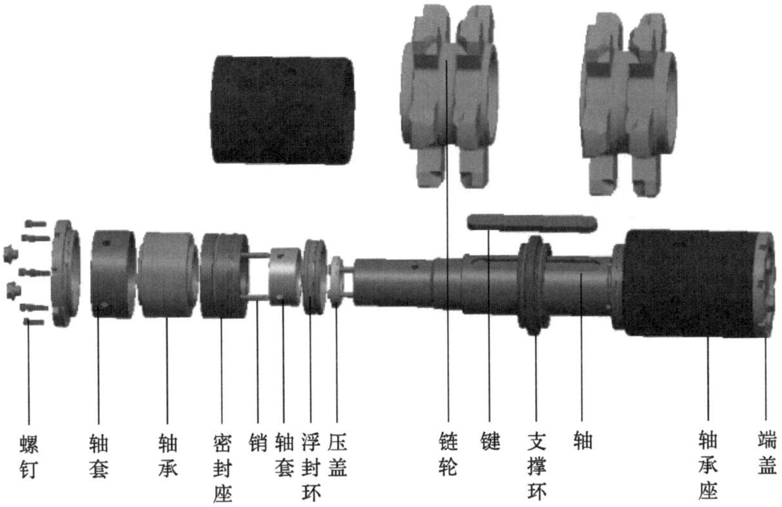

图 7.21　Pro/Mechanism 模拟链轮轴组装配效果

基于再制造的拆卸性要求，借助 Pro/E 软件中的 Mechanism 机构仿真模块和 Pro/Toolkit 二次开发模块，对产品进行装配动画模拟以及拆卸仿真模拟。以结构复杂的链轮轴组为实例，通过 Pro/Mechanism 动画仿真，实现产品装配的可视化；通过 Pro/Toolkit 二次开发模块，基于 VC 开发平台，对链轮轴组的拆卸进行仿真，实现产品的目标拆卸。

利用 VC++开发平台，通过 Pro/Toolkit 二次开发，开发一套拆卸仿真系统软件。开发面板如图 7.22 所示。该软件重点从拆卸回收选项、拆卸仿真系统和拆卸时间上对产品或装配体进行拆卸仿真研究。开发的系统软件可实现产品拆卸工具、拆卸时间、可拆卸率、零件材料等仿真，实现零部件的目标拆卸回收。

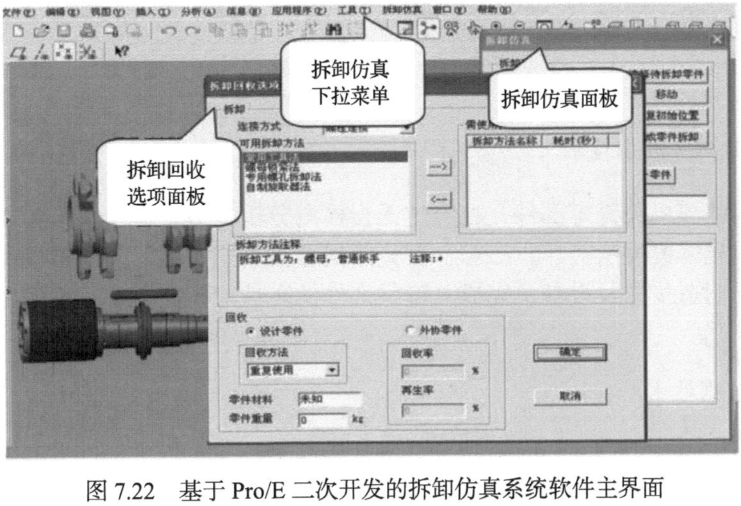

图 7.22　基于 Pro/E 二次开发的拆卸仿真系统软件主界面

4. 无损检测技术

无损检测(non destructive examination)是指在不损害或不影响被检测对象使用性能、不伤害被检测对象内部组织的前提下，利用材料内部结构异常或缺陷存在引起的热、声、光、电、磁等反应的变化，以物理或化学方法为手段，借助现代化的技术和设备器材，对试件内部及表面的结构、性质、状态及缺陷的类型、性质、数量、形状、位置、尺寸、分布及其变化进行检查和测试的方法。

煤矿综采成套装备的典型零部件检测技术是一个多因素、多参量、多学科的复杂检测体系，它涉及载荷、材料、服役环境、失效状态等多种条件下的非线性耦合，需要采用一系列行之有效的检测工艺流程，以获取所需要的零部件再制造性能的相关数据。

针对煤矿综采成套装备中典型轴类、齿轮类、转子、薄壁类的零部件磨损、腐蚀、变形、裂纹、焊缝开裂、接触疲劳等表面失效以及残余应力水平变化，通过借助先进无损检测设备，如齿轮检测中心、相控阵超声波无损综合检测系统，确定产品的应力部位及剩余寿命，为产品的再制造方案提供高可靠性价值依据；引进国外先进的 ANSYS、MSC Fatigue、ADAMS 等软件，掌握零部件寿命检测技术、结构件的应力分析技术以及结构件与部件的运动关联性分析技术；建立液压支架立柱、刮板输送机链轮轴、行星减速器行星架等煤矿综采成套装备典型零部件的检测标准和评价规范。

无损检测设备包括金属磁记忆无损检测设备与涡流/超声波综合无损检测设备，如图 7.23 所示。

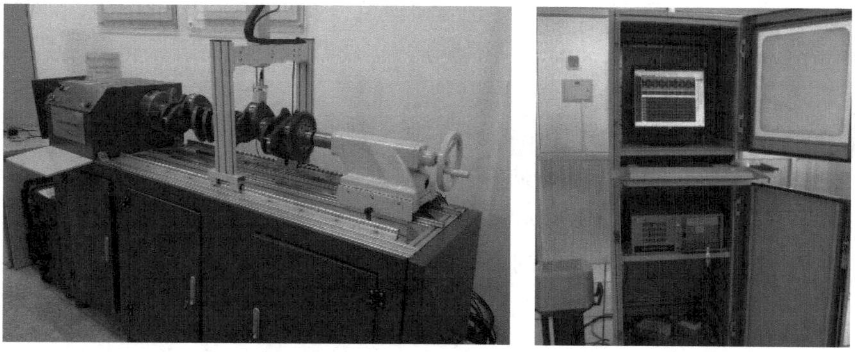

图 7.23　无损检测设备

5. 熔覆再制造成形技术

针对不同的煤机关键零部件，在经过无损检测分析之后，确定关键零部件的再制造工艺，借助激光熔覆再制造(图 7.24)、等离子熔覆再制造、纳米复合电刷镀、高速电弧喷涂等先进再制造技术及设备，完成关键零部件的高性能再制造，从而满足批量化的再制造生产需求[3]。

6. 逆向检测技术

逆向检测(reverse examination)技术是指利用测量设备对加工零件进行数字化测量，获得其三维点云数据，通过与零件的设计模型进行对比而获得三维误差的方法。数字化

图 7.24　激光熔覆再制造

测量是测量物体表面的三维数据，每一个点数据都带有相应的 X、Y、Z 坐标数值，这些点数据集合起来形成的点云，就能构成物体表面的特征，即测量模型。零件质量检测主要考虑两个方面，一方面是光顺度，另一方面是精确度，对于矿山机械的加工质量，主要考虑精度问题，尽量减小 CAD 模型和测量模型的逼近误差。

以刮板输送机链轮为例，采用逆向专用软件 Geomagic Qualify，把链轮的设计模型定义为参考模型，把加工后的链轮的扫描模型定义为测试模型，统一两者坐标系，进行最佳拟合对齐，然后进行误差分析。通过两模型之间误差的云图模型，可以测量出二者之间的偏差值，如图 7.25 所示。

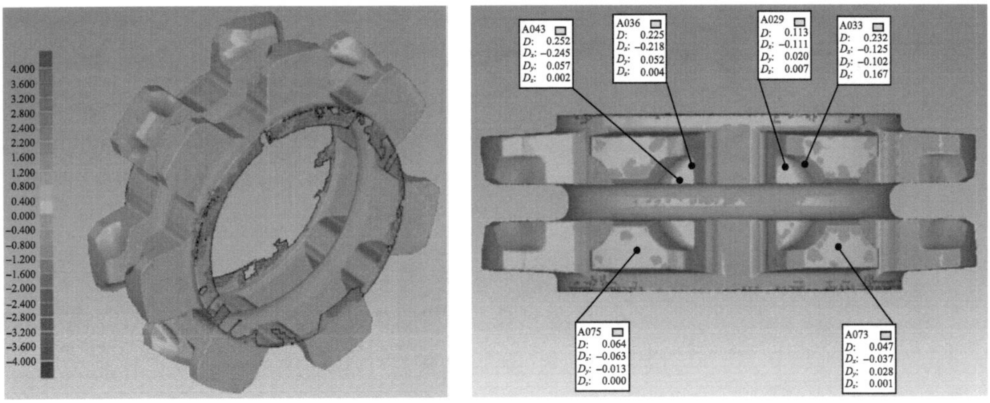

图 7.25　链轮表面的误差比较

D 为三维空间的偏差值，D_x、D_y、D_z 分别为 x、y、z 方向的偏差值，数据单位为 mm

与传统的尺寸检测方法相比，逆向检测技术具有非接触式检测及 CAD 模型几何尺寸检测等特点，可以检测设计模型中的全部尺寸，同时提高了检测效率。

7.3.3　矿山机械典型部件及再制造处理技术

1. *矿山机械典型部件*

1) *液压支架立柱*

液压支架井下使用耐蚀性和部件耐磨性要求较高。因此，表面涂层应选用耐磨性和耐蚀性能较好的合金镀层。煤矿井下工作环境恶劣，采煤工作面和巷道具有较大的相对湿度，一般在 75%左右，使用的液压支架设备长期处于潮湿、易腐蚀及易磨损环境中，金属零件易产生相当严重的腐蚀和磨损。由于煤矿工作面的特殊性要求，需提高立柱金属表面的耐蚀和耐磨性能，以提高使用寿命，因此，必须对立柱金属制件(如材质是 27SiMn 钢的立柱承压部件缸体、活柱)进行表面处理。

目前，液压支架的表面处理工艺较多，有电镀、化学镀、喷涂及镶不锈钢套和表面发黑处理，电镀工艺主要是镀铜锡合金、镀锌磷化、镀铬工艺及锌镍合金等。国内外在液压立柱表面处理工艺中，主要采用电镀锌镍微孔镀铬工艺代替表面镀硬铬，以解决镀硬铬工艺本身易出现裂纹和孔隙等问题，镀层一般结合力和防护性能较好，但对工艺控制要求较高[5]。化学镀镍磷镀层较好，是现在常用的工艺，但该方法对镀液处理要求高。喷涂工艺因涂层为机械结合，且孔隙率偏大，也难以推广。因此，从保护环境和爱护作业人员健康的角度出发，亟须对液压支架零部件的表面处理工艺进行改进，寻求一种新的无环境污染并对作业人员健康无伤害的绿色表面处理技术。

针对该问题，激光熔覆处理立柱是理想的选择[6]，如图 7.26 所示。它是利用激光束能量高度集中、方向高度集中的特性，在大气环境下进行无污染操作，在廉价金属材料表面形成一层硬度高、无裂纹，且与基体呈冶金结合的高性能涂层，将金属良好的坚韧性和涂层材料的高硬度、高化学稳定性、高耐磨性结合起来，形成了高性能涂层的生产工艺，是目前提高立柱耐磨性、防腐蚀、延长使用寿命的最新表面处理技术。通过激光熔覆处理后的立柱，其基体表面硬度达到 30～58HRC，使用寿命是国内立柱的 5～6 倍，具有技术先进、安全性能高、生产能力强等突出特点。液压支架应用新型激光熔覆立柱，可以缩短立柱更换检修时间、提高生产效率，同时又能节约大量资金，对建设节约型社会有着广泛而深远的意义。

图 7.26　激光熔覆处理立柱

2) 刮板机中部槽

中部槽是综采工作面刮板输送机的易损件，由于货载(煤和矸石)、刮板和链在中部槽中滑行，故工作阻力大，磨损十分严重。由于链条、刮板及煤流的作用，中部槽磨损很快，主要表现在中板及槽帮的磨损，以及采煤机沿中部槽移动所造成的槽帮上部的磨损。采煤机前进而向煤壁方向移动，产生的水平方向弯曲及底板不平产生的上下弯曲均加重了槽帮和中板边缘处的磨损。刮板在中板的链道位置，特别是两节槽的结合处磨损最快，这是中部槽报废的主要原因，如图 7.27 所示。

在中部槽焊接制造与再制造中，大部分煤机企业多年来采用的是半自动 CO_2 及 MAG 气体保护焊。这些方法具备工艺简单、操作方便、投入成本较低、能够实现批量化焊接及良好的焊缝成形的特点，但也具有人为因素影响大、质量不稳定、劳动强度大、工作环境差等缺点。目前，国内外刮板机制造企业采用在链道处按一定花样堆焊耐磨层以提

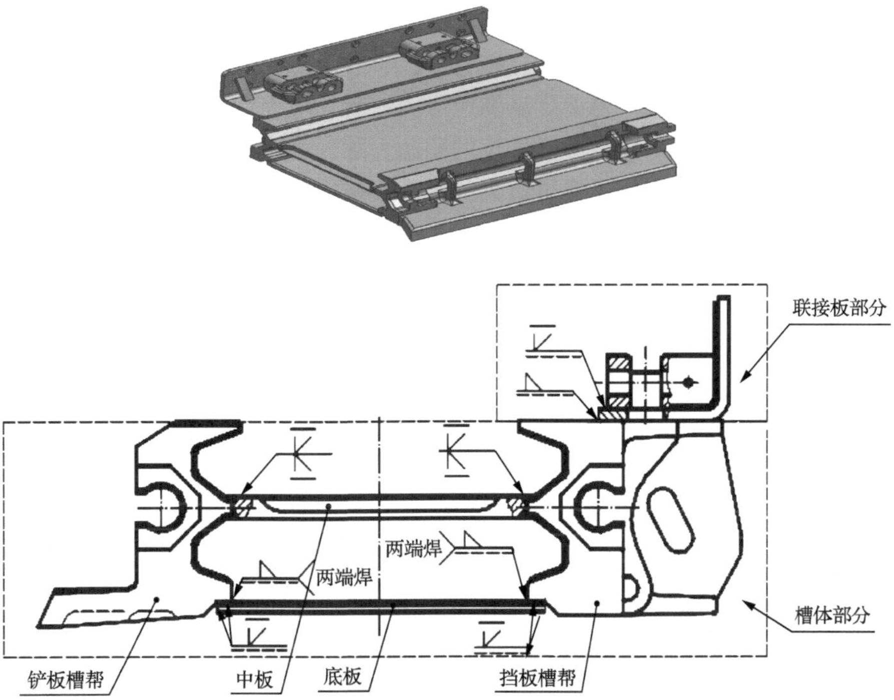

图 7.27　中部槽及其结构示意图

高中部槽寿命。针对该问题，通过激光熔覆技术可以实现中部槽中底板的再制造，形成多种适用于不同型号刮板机中部槽的熔覆形状。例如，在中板上支撑链条部分按照需求增加厚度为 2mm 左右的菱形花纹状耐磨涂层(图 7.28)，让链条在耐磨层上滑动，不与中板直接接触。在基体强度不降低的前提下，可进行多次熔覆耐磨涂层，有效提高金属表面的耐磨性，延长了中部槽的使用寿命。

图 7.28　中部槽及熔覆涂层

3) 矿用截齿

矿用截齿(图 7.29)分布在掘进机截割头及采煤机滚筒，是掘进机/采煤机的关键部件。截齿在工作过程中，除了要承受高的压应力、剪切应力和冲击负荷外，还存在随着工作时间增加而温度升高，导致截齿软化的问题，加速截齿的磨损，因此，截齿在矿用机械设备中属于易损件，也是更换量最大的煤矿机械零件之一。矿用截齿性能的好坏，影响着采煤设备生产能力的发挥、功率的消耗和工作的平稳性等，对提高掘进机和采煤机等矿用机械装备的生产效率和降低成本有着重要意义。

图 7.29　矿用截齿

煤炭行业标准《采掘机械用截齿》(MT/T 246—2006) 中规定的截齿热处理要求为齿头硬度大于 40HRC。目前，国内截齿材料普遍使用 35CrMnSiA，对截齿涂覆耐磨层，能够将截齿刀头与煤岩之间的磨损转换为耐磨层与被截割煤岩之间的磨损，这实际上保护了截齿头，使截齿的使用寿命得到了大幅的提高。从广义上讲，截齿耐磨层涂覆技术极大地促进了煤矿行业向节约型循环经济发展，而传统的采煤机截齿耐磨层的获取常常采用堆焊技术、CO_2气保护焊等方法[2]。

4) 圆锥破碎机

圆锥破碎机广泛应用于矿山、冶金、化工等诸多行业，如图 7.30 所示，主要用于对开采的原矿石进行粒度减小、形状规整等，将大尺寸、不规则形状原矿处理为具有适宜粒度、近等轴外形的破碎矿石。得益于设备破碎能力的提升和衬板抗磨性能的进步，目前主流设备配置为中破和细破设备。在服役过程中，难免因出现的裂纹、磨损、变形等原因造成设备停机或者失效，为保证设备的正常运转就必须对损坏设备采取必要措施进

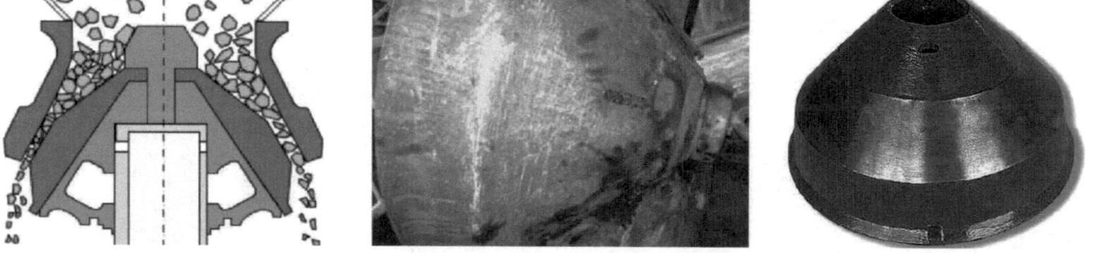

图 7.30　圆锥破碎机工作示意图及典型部件磨损

行修复或者更换。上下架体(又被称为定锥和动锥)、衬板及主轴是破碎机的关键部件，是连接和承载破碎机其他部件的主体，属易损件。

圆锥破碎机易损部件主要的修复方案分 4 个阶段进行，即拆解、清洗取样、测绘出工程图→清除裂纹和去疲劳层→堆焊→机械加工。目前已有研究表明采用了激光熔覆修复后的精度和使用寿命达到了新品水平，如图 7.31 所示，经选矿厂在线安装调试，满载使用，各项性能指标达到了使用要求。

图 7.31　圆锥破碎机主轴的激光熔覆再制造

2. *矿山机械失效分析技术*

矿山机械是采矿行业的重要设备，与一般工农业生产机械相比，矿山机械具有以下特点。

(1) 工作环境恶劣：设备时刻处于粉尘、水汽及有害气体的环境之中。

(2) 工况条件苛刻：绝大部分矿山机械设备是在高速、重载、冲击、振动、摩擦和介质腐蚀等的工况条件下工作。

(3) 运行时间长：大多数设备不分昼夜、长年累月地连续作业。

(4) 润滑条件差：由于环境恶劣，工况苛刻，加上运行时间长，使得机械设备零部件得不到良好的润滑和维护。

因此，矿山机械的磨损、腐蚀失效现象极其严重，不仅给企业造成很大的经济损失，还有可能引起严重的人身安全事故。

以磨损为例，刮板输送机的中部槽、链条、链轮部件等磨损较为突出；掘进机的斗齿在使用过程中直接与矿石、砂土和岩石等接触，是采掘作业中磨损最严重的零件。另外，球磨机的衬板和钢球、采煤机的截齿和滚筒、提升机的钢丝绳和衬板、振动筛的筛板、耙斗装载机的耙斗、通风机的叶片、矿车轮对及车厢都属于易磨损失效部件。

具体而言，矿山机械零件的失效原因可分为两类：外观损伤和内部损伤。外观损伤主要指形状尺寸及表面状况的损伤，包括诸如磨损、腐蚀、空蚀和蠕变等造成的损伤；内部损伤通常指显微组织结构发生的损伤型变化，如碳化物球化、聚焦长大与结构改性和石墨化，杂质元素(P 等)向晶界处的扩散集聚、蠕变或疲劳所造成的亚组织变化，以及晶粒变形、晶内或晶间微裂纹的产生及扩展等。外观损伤可以通过先进的表面工程技术(如堆焊技术、热喷涂技术、电刷镀技术和激光再制造技术等)进行再制造，而内部损伤则需经过合理的修复热处理技术进行再制造。

3. 再制造处理技术

1)废旧矿山机械设备典型零部件无损拆解与绿色清洗技术

利用三维结构建模、力学分析、产品结构干涉分析等方法，有助于对再制造产品进行无损拆卸；运用超声波清洗、高压水/磨料射流清洗、超细磨料喷砂清洗、喷丸处理等工艺有助于去除零件表面油污、水垢、氧化物、固体结垢物等污染物。

2)废旧矿山机械设备典型零部件检测与剩余寿命评估技术

针对废旧采煤机械典型零部件进行失效分析，可确定其失效形式以及残余应力水平变化规律。结合金属磁记忆无损检测技术，可对齿类、曲轴类零件的重点失效部位进行检测，基于有限元分析和动力学仿真的方法，可建立齿类、曲轴类剩余疲劳寿命评估方法。以谐振式弯曲疲劳台架为试验平台，集成金属磁记忆、机器视觉、声发射及模态分析等先进无损检测评估手段，可对乳化液泵曲轴零件再制造寿命评估进行试验，建立废旧乳化液泵曲轴再制造前剩余寿命和再制造后服役寿命评估体系，构建乳化液泵曲轴疲劳损伤程度与多源无损检测信息的映射关系，实现乳化液泵曲轴零件的寿命评估。

3)废旧矿山机械设备典型零部件修复成形技术

再制造修复技术是完成产品再制造和质量升级的关键。采煤机械典型零部件的失效方式主要是磨损、腐蚀和疲劳等表面失效，根据废旧零部件不同的失效形式判断失效的原因，进而采用不同的表面处理工艺恢复其使用性能。针对复杂结构件的磨损失效问题，综合运用多种先进技术手段来解决，具体包括：复杂零部件表面缺损三维“反求”、建模与堆焊修复技术、大型轴类零部件表面激光熔覆成形技术、小型复杂(轴、齿、孔类)零部件微束等离子熔覆成形技术、小型精密零件纳米电刷镀再制造修复技术、超音速等离子/火焰喷涂再制造技术等。通过这些方法可以有效解决废旧零部件再制造的共性技术问题。

7.3.4　矿山机械再制造发展

矿山机械是对各类主要用于矿山的建井设备、采掘设备、矿井提升运输设备、破碎和磨矿设备、筛分设备、洗煤和选矿设备及焙烧设备等的总称。其量大面广，且使用工况恶劣，零件表面磨损、腐蚀和划伤严重，因此，开展矿山机械再制造势在必行且潜力巨大。目前，某些发达国家已经要求对矿山机械实现全部产品再制造，并设立严格的回收再制造制度，即矿山机械产品的制造商必须负责对其所生产的且达到一定使用年限的产品进行全部回收和再制造，并在回收时向用户返还一定比例的费用。通过先进表面工程技术在内的各种新技术、新工艺，对废旧矿山机械中的可再制造零部件，实施再制造加工或升级改造生成性能等同或者高于原产品的再制造，矿山机械再制造业不仅节能、节材、环保，矿山废旧机械产品的性能也将得到跨越式提升。

1. 再制造技术的发展方向

1) 表面损伤智能自修复技术

现代矿山机械日趋大型化、高速化、自动化和智能化。某些矿山机械一旦发生故障，将可能导致严重的事故，故障停机检修也会造成很大的经济损失。表面损伤智能自修复技术是指在不停机、不解体的情况下，在矿山机械使用过程中自行感知环境变化，能够对自身的失效、故障等以一种优化的方式做出响应，不断调整自身的内部结构，通过自生长或原位反应等再生机制实现自愈，修复某些局部破损，最终达到预防和减免故障，满足装备的高效、长寿命、高可靠性的要求，达到提高机械效率、节约能源和减少材料消耗的目的。自修复技术主要有埋伏型自修复技术、微纳米级摩擦损伤自修复技术及矿物微粉摩擦磨损修复技术等。

2) 纳米再制造技术

再制造技术的重要特征之一是再制造产品的质量和性能要达到或超过新品。纳米材料由于其结构的特殊性，具有一般材料难以获得的优异性能，为再制造产品表面性能的提高提供了有利的条件。研究表明，与传统再制造产品相比，纳米再制造产品表面在强度、韧性、抗蚀、耐磨、热胀和抗热疲劳等方面有显著改善。将纳米粉体与再制造表面工程技术相结合，制备含有纳米结构的表面复合涂层，可使表面再制造层的力学、物理和化学性能得到改善，赋予表面新的功能，达到材料表面改性与功能化相结合的目的。2000 年，徐滨士等提出了“纳米表面工程”的概念。目前，各研究单位对纳米电刷镀技术、纳米热喷涂技术、激光熔覆纳米涂层等技术都开展了较多的研究。

3) 自动化再制造技术

为了适应再制造产业化对批量化、自动化的迫切需求，在提高生产率的同时，进一步提高再制造产品的质量，提高其自动化水平是关键技术之一。现在自动化高速电弧喷涂技术、自动化纳米颗粒复合电刷镀技术和半自动化微弧等离子熔覆技术等已得到广泛研究，技术也日益成熟，某些技术已经在再制造企业得到了应用。

4) 再制造工艺技术仿真

再制造常用的技术是表面改性、表面处理和表面涂覆等，在这些工艺技术中涉及的主要物理场有速度场、温度场、应力场、应变场、电磁场、流场，同时涉及光波和声波等物理现象。这些物理场在材料上的作用就形成了各种不同的材料加工工艺，如扩散、相变和变形等。因此，材料加工过程实际上是在不同物理场的作用下，材料的微观组织结构和几何形状不断变化的过程。再制造工艺仿真是在恰当的简化假设的基础上，建立再制造工艺过程中各种物理现象模型，通过分析或数值求解系统方程，得到所关心的物理量及其随时间的发展演化。再制造工艺仿真的目的是通过对实际工艺过程的模拟，发现工艺过程中各种主要物理量的深化规律及各种工艺参数对这些物理量的影响规律，从而达到对材料以及材料加工过程中成分、工艺、组织结构及性能的控制和优化，这包括对应力/残余应力、应变/变形和温度等宏观物理量的控制和优化，也包括对诸如晶体织构、晶粒度、相成分、晶格缺陷等微观、介观及纳观尺度的材料性能的预测和控制。

5) 复合再制造技术

在单一表面再制造技术发展的同时，综合运用两种或多种再制造技术的复合再制造技术有了迅速的发展。就复合再制造技术而言，可分为两类：一类是在不同的修复区域采用不同的再制造技术；另一类是将再制造技术本身进行复合，如热喷涂和激光熔覆技术的复合、热喷涂与电刷镀或化学镀的复合、物理和化学气相沉积同时进行离子注入等。

2. 我国矿山机械再制造现状及存在的问题

目前，我国矿山机械产品的回收利用率与再制造技术使用率低，因而导致资源的大量浪费和环境的严重污染。为了缓解有限资源和无限浪费之间的矛盾，减少环境污染，我国政府作出了“发展循环经济、建设节约型社会”的重大战略决策。循环经济中的“4R”原则，即 reduce(减量化)、reuse(再利用)、recycle(再循环)、remanufacture(再制造)，就是最大限度地减少资源消耗，同时又把废弃物最大限度地变废为宝，减少自然资源的消耗和废弃物的排放。循环经济是对传统经济“大量生产、大量消费、大量废弃”发展模式的根本变革，力求把经济社会活动对自然资源的需求和生态环境的影响降低到最低程度。我国现今的矿山机械业正处在转型发展的关键时期，为此，亟须大力发展废旧矿山机械产品再制造产业，提升资源综合利用率，改善我国产业发展模式。

1) 现状及问题

国内从事矿山再制造的单位很少。在国外，从事再制造的企业主要有 3 种类型：一是原始设备制造商，其一般只对自己所生产的产品进行回收再制造；二是专职从事再制造业务的企业，这类单位通常具有开展各种产品再制造的能力；三是从提供服务和维修开始，然后逐渐过渡到开展再制造业务的单位，如产品代理商，矿务集团(局)的修理企业等。如前所述，目前，国内的原始设备制造商从事再制造的单位还不多。虽然现在有一些企业专业从事再制造业务，如济南复强动力有限公司、沈阳大陆激光技术有限公司等，但专职从事矿山机械再制造的企业较少。在国内，产品代理商及矿务集团(局)的修理企业修复的设备很难达到不低于矿山机械新品质量的程度，因此，基本上还只是停留在维修层面，很难称得上是真正的再制造。

矿山机械再制造的企业行业的综合实力比较欠缺。现今由于国家整体产业结构的转型发展，矿山机械再制造作为我国典型的第一产业，其在机械再制造过程中明显出现的一个问题就是矿山机械再制造的部分企业在科研创新、关键技术创新研发以及在企业现代化管理中的投入存在不足，甚至有的企业在这些方面的投入出现了停滞的状态。我国探矿、采矿和选矿这三个大种类的矿山机械的再制造行业出现了行业劳动生产率低、行业缺乏创新的动力、行业技术投入力量不足的问题，已不能满足现今我国国内和进出口经济发展的需求，导致了矿山机械再制造企业获得的经济利益相对减少，其经济增长率不能为矿山机械的再制造提供充足的经济保障。

我国矿山机械再制造的市场需求有待提高。矿山机械制造业作为我国经济生产过程中的重点产业，在发展的过程中其经济资源的支撑条件有很大一部分来自国家政府的投资。现今我国产业结构的优化升级，虽然不能从根本上改变矿山机械再制造的发展趋势，但是在一定程度上第三产业的繁荣冲击了矿山机械再制造行业的发展。此外，我国现今逐渐放缓市场发展的速度，控制市场扩大的规模，这在一定程度上也会缩小或切断矿山机械再制造的渠道。总体而言，我国矿山机械再制造的市场需求量缩小，没有足够的市场需求刺激，矿山机械业难以有充足的动力进行再制造。

国外矿山机械再制造的产品涌进国内市场，形成了严重的冲击。随着我国加入世界贸易组织的年限不断增长，我国在应对经济全球化发展的过程中保护民族产业的经验不断丰富，但是对于矿山机械再制造的市场发展来讲，国内生产本身的质量较差，再加上国外生产的高质量，对我国国内矿山机械再制造行业的发展形成了严重的冲击。

2) 发展趋势

行业发展趋势不再是单纯地局限于行业制造利润的获得，而是向着能够满足客户的个性化需求的方向发展。能否在获取服务客户的个性化需求上进行创新制造，是决定矿山机械再制造的关键因素。

矿山机械再制造的产品发展趋势向着环保和智能化的方向发展。其中，就环保而言矿山机械再制造产品注重高效、节能、环保设备的研发和制造，如通过再制造减轻产品的重量、提倡低能耗和延长使用期限的原则。而对于其智能化的发展趋势，则指的是科研技术含量的提高，强化新兴技术的研发，改变传统的机械制造结构，促使其向着大型化和数字智能化的方向发展。

3. 解决策略

1) 加大政策扶持力度

再制造在欧美等发达国家或地区已经有几十年的发展历史，其在废品回收责任制、再制造产品质量保证、再制造产品销售和售后服务等方面都已形成了较完善的制度。但在国内，国务院 2005 年才首次把“绿色再制造技术”列为“对节约资源和建设循环经济有重要意义且将重点组织开发和示范”的技术之一。这是我国官方文件中第一次出现“再制造”一词，并把再制造列为发展循环经济的关键、共性的技术。总的来说，再制造在我国还处在起步阶段，很多政策法规还有待进一步完善。虽然从大的政策层面而言，国家鼓励企业加强对资源的循环利用，鼓励企业从事和参与再制造，但并没有像美国等发达国家那样立法强制再制造，另外，还缺乏对生产及使用再制造产品的单位给予政策扶持和资金支持力度(如给予一定程度的补贴)。因此，现阶段我国一方面有必要立法强制企业从事再制造；另一方面也要加大政策扶持和资金支持力度，激励企业参与再制造。

基于当前矿山机械行业、生产商和产品的发展趋势，我国政府及相关部门应积极促进特色工业园区的成立和建设，通过重点工业园区形成产业集聚，这样能够进一步实现资源的共享，方便企业生产之间的交流合作，提高企业在技术创新方面的合作水平。

2) 创新再制造先进表面技术

由于废旧零部件的磨损和腐蚀等失效主要发生在表面，因而各种各样的表面技术是再制造应用最多的技术，其主要用来修复和强化废旧零件的失效表面。提高再制造产品的质量，关键是不断创新再制造先进表面技术，使再制造零件表面涂层的强度更高、寿命更长，确保再制造产品的质量真正不低于或超过新品，改变用户对再制造产品的认识误区。因此，国家有必要进一步加大对相关从事再制造先进表面技术开发的科研机构、高校及企业的资金支持力度，不断创新研发再制造表面质量好、自动化水平高的表面技术。一方面要积极地汲取国外矿山机械再制造的经验，在本土化的发展需求上不断改进；另一方面要重视技术人员的投入，通过政府资金和企业资金的双向投入为技术研发提供充足的动力和保障，以此促进机械再制造自主创新能力的提高和发展。

3) 制定矿山机械再制造的行业标准

国内再制造技术起步较晚，从事再制造企业的技术积累也较少，再制造的标准缺乏，这在一定程度上阻碍了再制造的广泛应用。应尽快制定矿山机械再制造的行业标准，建立系统的、完善的矿山机械再制造工艺技术标准、质量检测标准等体现再制造走向规范化的标准体系。在制定标准时，应深化标准内涵，制定出具有良好通用性和可操作性的标准方案。

4) 加快矿山机械再制造实践及产业化推广

目前，国内从事矿山机械再制造的企业还较少，有必要加快矿山机械再制造实践并促进其产业化推广。在组建矿山机械再制造产业化基地时，动员生产企业、矿山用户及再制造技术科研院所共同参与，可由矿务集团(局)负责再制造基地设备资金，生产企业提供产品技术规范，科研院所提供再制造技术支持。另外，在再制造实践时，可从使用量大面广的通用矿山机械逐步过渡到一般矿山机械的再制造。

随着再制造技术的发展，再加上政策扶持、企业参与及矿山重视，我国矿山机械再制造水平及规模会得到较快的发展，有利于矿山设备循环发展，能够延长矿山机械循环经济产业链，缓解资源短缺与资源浪费的问题，还可减少失效矿山机械产品对环境的污染，既节能减排又变废为宝，符合国家资源节约及综合利用的产业政策。

4. 建议与分析

探索研究煤机产品零部件的再制造技术和工艺。逐步掌握煤矿综采成套装备再制造主要的工艺特点和关键技术，以及再制造所需拆解、清洗、加工、装配、检测等方面的技术、工艺和装备，实现批量化生产能力和产业规模，使再制造产品的各项指标达到或超过新机标准，推动再制造规模化、产业化发展。

大力发展矿山机械再制造技术。开发废旧采煤机械设备典型零部件无损拆解、绿色清洗、无损检测等技术。形成液压支架立柱激光熔覆、刮板输送机链轮轴等离子熔覆、行星减速器行星架电刷镀等系列再制造清洗、检测和修复成形加工技术群，开发专用材料和工艺体系，突破矿山机械设备典型零部件绿色清洗与再制造成形加工关键技术瓶颈，提高废旧零部件无损拆解率，降低化学清洗剂使用量。

逐步实现绿色再制造。同传统制造过程不同，作为绿色制造的重要组成部分，再制造以废旧零部件为毛坯，通过先进表面工程技术修复失效表面，最大程度降低了新材料的使用，减少了能源消耗和污染物排放，同时，避免了传统回炉冶炼的回收模式中新产生的能源消耗与污染物排放。再制造产品的可靠性和环保指标得到了跨越式提升，降低了排放和能耗。

针对再制造关键技术开展联合攻关，形成完善的研发、生产、营销、回收和管理体系，实现从煤机关键零部件再制造到整机再制造的历史性跨越。

参 考 文 献

[1] 徐滨士. 再制造技术与应用[M]. 北京: 化学工业出版社, 2014.
[2] 李圣文, 卜美兰. 新形势下再制造发展模式探索[C]//煤炭工业节能减排与生态文明建设论坛, 北京, 2014.
[3] 朱胜, 姚巨坤. 再制造技术与工艺[M]. 北京: 机械工业出版社, 2010.
[4] 苏斌, 刘海燕. 工程机械再制造拆解工艺的清洁生产研究[J]. 装备制造技术, 2015, (4): 176-178.
[5] 宋明俐, 刘龙全, 王东. 等. 绿色清洗技术在工程机械再制造领域的应用研究[J]. 工程机械与维修, 2014, (z1): 6-14.
[6] 陈荣章. 从汽车再制造看工程机械再制造[J]. 今日工程机械, 2013, (21): 34.
[7] 汪洪雷. 汽车报废发动机再制造处理与综合效益分析[D]. 重庆: 重庆交通大学, 2012.
[8] 赵文强. 采煤机截齿的激光熔覆修复技术研究[J]. 煤矿机械, 2012, 33(4): 175-177.
[9] 卜美兰, 杨荣雪, 潘兴东, 等. 煤矿综采成套设备的再制造技术与实践[J]. 煤矿机械, 2014, 42(12): 7-9.
[10] 解文正. 激光熔覆技术在液压支架上的应用研究[D]. 邯郸: 河北工程大学, 2011.